imaginist

想象另一种可能

理
想
国
imaginist

穿墙透壁

李乾朗 著

Section
Drawings
of

剖视中国经典古建筑

Classical
Chinese
Architecture

[增订版]

北京日报出版社

李乾朗教授年轻时就热爱传统建筑，又是少有的徒手摹写建筑的能手，在古建筑的研究上，早已崭露头角。自 20 世纪 80 年代以来，他花了数十年时间，认真访问、记录了大陆主要的古建筑，其足履之广、用心之深与专注的程度，无人能出其右。他的解析图与照片颇为珍贵，建筑界久有所闻而不免未能一睹之憾。很高兴远流有此魄力，集多人之力，协助李教授将材料整理出版，实为建筑界一大盛事。这可能是中国古建筑著作中，表达最清楚、内容最精准、图面最悦目的一部书。

汉宝德

（汉宝德，建筑学者）

李乾朗精通中国传统建筑的构造技法与装饰加工，以充满感情的目光，让丰富的细节在现代苏活。李乾朗同时也是知名的古建筑透视图法第一人。他熟练的技巧在这部作品里充分发挥。将散布在中国各地的寺庙、宫殿、民家与园林等数十座知名古迹，每一座都以确实的视点俯瞰，将复合的空间结构灵活再现。本书视点上的最大特色是巧妙地将外观与内部的透视图呈现在同一画面上。借由这个手法，把从外观无法推测，惊异未知的内部景象描绘出来，仿佛是精密的人体解剖图的透视方式，让读者得以正确了解。这是一部古建筑巡礼不可欠缺、重要而珍贵的著作。

杉浦康平

（杉浦康平，国际知名设计大师）

我是学美术的，特别看重绘图工作，我主持《汉声》杂志美术部门，因此建筑图绘常常责成编辑向乾朗兄求教并学习，他们都和我一样，称他为"李老师"。每回同行考察时，他不但勤于拍照记录、绘图讲解，还很细心地观看生活道具、手艺工具和操作方法，并会见微知著地边看边说，深入之处还会就地告知营造方法及匠师流派。回到歇脚的地方，他可以立即选择视点，以最好的角度切入，这时的他好像有透视眼，能看穿房子，理出结构。好几百幅黑线图稿就是这样出来的，张张都是古建筑的宝贝。乾朗出书，是他数十年研究中国经典古建筑的总成果，尤其书中数十幅彩色透视大图与线图最为精彩。身为老朋友的我，在此为他喝彩，也为读者感到高兴。

黄永松

（黄永松，《汉声》杂志创始人）

过去每当我和梁思成先生谈到他做学问的事时，他往往只淡淡地一笑说："这只是笨人下的笨功夫。"今天当我看到乾朗的这部大作时惊呆了，不禁想起了梁公说的"笨人下笨功夫"的话。乾朗不仅受过建筑学深入的专业训练，近数十年来更走遍了大江南北，对中国古建筑有了亲身的领会和体验，因而他才有可能将中国古建筑中最经典的作品挑选出来介绍给读者。本书又不同于一般的读物，乾朗每调查一处古建筑时都是用全身心去体察的，书中的数十幅图画即是作者的心血之作，因此他可让读者用眼睛走进古建筑，而这正是本书的最大特色。本书最可贵的是，它不仅供业内人士阅读，还面向广大的社会人士，面向所有非建筑业的朋友们。

林洙

（林洙，梁思成遗孀，著有《大匠的困惑》等）

神是境界，工是方法。"整体论"是工，是中国古建筑规划与设计之方法，由此奥秘之大法将古建筑创造至神的境界。此部作品是李乾朗教授用数十年的生命，深入探讨数十座经典中国古建筑物，采用剖视图与鸟瞰图手法，来展现整体论如何在中国古建筑之空间布局、造型设计、建筑构造之应用。这是一部中国古建筑解密入手之好书。

李祖原

（李祖原，建筑师）

中国木构建筑构件繁杂，园林和民居又多因地制宜，使得空间的组构更是难以掌握，常让观者止于神往，却又知难而退。我在多年前研习江南园林期间，就非常羡慕乾朗的一双似 X 光的眼睛及电脑般的巧手。他的双手一如传统建筑师，总能精确地传达双眼所见及脑中所想的形体，画出来的图让人一看就懂。数十年来他对古建筑研究不断投入热情，知识渊博，手绘的图风也越见成熟亲和，能深入浅出地带领着神往者拨开迷雾，进而触及中国建筑的精髓。

黄永洪

（黄永洪，建筑设计师）

如果真相信众生皆有轮回转世的话，乾朗兄一定是那千年木作老匠师，几番幻化转世、穿越千年时空复返而来，目的是扫描他那累生累世所建造的，且尚留在人世间的老建筑，准备带到下一世去吧！年轻的时候我们几个人曾经是室友，我常常三更半夜被挖起来看他到全台湾各地拍来的老房子的幻灯片，他说话的神采如同把那些房子说成是他的一样。这一晃数十年过去了，而他已经从台湾地区走到大陆各地，依然那样说话，依然那样画图，当然愈来愈纯熟，犹如他前世曾经画过那些画、盖过那些建筑一样。今天的他，俨然已经成为中国古建筑的守护神灵。而返还古建筑匠师本性的乾朗是否还记得那个很会弹吉他的阿朗？我脑海里常回荡着他那自在的吉他声，那是我年少时候一段很美丽的记忆。

（登琨艳，建筑设计工作者）

目录

众生的居所

附录

　　建筑本身拥有一个真实的舞台空间，其具体的形象会透露各种文化、历史、科技、美学、艺术等信息，建筑史研究的魅力，正如司马迁《史记》所述，可达"究天人之际，通古今之变，成一家之言"。一个地方的建筑史正是一部立体的历史书，我的故乡淡水有清代的寺庙与古宅，也有17世纪西班牙人与荷兰人所建的红毛城，在这些古建筑中来回穿梭，予人走入时光隧道之感，毕竟，建筑本身蕴藏许多故事，也因见证时代更迭，成为不可替代之文化资产。

　　1968年，我于台北阳明山就读文化大学建筑系，受到中国第一代建筑师卢毓骏教授启蒙，对古建筑产生了兴趣。当时所能阅读的中国古建筑资料极有限，20世纪30年代的《中国营造学社汇刊》是首批重要史料，读了梁思成、刘敦桢及刘致平等学者的调查研究论文，获益匪浅，尤其是字里行间对中国古文化的热爱，令人感动。其后我在日本又陆续购得伊东忠太等学者的书籍。这些书成为我神游与认识中国古建筑的主要门径。

　　为了教学与研究及探亲，1988年我首次偕妻淑英前往广州、武汉、苏州、南京、福州、泉州、潮州等地，走访书中所载的古建筑。1990年后，我经常参加华南理工大学陆元鼎教授举办的民居学术研讨会，行脚各地考察形形色色的民居。民居为芸芸众生所居，它表现的文化面不下于宫殿寺庙，也深深吸引我。在古建筑的研究道路上，曾有人批评梁思成只重殿堂，不重民居，还封给他"大屋顶"的外号，其实纯属似是而非的论调。吾人应知，研究寺庙或教堂，与宗教信仰无关。研究宫殿或民居，也与意识形态无关。何况民居当中也有三教九流之分，何能画地自限？一般而言，宗教建筑或宫殿因投下大量物力与时间，所累积的文化、技术及艺术成分较丰富，较能成为我们深入研究的对象。

　　1992年，中央工艺美术学院（现清华大学美术学院）陈增弼教授陪我到苏州考察园林及家具，经其引见，在北京见到了刘致平先生。承他赠我《中国伊斯兰教建筑》一书，我才知道中国少数民族的建筑也有学者投下心血进行调查研究。近年，中国建筑史之研究又达到一个高峰。2003年，由刘叙杰、傅熹年、郭黛姮、潘谷西与孙大章等学者主编的五卷《中国古代建筑史》，集结了当代实力最强的学者投入编写，内容丰富扎实，我深感钦佩，并从中获益良多。

　　笔者的祖先在三百年前从福建迁徙到台湾淡水，同时福建与广东的建筑也陆续被引进台湾。我从20世纪70年代开始热衷古建筑之研究，不断将调查笔记及拍摄之幻灯片整理成各种文字图稿用于教学和出版，1979年我写了《台湾建筑史》，即是完成初步为建筑代言的梦想。回顾1988年至2000年间多次到大陆考察古建筑，虽然舟车劳顿，旅途极为辛苦，经费皆自筹，但仍乐此不疲。这些年来大略走遍大江南北，目睹曾经神游，且心向往之的唐宋古建筑。最大的动力，应该是古建筑蕴含丰富的智慧所散发的魅力吧！

　　基于建筑专业训练，我看建筑特别关注建筑的构造与造型设计，尤其是大木结构及空间配置。到各地考察古建筑，速写本与相机不离手，一座小小三开间殿堂，我可以画数张图，拍下一百张幻灯片，心想：老远跑来参访，重游不知何年何月，不能辜负古人心血！建筑是三维空间的立体物，如何用平面图画表现其造型与空间，千百年来一直是建筑家探讨的课题。现在借电脑绘图之助，很容易得到3D图样。但传统建筑师多擅长绘画，他们徒手精准地传达眼中所见与脑中所想的形体。在古建筑现场，直接面对心仪已久的建筑速写描绘，对我而言是人生至高享受——建筑物无法带走，画下它才算真正了解它。我每画完一幅建筑解剖图时，心里都觉得很愉快，仿佛回到建筑的前世，在现场与主事匠师进行了对话，达到物我两忘的境界。

2003年我写成《台湾古建筑图解事典》，即萌生以解剖图法撰写中国古建筑专书的构想，其实这已是一个二十年的梦想！如何让梦实现？感谢远流出版公司力促这个梦成真。

2005年起着手撰稿及图样绘制，所选均为中国建筑史上最经典的作品。选取标准包括："年代古老且稀少，具代表性，并能反映审美及建筑智慧者"，如五台山佛光寺、南禅寺；"在中国建筑史上，具孤例之角色"，如登封嵩岳寺塔、正定隆兴寺、苏州城盘门、大同云冈石窟及敦煌莫高窟；"建筑构造及技术艰深罕见者"，如应县佛宫寺释迦塔（应县木塔）、五台山显通寺无梁殿、南京城聚宝门（今中华门）、太原晋祠圣母殿、曲阜孔庙奎文阁、北京天坛祈年殿及福建云龙桥；"建筑造型优美，或雄伟，或朴拙，或秀丽"，如紫禁城角楼、平遥古城市楼；"融合外来文化"，如喇嘛塔、清真寺、北京碧云寺塔，以及承德普陀宗乘之庙和普宁寺；"建筑空间布局、形式奇特者"，如福建安贞堡；"建筑设计克服技术上之障碍，利用高明手段解决问题者"，如闽东民居；"具创意及启迪力量，令人惊叹之建筑"，如福建土楼；"建筑空间、造型呈现中国文化特质，表现儒、释、道哲学者"，如北京北海小西天、国子监辟雍等。

总之，这是以台湾学者的观点写成的有关中国古建筑研究的书，我是从传统儒、释、道哲学对中国建筑之影响的角度，去解读及诠释这些经典古建筑，并以亲自到访过、有现场体验、能正确画出透视图的作品为主。我尝试用剖面、掀顶及鸟瞰等透视角度来分析古建筑，这些方法是在"解构"一座古建筑，但却可以让读者用眼睛身历其境地走进古建筑！

2007年《巨匠神工》（即《穿墙透壁》的繁体中文版）一书出版时，依建筑特质分为"神灵的殿堂""帝王的国度""众生的居所"三个部分。经过十多年，很幸运地我又获得许多机会考察中国的古建筑，其间主要是受邀参访、演讲或办展览，包括北京、上海、广州、西安、福州与太原等城市，讲课之余，我都争取时间考察附近古建筑。其中2009年在北京故宫博物院参加古建新书发布会时，再次参观雨花阁及畅音阁。2018年在山西博物院举办"穿墙透壁——李乾朗古建筑手绘艺术展"时，再访五台山名寺古刹，并到晋北看朔州崇福寺。2019年到福州讲课，专程到永泰县看庄寨民居，收获极多。所见的建筑印象至今仍深深铭刻在心，我决定将这些优异的古建筑以剖视图法再画数十例，纳入本次的增订新版之中。在此我特别要向曾经给予考察古建之旅协助的人士表达敬意，包括北京的晋宏逵先生、王亚民先生，山西的石金鸣先生、张元成先生、梁育军先生，福建的黄汉民先生、林从华先生、张培奋先生，广东的柯丽敏女士，以及台北的黄寤兰女士等诸友。

《巨匠神工》及其简体中文版《穿墙透壁》出版之后，得到爱好中国古建筑的广大朋友的回响鼓励，也要感谢细心的读者来函指教透视图或地点的错误，使我有机会在增订版中修正。事实上，我在古建筑现场考察时也有许多看不清楚的地方，回台北后在书桌上画草稿时，才发觉现场的观察仍有盲点。基于我对中国古建筑的热爱，总是企图将复杂的结构，以简单明了的图像，传达给读者。建筑有深厚的文化承载能力，但它是科学的产物，古人发挥智慧将材料以合乎物理的逻辑创造出来，传达不同时代的文化，也透露出时代局限。我们后人对古代的理解，是透过我们有限知识的诠释，其中显然仍有无法完整对话的遗憾。所以历史学家常说回顾过去是一种思想的历史。我们欣赏中国历代古建筑，既然不可能置身古代，我们更应以设身处地的态度来欣赏，让古建筑温暖我们的心灵。

这次《穿墙透壁》的新版系列增订，内容繁多，共72篇经典建筑。在中国浩瀚历史及广袤土地之下，限于个人条件与能力所及，且我个人对中国古建筑的理解仍是一个片面角度而已，难免有遗珠之憾。本书旨在表达我个人对中国古建筑伟大匠艺的敬意以及研究心得之分享，尚祈方家指正！

李乾朗

2022年5月

建筑载道，珍贵遗产

中国古建筑是人类珍贵的文化遗产，忠实而客观地反映历史发展脉络及面貌，甚至保存许多文字无法记录的史料。古建筑虽属物质文化，作为人与外在世界接触的媒介，却也是调适生活的创造物，蕴含了浩瀚无涯的精神文化。中国建筑历经六千年以上的发展，形成独立而完整的体系，设计理论与建筑技术均达到很高的水准，即形式与内容兼备，形式有其文采，而内容则奠定在人性之上。探讨中国古建筑，从中国文化的本质来观察，不失为一个最适切的角度。儒、释、道影响两千多年来的中国历史与文化，建筑背后的哲学与法则亦不脱离儒、释、道之思想精髓。建筑的外在形式得自孔孟与佛学较多，而空间架构则得自老庄之道较多。以住宅与宫殿为例，其布局常以中轴做左右对称，中为主，旁为从，左昭右穆，主从尊卑序位分明，体现儒家人伦之序。建筑物之外的庭院路径则依环境形势而变通，所谓"千尺为势，百尺为形"，从小而大，由近而远，渐层式与自然融为一体，达到天人合一的境界，合于道家"人法地、地法天、天法道，而道法自然"之理。

因而，中国建筑的取材与择地，常因地制宜且就地取材，不过度伤害自然，因势而生。历代一脉相传，千年前的建筑著作仍为后世所绳，明清的匠师仍因循唐宋的设计思想。不明所以者，尝论中国建筑缺少变化，实则一大误解。中国建筑之变，不在皮相与技巧之变，而是深刻地领悟到万变不离其宗的道理。此为一种超越的设计观。中国建筑内涵深厚而形神皆备，它具有许多特质，在技术方面善于运用木结构，将木构技术发挥到极致，为世界其他文明所罕见。

木造建筑用料取得容易，施工便捷，易于学习流传。古代师徒相传，只凭口诀与实务观摩，即可学得建屋技术。合理的屋架形式，放诸四海皆可运用。在中国幅员广大、地貌多变的地理区域，南北各地匠师根据官颁的《营造法式》与民间流传的《鲁班经》即可投入现场工作。木结构的优点被开发出来，千百年来亦影响邻邦，包括朝鲜、韩国、日本及越南等，其典章制度为华夏文化之一环，建筑亦师法中国。中国本身因历史动乱所出现的建筑空白，往往可自邻邦保存之古建筑得到验证，如日本奈良之法隆寺、唐招提寺及东大寺，以及韩国庆州之佛国寺，均可补唐宋遗物之不足。

然而，中国建筑之特性也是民族性之呈现。梁思成指出，中国建筑重用木材，乃出于中国人之性情，不求原物长存，服从自然生灭之定律，视建筑如被服舆马，安于兴亡交替及新陈代谢之理。此为精辟之论，然亦表明中国建筑不求久存所带来的研究困难。建筑属百工之事，古时称为营造。周朝设"冬官"，置匠师"司木"职。汉代设"将作大匠"。隋唐尚书省下工部设"将作监"，掌管官府重大工程。清代"工部尚书"掌管官府、寺庙、城郭、仓库、廨宇等工程。帝王遵循礼仪制度，营建工程进行时，尚举行各种盛大而隆重的祭典。

虽然如此，但设计的匠人却被埋没了，先秦时期只有鲁班的事迹流传下来，后代名匠如宇文恺、李春、喻皓及李诚等，亦只见简短的记载。中国的建筑研究要迟至20世纪初才展开。

起初，是日本学者伊东忠太、关野贞、常盘大定等人，深入中国内陆调查研究，创下了一些成果。20世纪30年代，在朱启钤中国营造学社的领导下，梁思成与刘敦桢以科学的研究方法，调查各地之古建筑，逐渐将建筑史的系统建构起来，特别是走访当时已为数不多的老匠人，将深涩难懂的建筑技术解密，透过文献史书的钻研，分析历代的演变。近年大陆第二代、第三代的学者在此基础上分析理论并深入研究更多实例，在全面了解古建筑方面获得丰硕的成果。

建筑乃历史、社会、政治及文化发展的产物，研究时总会触及史观问题，如果能先理解建筑之历史背景，知其因果关系，即能避免以偏概全之病。中国建筑在浩瀚的历史舞台演出中，常与邻邦有文化交流，特别是汉代之后，西域中亚及印度佛教文明之影响，对中国建筑灌注了多元的养分。因此任何一个阶段的建筑，经过剖析，都可提炼出不同的元素。因而我们欣赏古人的建筑，如果只是透过文献分析前因后果，难免还是囿于记载之限。近代重视实务测绘调查之科学方法，可匡正及弥补文献之偏颇或不足。古建筑存在之先决条件，要能避开历代的天灾人祸，它具有稀少物种之价值与尊严，后世可经由建筑的文化承载，来探索过去到现在的轨迹。所以也有人说，古建筑能让我们与历史对话。

具备此宏观的历史理解，一座宏伟的帝王宫殿或一座僧侣弘法的寺庙与一座匹夫小民的窑洞民居，其价值在人类文明史上无分轩轾。"神灵的殿堂"包括佛寺、佛塔、石窟、喇嘛寺、道观与清真寺等，表现出人对超自然的敬畏；"帝王的国度"包括城郭、宫殿、皇家苑囿、礼制建筑和陵墓等，表现国家的体制规模；"众生的居所"包括城市、民居、书院、戏台、私家园林及桥梁等，表现生活的需求。

中国传统建筑最主要的特色为重用木结构，其精深理论既足以完成一座宏大复杂的建筑，也可以营建简洁的民间小屋。木结构的梁柱之间，最合理且方便操作的连接关系为直角，这就掌控了几千年来中国建筑平面与空间之发展。四根柱子上端架以四根横梁，所围成的方体被称为"间"。它不但成为各式建筑的基本单元，也是度量建筑规制的单元，并以面宽几间及进深几间来规范。

工匠费了很大的功夫竖立梁柱，其最终目的是支撑一座大屋顶，以获得遮阳、挡雨、保暖与防风之效。所谓"安得广厦千万间，大庇天下寒士俱欢颜"，中国建筑屋顶形式多样，依不同等级而选择庑殿、歇山、悬山、硬山或卷棚等式样。屋顶的意义象征天盖，承受天降之恩泽，所以屋顶的装饰兼具祈福、驱煞、防火及排水等功能。梁架与屋顶之间设置斗拱，负担悬挑与稳固之功能。宋代李诚《营造法式》一书中举出许多种屋架，称之为"草架侧样"。以数目不等的椽木来规范建筑物之深度，同一种屋顶可用不同数目的梁柱，显示空间利用与结构之间的灵活性。至元朝，为了让室内空间开敞通透，更出现移柱、减柱及悬梁吊柱之法。南方建筑的大屋顶下，可以容纳几个小屋顶处理排水与室内空间之层次，两相合宜，将木结构的技术发挥得淋漓尽致。

单座建筑的矩形空间框架也可扩及城市规划，长安、洛阳、汴梁（今开封）及北京城，以矩形街道网构成，日本奈良及京都皆模仿之。政治权力集中的都城，多取严密网格街道，有时融入风水思想，城中心建警报楼，四边依堪舆理论辟城门，山西平遥古城即为佳例。广大的南方城市，则多因地制宜配合自然山水筑成街道系统，不为规矩所绳，南京城与苏州城为典型之例。

建筑物及城市的布局呈矩形空间，而园林设计则相反，企图追求自由放任的精神，发挥虚实相生之作用。园林与住宅、寺庙或宫殿，构成阴阳相调与刚柔相济之关系，这是中国建筑空间组织之本质。

建筑物为了加强固定梁柱节点，或为了延伸出檐深度，或为了减短梁的长度，大量运用斗拱构造。"拱"如手肘，"斗"如关节，当"斗"与"拱"交替重复叠高，即能发挥上述的功能。斗拱的技巧艰深复杂，但却广泛运用，一定有其魅力。从宋代《营造法式》所用名词来看，斗拱之发明可能借镜于树干与分枝，干粗而枝细，愈向上则愈细，且分叉增多。中国南方建筑的斗拱不若《营造法式》所规定之严格比例，它仍保存早期的自由形式，如树枝向阳生长。细观汉代石阙及陶楼斗拱，即具备这种灵活性。

此外，中国屋顶喜做重檐，除了通气采光外，也具文化上的意义，前已述及屋顶即天盖，也是帽冠。当屋脊增多时，犹如凤冠。因此，在一组建筑群中，主殿常用重檐，以示尊贵。就中国传统文化来看，多重檐也意味着承天接水之神圣功能。西洋中世纪教堂的尖塔指向天空，意味通往天堂，而中国屋顶却强调"承天"，承接天降恩泽——雨水自天而降，经过多层屋顶，终及土地，将接水过程仪式化。

再如"天圆地方"观念，也引出"前方后圆"及"前卑后尊"的空间序位，明清帝陵的平面与客家围屋相似，闽、粤及台湾的民居，尚保存屋后种植弧形树木为屏之遗风。而应县佛宫寺释迦塔五层佛像，实即一座立体化的佛寺，由下而上表现前"显"后"密"之布局。

简而言之，中国建筑整体呈现中国文化敬天与顺乎自然之思想，不过是在悠久的历史长河中，通过工匠之手以建筑载道而已。

神灵的殿堂：显现宗教信仰

人类震慑于自然的力量，常将无法控制的现象归诸超自然。中国古代的神话传说，尊昆仑山为起源之所，穴居野处，居住在洞穴或树上，即传说中的有巢氏。另有伏羲氏发明八

1 远眺麦积山石窟　　2 麦积山石窟第4窟，可见平棋天花

卦，教民驯养牲畜，进入农牧社会，乃有部落及国家之形成。殷商时期迷信鬼神，建宗庙以表达对天神、地祇及祖先的尊崇。周代更扩大之，天神的日、月、星、辰、风、雨、雷、电，地祇的河、海、山、川、人、鬼、祖先，还包括善恶的物魅，皆纳入祭祀。秦汉时期，大家族门第阶级形成，封建社会兴起建造巨大宅第与宗庙。在佛教尚未进入中土之前，祭祀天神、地祇及祖宗之所是最主要的坛庙。

东汉时期佛教经中亚传入中国，魏晋南北朝时胡人统治者多认为佛教之信仰有助于护国，崇拜不遗余力，佛寺及石窟大获发展。同时也出现中国自创的黄老道教，它渊源于古代的方术，仿释典而创出道经，似有与佛教抗衡之势。道教为寻求不老仙药，勤于研究炼丹之术，道士有如隐士，常喜筑楼观于山中，西岳华山、中岳嵩山及湖北武当山成为道观胜地。

中国的宗教建筑，主要包括历史悠久的敬天法祖之祠庙，以及汉代始出现的佛寺与道观。历代虽有帝王特别崇信佛、道二教，且佛、道寺庙常受到皇帝之册封，但终究未形成政教合一之局面。

中国佛教建筑主要为佛寺、佛塔与石窟。据传汉明帝时，西域高僧至洛阳官署鸿胪寺弘法，其后盛行"舍宅为寺"，佛寺格局沿用传统汉式合院布局。东晋道安译佛经，后秦时鸠摩罗什入中土译经，促使士大夫乐于近佛，兴起捐建佛寺之风。唐代佛教形成八大宗派，其中天台、华严与禅宗成为中国化佛教。宋代佛教内涵趋于平民化，佛教势力握有许多寺田，强大的经济实力引起统治者之戒心。南方禅宗寺庙吸收儒家思想，而宋明理学亦受禅学影响，南北渐显差异，禅宗与密宗寺庙遂有区别：禅宗不重视寺庙之形式，主张"顿悟"，较少有巨大的佛塔或佛像；反之，北方的佛寺主"渐悟"，往往侧重于石窟的开凿及巨佛的塑造，敦煌、云冈、龙门及麦积山等石窟可见之。

唐宋时期北方佛寺的殿阁形式多样，早期佛塔居中，后期则代之以大雄宝殿。主殿有时为楼阁式，将二层或多层殿阁作为核心，内部供奉巨大的立佛，如独乐寺观音阁；也有些大殿宽七开间以上，表现密宗精神，内部可供五尊以上大佛，如五台山佛光寺东大殿。另如正定隆兴寺，延续绕佛敬拜仪式的精神，将佛座置于中央，殿内设回廊。至于三开间小型佛殿，数量最多，它也许未具气势宏伟之优点，但空间紧凑，结构简练，如南禅寺、少林寺初祖庵及延庆寺，木结构灵活，运用移柱或减柱之法，使殿内空间符合所愿。

明代烧砖技术迈进大步，使用圆券者称为"无梁殿"，五台山显通寺为技术极为成熟之巨构。清帝室崇信藏传佛教（亦称喇嘛教），在北方建造许多汉藏混合式寺庙，如承德外八庙融合汉藏式建筑创出前所未有之新形式，乾隆帝在北京北海西畔所建的"小西天"，则更是一座以汉式亭阁诠释密宗曼荼罗之创作。

石窟寺先从西域循丝路进入中土，敦煌以彩塑取胜，而云冈及龙门以石雕为优；魏晋南北朝时期造像特色为秀骨清像，至唐代神态则转为丰腴。龙门石窟奉先寺巨大的卢舍那佛身披袈裟端坐，造型线条动静相互平衡，方额广颐，双目散发慈祥光芒，史载为武则天所捐献。石窟逐渐吸收殿堂空间形制，由洞转为殿，凿成前堂后室，顶做成覆斗形，模仿庑殿顶；前室做成双坡，仿轩之空间。

佛塔是中国佛教建筑之代表，具有高度创造性。佛塔初为珍藏舍利之用，魏晋南北朝及隋唐时期佛塔多居于佛寺之核心，例如嵩山嵩岳寺塔。随着禅宗之兴起，佛塔地位起了变化，塔逐渐偏离佛寺中心，过渡期出现双塔制，分峙于大殿左右，如泉州开元寺为双塔，大理崇圣寺则增为三塔。佛塔中国化之后，功能趋于多元，也作为航行灯塔、料敌塔或起胜风水塔。塔初多为砖石、土及木混用，但易遭祝融之灾，北魏洛阳永宁寺为史载最高之佛塔，惜因毁于火而不存。全用木结构之塔传世极少，山西应县佛宫寺释迦塔为硕果仅存之巨大木塔，历经千年仍完整，极为珍贵！唐代砖石塔仍保持木构方塔之精神，如西安大雁塔为楼阁式，小雁塔为密檐式；宋代则流行八角塔；元明出现喇嘛塔，如北京妙应寺白塔、五台山大白塔；清代则出现融合汉式之喇嘛塔，如北京北海琼岛白塔，另有金刚宝座塔，如北京碧云寺塔。

道教结合了汉代以前多种神仙思想、巫术、阴阳五行学说，道教庙宇表面上模仿宫殿与佛寺，但为了体现神仙精神，喜在钟灵毓秀之地建筑庙宫，多用楼阁，以表达通天之意，登楼令人心旷神怡。所谓"楼阁玲珑五云起，其中绰约多仙子"及"山不在高，有仙则名"。道教吸收许多道家及儒家的理论，道观企图表现与天地相容的意境，即老子《道德经》所谓"有无之相生""长短之相形""前后之相随"；实体之建筑物与虚无之空间是相对存在

1 福建赤水天后宫具有多层屋檐　　2 福州金山寺矗立于水中,有镇水祈福之宗教意义

的,所以又云"凿户牖以为室,当其无,有室之用"。道观所处环境追求自然,摆脱限制,审美非为功利,空间得到解放,令人获得体悟及想象的启迪,亦可能得自道家之赐。

　　太原晋祠的殿阁与园林交融,山泉曲折环绕,体现引水界气之理论。圣母殿前凿池,池上架十字桥,腾空而过,空灵之境于焉而生。湖北武当山奇峰耸立,云烟缭绕,道观林立,南岩宫及紫霄宫为典型道观。河南开封延庆观玉皇阁之建筑形式暗示八卦,亦为深具道教特色之建筑。南方继承楚文化之古老传统,民间信仰种类繁多,最后逐渐被归汇于道教范畴。崎岖多山的地理条件影响道观至为明显,因而南方闽、粤所见道观,布局大多不强求左右对称,如画之经营位置,章法自由,强调揖让或敧侧,各殿因势而立,但整体仍保持脉络相通与空间贯穿之灵动特性,福建古田临水宫、安溪清水岩,以及四川都江堰二王庙皆为佳例。

　　外来宗教除了佛教之外,伊斯兰教在中国有近一千四百年的发展史,清真寺建筑形式多样。自汉代通西域,随着丝路贸易往来,中土与中亚文化交流渐趋频繁。唐代之后,伊斯兰教成为仅次于佛教、道教之重要宗教,特别是西北的少数民族,信奉伊斯兰教者众;东南沿海的广州及泉州为宋代大商港,也拥有广大的穆斯林。广州怀圣寺仍保有高耸入云的古老宣礼塔。宣礼塔及圆顶成为伊斯兰教建筑外观最明显的特征,新疆的清真寺多采用中亚及阿拉伯建筑形式,南京、北京、西安、兰州等地皆有规模宏大的清真寺。明清时期的清真寺,巧妙地融合了中亚及中国宫殿楼阁建筑,为了得到大面积的大殿,常将数座屋顶连接在一起,加强殿内礼拜空间之纵深,如北京牛街清真寺。另外,西安化觉巷清真寺的布局亦具创造性,它将照壁、碑亭、殿堂、楼阁与园林穿插布置,形成一组纵深很长的汉式清真寺建筑。此外,纯为中亚建筑的伊斯兰教建筑,以新疆喀什阿帕克和卓麻扎及吐鲁番苏公塔礼拜寺为代表,它们运用泥土及砖石建造巨大的圆顶,从内部仰望穹隆,有崇高神圣之感受。

帝王的国度：展现皇权规制

中国已知最早的宫室建筑为商朝的王城，20世纪初在河南安阳小屯村附近的考古挖掘，出土的遗址可见到矩形平面的宫殿；后来发掘的河南偃师二里头遗址，亦可见宫室遗迹。春秋战国时期，盛行高台建筑，秦之离宫分布于渭水流域，著名的阿房宫遗迹经近代考古出土，为夯土高台建筑。汉代亦继承高台宫殿。至隋唐时期，宫殿采用前朝后寝布局，奠定"三朝五门"之制。为标榜皇权至上，封建时代常使用"左祖右社"，与《周礼·考工记》所载之"匠人营国，方九里，旁三门。国中九经九纬，经涂九轨，左祖右社，前朝后市"规制相近。但唐以后的都城并未遵照实施，例如唐代大明宫设在长安城东北角。明成祖定都北京，乃采历代宫殿之优点，集大成以"三朝五门"之布局建设紫禁城，其中午门仍保存汉唐双阙之遗制。

以宫殿为中心，外围建造高大城郭，成为宋、元、明、清四朝之典范布局。京师的礼制建筑不可偏废，天坛、地坛、日坛、月坛、祖庙及文武圣贤庙均由官署定时举行祭典。礼制建筑源自先秦，以汉代长安南郊的"明堂"为代表。隋唐时期曾依据考证，试图复建汉以前之明堂，但未有定论。至清代乾隆年间，乃在北京孔庙西畔建造"辟雍"，方亭建在圆形水池之中，或谓泮宫。

礼制建筑深受儒家"三纲五常"影响，儒家注重美与善的统一，如诗可言志，文以载道，所以礼制建筑的形式与布局趋向于对称性，以求谐和之美。人在建筑空间包围之内受到礼节的规范，建筑要表现人伦教化之功，敬天地而重人伦，天地君亲师五伦以牌位供奉之。祭天神的天坛，以圆象天；祭社稷之坛为方台，以方象地。周代观察天象，有观星台之设，元代天文学家郭守敬所建观星台尚存。天子讲学，北京国子监象征君臣之礼。曲阜孔庙、解州关帝庙皆表达出对古圣贤之敬重。

随着历代宫殿之发展，皇家苑囿初为狩猎活动之场地，范围广袤且蓄养鸟兽，常筑高台以利远眺。先秦时期盛行高台建筑，《诗经》有灵台之记载。秦代阿房宫仿天象星座，以"体天象地"方法设计上林苑。观察天象指导建筑之布局，实为中国古代重要之建筑理论。南方闽、粤建筑之排水道亦因袭之，常以走七星步来设计排水道，认为可获天人感应之效果。至清代的颐和园，则转向佛教祈福，颐和园万寿山布满佛寺，甚至连后山亦建造许多喇嘛寺。佛寺或道观与皇家园林结合，成为规划之主流。再如承德避暑山庄，在行宫附近引水汇成湖泊，模仿江南名园重现许多胜景，环绕在山庄的外围，即为著名的外八庙，意图以喇嘛佛寺庇护离宫苑囿。

在佛教传入中土之前，园林设计多取"一池三山"之布局，这源自神仙传说，所谓东海上有蓬莱、方丈、瀛洲三仙岛。另外也吸收五行阴阳之说，以北玄武、东青龙、西白虎、

南朱雀作为池岛丘壑配置之依据，隋炀帝在洛阳建行宫西苑，在湖中堆石为高台三岛即遵循此法。明代改建北京城时，将元代太液池改为三海，挖池填山，紫禁城后的景山即为三海之土所堆成。三海水系与皇宫相衔接，构成完整的山水关系。三海中的琼华岛、团城与瀛台，象征三山。清初建造圆明园，引水成湖，湖中筑堤堆山，形成许多小岛。历经康熙、雍正及乾隆帝之经营，聘西洋技师融入洋式建筑元素，如时称"大水法"的喷水池，其遗迹迄今仍存。圆明园可谓中国皇家园林集大成之作，继承历代设计思想精髓，并吸取世界文化，在18、19世纪曾经影响欧洲的造园艺术。

厚葬源自灵魂不灭观念，原始社会即出现"慎终追远"的思想，对先人厚葬，被认为可以庇护后代。"事死如事生，事亡如事存，孝之至也"，为逝去的人建造如同现实世界的宫室，陪葬宝物，使其仍可享受荣华富贵，即成为中国古代墓葬建筑设计之依据。上至帝王将相，下至匹夫小民，皆崇信葬先人于风水宝地，可为后人带来福祉。河南安阳商代王墓，深入地下，四出羡道，以活人殉葬。先秦时期盛行封土，人工堆山为"方上"，以秦始皇陵为最高典范；唐代帝王转为利用自然地形，因山为陵。地下墓道多用彩画装饰。明清时期综合历代陵墓形式，在前朝后寝布局思想下，逐渐塑造出前方后圆的平面，依序排列牌坊、神道、石像生、翁仲、享殿、方城明楼及宝顶，而宝顶之下深埋地宫。地宫即地下宫殿，模仿

1 北京的社稷坛为正方形，与天坛之圆形构成明显对比　2 汉代石阙　3 汉代霍去病墓前之石像生　4 江苏丹阳的六朝陵墓石辟邪　5 河南巩义宋陵的石翁仲与石兽

慈禧陵之梁柱贴金装饰

三殿之制。为了防水永存，地宫以石券构造为主，建造门楼与券道。

　　明十三陵与清东陵、清西陵的设计反映了近五百年来帝陵之形制趋于成熟，地宫之秘密则因近代定陵之发掘而解开。地宫内的"前朝"摆出皇帝坐的汉白玉石雕宝座，后寝则放置帝后棺木，旁边陪葬金银珠宝。明成祖永乐帝之长陵以天寿山为屏，三面环抱，左右两山拱卫，并有蜿蜒曲水盘绕。十三陵共享石牌坊、大红门、碑亭、石像生及棂星门，共有十三位皇帝、二十三位皇后及许多嫔妃、皇子、宫女等长眠山峦下。长陵祾恩殿所用巨大楠木梁柱空前绝后，为中国现存最大的木构建筑之一。

　　清代帝陵形制因袭自明陵，清初三陵在沈阳，东陵在河北遵化市，西陵在河北易县，皆依背山面水之形势而建。乾隆帝葬在东陵。慈禧太后也在东陵，近代曾被盗，地宫遭破门而入，宝物蒙受极严重损失。乾隆裕陵地宫的石雕布满佛教题材，似乎体现一处西方极乐世界。而慈禧陵寝的隆恩殿以花梨木建造，外贴金箔，金碧辉煌，艺术价值极高。

众生的居所：体现百姓文化

　　住宅是人类为了生存与生活所建的庇护所，史前时期的人多利用自然地形穴居，北京周口店山顶洞人遗址即为举世闻名的五十万年前之北京人居所。南方沼泽地带则用巢居，在湿地上架木为巢。西安半坡村考古发掘出土了六千多年前完整的村落，数十座方形与圆形房屋呈自由分布。其中有一座似乎作为公共空间的大房子，内部有木柱基础及火塘遗迹。村庄外面围以壕沟，显示原始氏族部落社会已经形成。这是中国迄今为止所发现年代最古远的村落。

　　汉代的住宅未见地上建筑之遗迹，但从汉墓出土之明器及画像砖上，可窥见住宅式样极为丰富。汉代社会有官僚、贵族、地主、农民等阶级，豪门望族建造巨大的楼房，外围以高墙，角隅建造望楼，以资防御。大宅第的门面可见门楼及前后庭院，主人生活区与仆役工作区泾渭分明，庭院中设置工作坊，有磨坊及纺纱机，充分显示汉代住宅已发展至一个高峰。明器中尚可见到梁枋彩画，即文献上所谓之"文绣被墙，彩画丹漆"。

　　唐代社会组织严密，阶级分明，政府规定"王公以下设屋，不得施重拱藻井，庶人不得过三间四架"。长安市街分布着一百多个里坊，每个里坊有如今天的街区，但四周围以方墙，只辟几座乌头门出入，市街两旁尽是高墙。至宋代坊墙制度解体了，民屋商店沿街排列，并直接开门对外，形成热闹的市街。今天的苏州城即宋代平江府，市街仍保存宋朝格局。明清时期住宅仍有许多实物保存下来，南北方自然条件差异极大，建筑材料与平面布局各异其趣，反映各地的民情风俗，成为今天我们研究民居的主要对象。在浩瀚历史中，各地老百姓依循物竞天择原则，寻求并创造最适合自己居住的建筑。干燥的黄土高原产生窑洞，湿热的沼泽产生干栏式住宅，崎岖不平的山地产生了吊脚楼，逐水草而居的沙漠产生了蒙古包，而乱世之中为求防御，产生了高大的土楼及碉楼。这些都表明，越是处于逆境之中，越是能够激发创造力，建造具有特色的民居。

　　民居是安身立命之所，中国民居虽善用高墙，但并不会框限人们的心胸。在合院天井中，可以体会天地与人并存的关系。徽州民居的天井狭小，小到有如井口，雨水及光线通过这个狭小的天井到达地面，形成一道通风口，反而易使室内感到凉爽与幽静。事实上，徽州人胸怀大志，出外求功名或经商，成就非凡。再如闽西及粤东的土楼，厚实的夯土墙，凝聚家族向心力，而远赴南洋发展的子弟亦不计其数。一座民居的平面布局，反映了人伦关系，尊卑序位及亲疏空间位置分明。南方的民居中，最重要的位置供奉祖先牌位，两旁依古制"左昭右穆"，分配各房兄弟居住。

　　四合院早在周朝即形成，它的基本平面是以四周房屋围合成接近方形的布局。根据各地自然条件不同，加之社会发展，四合院产生了多种变化。北方四合院的中庭宽敞，并以抄

手游廊衔接；东北的中庭更宽阔，四周房屋不相接；长江流域的四合院天井狭小，并喜筑楼。山西的四合院天井呈纵长形，冬日可接受较多阳光；南方四合院天井呈横宽形状，可减少日晒面。云南的"三坊一照壁，四合五天井"，以照壁来反照光线，并围塑出更多的天井，供家人作息之用。古诗所谓"相携及田家，童稚开荆扉"，乡村民居前院木门之景象，跃然纸上。

构成汉族民居的基本单位为所谓"一明二暗"的三开间房屋。中间门窗较大，可引入较多光线，作为公共空间；两侧窗小，光线较暗，作为卧室。这种制度所影响的地区，包括黄河、长江及珠江流域，甚至陕北的窑洞也出现相似的一明二暗做法。而少数民族的民居则又是另一番面貌，例如信奉伊斯兰教的新疆维吾尔族，他们的住宅多设回廊，并有神圣庄严的祈祷房间。

民间私家园林之初现，可能是在豪门望族形成时期的汉代。出土的汉代陶楼中出现庄园，一座豪宅之内划分出住宅与庭园区，功能分明。南北朝时期尚清谈，避世之风兴起，寄情山水成为士大夫追求情趣的生活态度，私家园林大盛。唐代诗人白居易在庐山建草堂，有瀑布，水悬三尺，所谓"引泉悬瀑"。宋室南迁，江南成为富商巨贾云集之地，苏州沧浪亭仍保存至今。而上承唐宋、下启明清的明代江南私家园林达到一个高峰，计成《园冶》一书标志着当时造园设计之水平。私家园林处在闹市之中，面积受到限制，如何以小见大，就得匠心独运，创造咫尺山林的境界。我们论及苏州古园林，赞美其空间之变化，实即建立在起承转合技巧运用之上，因而有人认为造园如作诗文。苏州拙政园始建于明代，经清代数度修缮，如今被视为江南私家园林之代表作。

无论是绿野平畴或崇山峻岭，芸芸众生往来奔波，桥梁为重要的公共工程，铺路造桥也是人们乐于歌颂的功德。中国古代桥梁以石、木及索为材料，隋朝名匠李春所建造的安济桥（即赵州桥），使用敞肩式石拱构造，在一个大拱上架以四小拱，既减轻荷重，又利于水流通过，为深谙力学又兼顾美学之巨作。宋张择端《清明上河图》中所绘之大虹桥，为一种木梁构造。横跨江南运河之石拱桥，高度为一个半圆，以利船舶通行，远望时与水中倒影合为完整圆形，亦属神来之笔。南方崇山峻岭，地形错综复杂，出现了不少廊桥，即以石为墩，以木为梁，其上再盖以屋顶，犹如一座廊屋。屋顶可保护木梁，延长桥的寿命，也创造出可驻足停留之公共空间，福建武夷山区的云龙桥即属廊桥之杰作。

1 西安半坡原始部落房屋遗址　　2 广东客家人的围龙式民居　　3 沙漠中逐水草而居的蒙古包　　4 闽西永安木匠建造民居，正举行上梁礼　　5 浙江泰顺有屋顶的廊桥

神灵的殿堂

01 佛寺
五台山南禅寺大殿

中国现存年代最早的木造建筑

地点：山西省忻州市五台县李家庄村

外观古朴的南禅寺大殿，是一座造型优美的唐代小型佛寺

结构简洁，殿内无柱，

并保有十数尊唐塑佛像，

为中国现存年代最早的木造建筑。

右图剖开一半屋顶，可见到

大叉手支撑脊槫，

以及精练有力的屋架结构。

　　山西五台山南禅寺大殿是中国现存最古老的木结构建筑，也是目前所知唯一一座建于唐武宗灭佛前的佛寺。由于位处五台山偏僻的悬崖台地上，故逃过会昌法难及历代兵灾的摧残；黄土高原气候干燥，因而又躲过虫害天灾的肆虐。在漫长的岁月中，南禅寺大殿虽得以幸存，却几乎遭人遗忘，直到20世纪50年代才被发现，重新绽放它在建筑史上的光辉。此殿因发现时间晚于佛光寺东大殿，且规模及复杂度皆不如佛光寺，所以名声较不响亮。但是南禅寺大殿在建筑史上的重要性不容忽视，殿内保存着唐代原貌的塑像，更属中国雕塑史上的经典之作。

　　根据殿内梁底题记，南禅寺大殿曾于大唐建中三年（782）重修，表示其创建年代应更早于此。不过因为是地方佛寺，史料有限，它究竟创建于何时，不得而知。除了大殿外，寺内还有山门、罗汉殿、伽蓝殿、护法殿、观音殿、龙王殿等配殿及禅房等，均为明清时期增补之物。

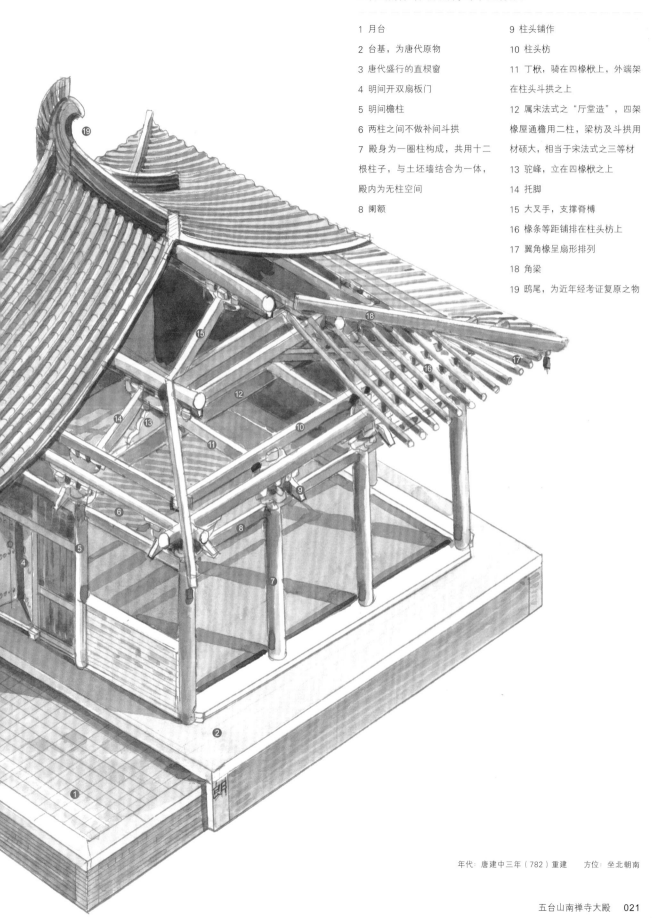

五台山南禅寺大殿解构式鸟瞰剖视图

1 月台
2 台基，为唐代原物
3 唐代盛行的直棂窗
4 明间开双扇板门
5 明间檐柱
6 两柱之间不做补间斗拱
7 殿身为一圈柱构成，共用十二根柱子，与土坯墙结合为一体，殿内为无柱空间
8 阑额

9 柱头铺作
10 柱头枋
11 丁栿，骑在四椽栿上，外端架在柱头斗拱之上
12 属宋法式之"厅堂造"，四架椽屋通檐用二柱，梁枋及斗拱用材硕大，相当于宋法式之三等材
13 驼峰，立在四椽栿之上
14 托脚
15 大叉手，支撑脊槫
16 椽条等距铺排在柱头枋上
17 翼角椽呈扇形排列
18 角梁
19 鸱尾，为近年经考证复原之物

年代：唐建中三年（782）重建　　方位：坐北朝南

1

乡村型佛寺的角色与规模

南禅寺附近没有大型建筑物，只有庄稼麦田与树林。这座寺院伴随着气氛宁静的农村，形成一种简朴幽雅的禅境。在唐代，这是大多数村庄都可见的乡村型佛寺，仿佛土地公守护地方，照顾劳苦大众，南禅寺大殿因此令人倍觉亲切。

唐代木构建筑的入门书

南禅寺大殿的精华，集中在其保存极为良好的唐代木结构。对照宋《营造法式》，它属于厅堂造"四架椽屋通檐用二柱"。明间檐柱在阑额之上放置栌斗，再依次叠以斗拱及四椽栿，最上方以叉手支撑脊槫，完成屋顶构架。因为量体小巧，柱位与厚墙结合，殿内呈舒展的"无柱空间"；柱子使用微向内倾的侧脚，角柱微微"生起"，使结构更显稳固。木构件分布非常严谨，没有多余的结构，也不置补间铺作，结构上已达"增一分则赘，减一分则少"的境界。整体空间如诗一般，用字精辟而意境深远。

外观呈古朴之美的南禅寺大殿，面宽三间，进深亦为三间，平面近正方形，立于高台座上。明间为具门钉的双扇板门，左右设直棂窗，木柱嵌在厚墙内。单檐歇山的九脊顶，近年经过考证修复，飞檐舒展深远，如大鹏展翼。正脊略带曲线，两端置巨大鸱尾，左右拱卫。屋面坡度极为缓和，显现了唐代"举折式"屋坡的特色。屋檐底下的斗拱简练大方，纵

1 南禅寺大殿面宽三间，进深亦三间，内部无柱，构造简洁　　2 南禅寺大殿之侧面与背面皆以土坯墙包覆

向内外用双华拱，横向一跳出横拱，二跳则为刻在枋上的"隐出拱"，为唐代木构造常见手法。

屋架采用"彻上明造"，也称为"露明造"，即室内无天花板遮挡，屋架的木结构一览无遗，椽条、大叉手、椽栿、驼峰、角梁、斗拱，所有木构件皆清晰可见。其脊槫下方以两支斜柱固定，形成人字形的"大叉手"，为唐代通行做法，南禅寺大殿是目前所见的最早实例。

原汁原味的唐代塑像

殿内空间与佛像的关系很协调，宗教气氛塑造得极为成功。呈凹字形的低台座约占殿内一半面积，十七尊形态各异、表情生动的泥塑佛像左右展陈，吸引人们靠近。望着佛像，就犹如面对平日闲话家常的朋友，令人觉得毫无距离感，这一切都散发着密宗佛寺特有的精神。

而且这些塑像保有唐代雄健圆润的风格，艺术价值极高。主尊为盘坐的释迦牟尼佛，像后并有雕凿精致的背光予以烘托。文殊菩萨骑狮，普贤菩萨骑象，立于佛之左右。另有一对供养菩萨端坐于莲座上，细小花梗承托着盘状莲花，宛若烛台，使菩萨极具飘逸之感。此外，还有阿难、迦叶两弟子崇敬地随侍于佛的两旁，两侧则置庄严威武的胁侍菩萨及天王像。在肃穆的佛像间，左右立着与常人身材相近的驯狮者拂霖、牵象者獠蛮与童子四座塑像，各尊塑像神情、姿态活泼而自在。虽然南禅寺塑像数量较多，但因高低大小得宜，分布均匀，与建筑配合得天衣无缝。

南禅寺的屋架结构与殿内佛塑
基本上仍为唐代原物，大木结构高明，
空间之高低繁简与佛台上的塑像配合，
佛像背光恰好容纳在四椽栿之内，
本图采用单消失点的掀顶透视法表现。

南禅寺大殿解构式掀顶剖视图

1 凹字形佛台较低，数十尊佛像环侍于释迦佛左右，阵容极为壮观庄严

2 佛像结跏趺坐，背光高耸凸出于左右屋架之间，虚实相应，简单但隆重，为极高明之设计

3 柱头上用五铺作斗拱

4 南禅寺为"彻上明造"，进入殿内可见四椽栿架在半空中，所有构件清楚展现唐代风格与力学之美

5 出际较长，脊槫之下以斗拱传递重量

6 鸱尾为唐代建筑屋顶特色之一，但南禅寺的鸱尾为近代大修时所补配

南禅寺大殿剖面透视图

1 直棂窗

2 四椽栿长10米余，架在前后柱上，
即宋《营造法式》的厅堂构架"四架椽
屋通檐用二柱"

3 叉手传递脊槫重量

4 巨大的驼峰有波形边缘，在简洁大气
的屋架上融入柔和的构件

5 隐出拱即在枋上刻划拱的弧线

1 南禅寺大殿山墙，可见屋坡和缓　　2 南禅寺大殿柱头斗拱，纵向第一跳偷心，不出横拱，而枋木隐出拱形，拱底可见卷杀五瓣之制　　3 转角铺作不施普拍枋，栌斗上出三向华拱　　4 南禅寺大殿使用自然形石柱础　　5 南禅寺殿内的唐代佛塑，中央为结跏趺坐的释迦佛，两旁分列文殊与普贤菩萨，佛像高低大小与建筑室内空间配合无间，极为和谐　　6 南禅寺大殿内佛像仍为唐代原塑，具有很高的艺术价值

位于黄土高原高台上的南禅寺

延伸阅读

佛教圣地——五台山

　　中国佛教圣地向有"四大名山"之说，即五台山、峨眉山、九华山与普陀山，乃分属文殊、普贤、地藏、观音四大菩萨道场，其中又以自北魏以降长期发展的五台山文殊菩萨道场为首。

　　北魏、北齐、北周及统一的隋唐均建都北方，对中国北疆勠力经营，当时统治者力倡佛教，大力开凿石窟与兴修佛寺。山西地区因地处黄河河套，发展为北疆重镇，其中位于北部的五台山，由东、南、西、北、中五处山上平地组成。这里虽然纬度高，却生长着可供建筑使用的大树，再加上政治力的支持，也为建造山中古刹提供了绝佳环境。

1

2

3

延伸议题

栋架、

栋架也称为梁架或屋架。中国建筑的栋架历经几千年演进，与西洋明显不同的是，大体上不朝三角形桁架发展。矩形屋架虽然刚性不足，但反而拥有弹性抗震的优点。唐代五台山南禅寺大殿使用的大叉手及托脚，具有局部的斜撑作用；不过宋代之后，几乎不用叉手了。

宋《营造法式》称栋架为"草架"，设计图则称为"草架侧样"。栋架是梁柱与斗拱结合的产物，但柱位的地位相当关键，因此《营造法式》特别用"几架椽屋用几柱"来描述一组屋架。草架的规模用"四架椽屋""六架椽屋""八架椽屋"或"十架椽屋"等来命名，同时也指出用三柱、四柱、五柱或六柱。当室内空间有特殊需求时，则施减柱或移柱。山西洪洞广胜下寺出现减柱法，而河北正定隆兴寺转轮藏阁即施移柱法，方能容纳藏经转轮。

栋架的细节很多，除了叉手外，还有侏儒柱（瓜柱，福建称瓜筒）、虹梁（月梁）、拉系左右屋架的襻间，以及卷棚，中国南北各地皆不同，反映了地域特色。例如云南丽江纳西族木匠用横木重叠代替侏儒柱，有如罗汉枋或井干式结构，为他处所未见。中国南方则仍保存许多古老木构遗制，喜用虹梁，向上弯曲的虹梁具预应力，俗称"粗梁细柱"，将构造的特色融入建筑空间美感之中。

明清以降，民间匠人流行以"抬梁式"与"穿斗式"来称说中国最主要的屋架形式，但两者在实际建筑物上常交替混用。同一座建筑，明间虽用抬梁式，次间可能即用穿斗式。南方甚至常见一组抬梁式屋架中，出现局部的穿斗式。各地栋架实例显现了匠师们灵活运用的智慧。

1 浙江东阳卢宅梁架，粗梁细柱为其特色　　2 东阳卢宅梁架可见虹梁古制　　3 东阳卢宅梁架曲线优美的虹梁　　4 福建泰宁尚书第的梁架使用溜金斗拱　　5 福建莆田玄妙观彻上明造屋架　　6 上海豫园用"一枝香"卷棚架　　7 南京夫子庙内殿梁架为分心式，中柱出丁头拱　　8 皖南棠樾祠堂梁架，卷棚顶运用在檐柱与金柱之间　　9 山西洪洞广胜下寺使用减柱法的梁架　　10 山西洪洞广胜上寺梁架用"丁"出厦　　11 山西交城天宁寺抬梁式梁架　　12 云南丽江民居使用古法新建的梁架，梁上叠木成为驼峰

02 佛寺
五台山佛光寺东大殿

完整的唐代木结构殿堂，集建筑技术、佛像雕塑与
彩画艺术于一身的伟构

地点：山西省忻州市五台县豆村镇佛光村

佛光寺东大殿从西北角所见外观

佛光寺只有东大殿为唐代建筑，
它的柱位极工整，但梁架结构十分复杂，
使用最高级的四阿顶，即四坡五脊庑殿顶。
在殿内以相当考究的天花板将梁架遮住，
我们只能欣赏其配合金箱斗底槽形制的平闇。
右图剖开殿身，可看到屋架及覆斗形的平闇。

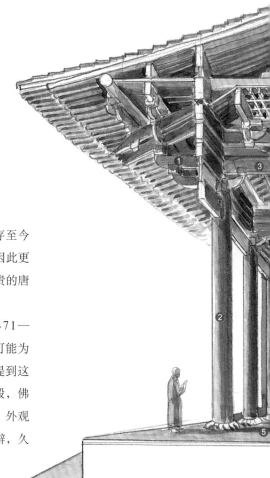

　　屹立一千多年的佛光寺东大殿，与南禅寺大殿同为中国罕见的保存至今
的唐代木构建筑。其殿宇规模较大、形制尊贵，斗拱的技巧运用纯熟，因此更
能展现唐代雄奇的木结构精神；殿内多尊巨大的唐代原塑佛像，以及珍贵的唐
代壁画，也是中国艺术史上难得的瑰宝。

　　坐落于山西五台山的佛光寺，相传创建于北魏孝文帝时期（471—
499），目前寺内留存的建造于北魏的祖师塔，是全寺最古老的建筑，可能为
初创期的证物，具有很高价值。尔后7世纪唐代的高僧传记中，曾多次提到这
座兴旺的寺院，但唐武宗会昌五年（845）灭佛后，五台山多处寺院遭毁，佛
光寺亦未能幸免于难。目前所存的东大殿为唐大中十一年（857）重建，外观
大气庄重，木构简洁明朗，精练地传递出唐代建筑的特色。而因地处偏僻，久
遭世人遗忘，在1937年被发现时，还写下中国建筑研究史上一段动人心
魄的插曲。

五台山佛光寺东大殿剖面透视图

1 柱头使用"双杪双下昂"斗拱，雄奇有力

2 檐柱与内柱等高，上放置大斗，再以乳栿相连，形成整体性的结构，梁柱粗硕，使用一等材

3 乳栿，为较小的梁

4 殿身内柱

5 外槽，指檐柱与殿身内柱两圈柱列之间所形成的空间

6 内槽，指由内柱柱列所框成的空间

7 保存唐代所塑佛像三十多尊

8 扇面墙作为佛台背景，围住佛台的神圣空间，背面也可施壁画

9 明栿，是可被看到的大梁，其长度有四椽，梁下发现唐代的施主名字与年代之题字

10 偷心造斗拱，是以数支丁头拱相叠而成，它对大梁帮助很大，可降低端点荷重之剪力

11 拱眼壁仍有唐代彩塑

12 平闇，为一种小格子天花板，内槽平闇较外槽高

13 草栿，在平闇之上，从地面看不到，所以不加修饰

14 大叉手，为一种斜柱，支撑脊槫重量，并且分向两端传递，以减少集中应力

15 唐宋时期屋坡斜度以"举折法"计算

年代：唐大中十一年（857）重建　　方位：坐东朝西

1 佛光寺东大殿正面外观。它坐落在山腰，所以台基不高。梢间辟直棂窗，形式古朴　　2 佛光寺东大殿中门及匾额"佛光真容禅寺"　　3 东大殿屋顶为单檐庑殿顶（黄丽卿摄）　　4 唐代覆盆式莲花柱础，左右地栿各遮盖了一部分　　5 山门内立一座唐乾符年间经幢　　6 东大殿后面的祖师塔为六角形古塔　　7 唐大中十一年的经幢可为东大殿建造年代之佐证

因势而设的布局

　　佛光寺的东、南、北三面环山，顺应着西向较疏阔低下的山腰地形，各殿建筑分置于三个不同高度的台上。历经一千多年变迁，佛光寺今日所见的整体配置略显凌乱。现存物除北魏的祖师塔、唐代的东大殿，以及分别设立于唐大中十一年（857）与乾符四年（877）的两座唐代经幢外，年代较早的还有金代的文殊殿，其余则多为明、清所建。

　　古松相伴的东大殿，位居寺内最东端的高台。循阶步上高台，但见大殿后侧紧邻山壁，殿前空地狭小局促，更可体会1937年建筑学者梁思成近距离乍见佛光寺时景仰的心情。

　　东大殿左后方的祖师塔，为开山祖师第一代沙门圆寂后的墓塔，虽无落款，但就形式来看应属北魏时期建造，这与文献记载大佛光寺初建于北魏，大殿建成不久后禅师圆寂并葬于寺旁的说法不谋而合。塔身为六角形砖造，除基座外共分两层，底层中空，原为放置舍利处；西面设门，上方以印度风格的火焰楣装饰；上檐转角柱及塔顶造型奇特，使用佛教建筑喜用的山花蕉叶。

5

6

7

佛光寺祖师塔剖视图

祖师塔底层内部中空，但顶部以砖逐层挑出内缩，以增加结构的稳固

唐代木构建筑代表作

巍然矗立在高台上的东大殿，面宽七间，进深四间，四周不做副阶周匝。尊贵巨大的单檐庑殿顶，几与墙身等高，屋顶出檐深远，但屋面坡度舒缓；近观时，屋檐起翘昂扬，檐下尽是硕大疏朗的斗拱，展现力与美的结合。正门上"佛光真容禅寺"的巨大匾额，颇具唐风。中间五间设厚实的板门，与殿内龛台宽度相配；左、右梢间填以槛墙，增强结构的稳固性，并开设直棂窗。这些都是唐代的典型手法。

大殿平面呈长方形，由"外槽"及"内槽"大小两圈方盒状柱列套成，两者之间以木梁斗拱连接，这种构造在《营造法式》中称"金箱斗底槽"。入口门板装设在外槽第一排柱位，内槽高敞的空间，设置面宽五间的大型佛台。结构采用所有柱身等高的"殿堂造"，是木构架中最高级的做法。广平的地盘是建筑的基础，其上按柱位安置了三排柱础，前两排为唐代常用的覆盆式莲花柱础，造型十分优美；龛后柱础则是就山势整地砍凿天然石块而成，乃顺应地形之作。圆柱顶部等齐而立，高度为直径的八至九倍，相当壮硕。其上以层层斗拱相叠来塑造屋顶的坡面，整个叠斗的高度超过柱高的一半。殿内的大木结构以格子状天花板——平闇——为界，下方为视觉焦点，必须是精雕细琢的明架，上面看不见的部分则为结构性强、略施砍琢的草架。草架的脊榑是以大叉手（或称"人字叉手"）的斜柱固定，与南禅寺大殿的做法如出一辙，反映唐代木结构的特色。

不过，相较于面积小巧、结构精简的南禅寺大殿，佛光寺东大殿在斗拱运用上比较复杂，数量也明显增多。其外槽檐口的柱头斗拱，采用较高级的双杪双下昂；而转角处为使屋角起翘，出三下昂；两柱之间另有补间铺作。内槽则以四跳斗拱层层出跳，特别之处在于全部未出横向斗拱，称为"偷心造"。无论是整体外观还是细部结构手法，佛光寺东大殿都展现了唐代大型木构建筑浑厚雄奇的风采。

1 转角铺作可见到昂，昂具有出檐及降低檐口的作用　　2 计心造斗拱使双向受力平衡，枋上"隐出"拱形

3 东大殿转角铺作，唐代阑额上不施普拍枋　　4 东大殿细格平闇与乳栿斗拱构造，古时这是大殿之前廊，后世才

将板门向外移置　　5 佛光寺东大殿大木构造模型，侧坡内可见"丁栿"承重之构造（1980年指导学生庄柏炎制作）

延伸阅读

双杪双下昂

　　"杪"意指树梢，亦有"抄"字之说。宋《营造法式》中，华拱也称杪拱，出一跳华拱称为"单杪"，两跳即"双杪"。双杪双下昂是檐口柱头斗拱采用的一种较高级的做法，由两层斗拱及两层向外斜出的下昂组成。出昂的做法可调整檐桁高度，让檐口处屋顶的反曲度加大，从而使雨水向外滑得较远。

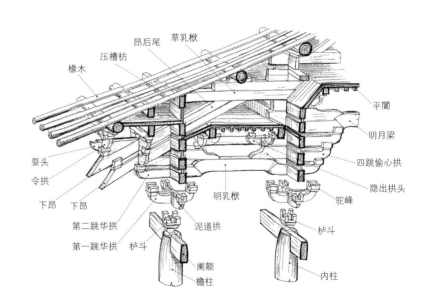

佛光寺东大殿外檐斗拱分析透视图
可见檐柱上采用"双杪双下昂"

1 东大殿内一景，可见平闇笼罩全殿，其下并有明栿及偷心斗拱加以支撑，体现合理有序之构造精神。而佛塑之背光高耸伸向屋架之间，也创造和谐的空间美感　　2 东大殿内转角之斗拱使用偷心造，自五层柱枋伸出，承托平棋枋与密方格子平闇。图中可见斜木条峻脚椽，如覆钵笼罩佛殿的神圣空间　　3 东大殿内佛台宽达五间长度，台上或坐或立共三十多尊佛塑，虽经后世重新髹漆，色彩浓艳，但基本上仍为唐代原塑，造型神容皆极优异　　4 东大殿佛台南边的普贤菩萨骑白象，立像为胁侍菩萨，其左前方为魁伟的护法天王

丰富的唐代塑像

　　佛台位于内槽柱间，占了殿内一半面积，充分展现了唐代佛殿内不以香客礼佛空间为重的观念，与后代禅宗寺院佛龛退居后侧、前方留出宽敞空间之布局迥异其趣。台上以三世佛分为三组配置，释迦牟尼佛宝相庄严、盘腿居中而坐，左右向外分别有阿难与迦叶、供养菩萨、胁侍众等；弥勒佛与阿弥陀佛亦有供养菩萨、胁侍众环侍；佛台的两端则为獠蛮与拂菻、普贤与文殊菩萨、童子、胁侍菩萨及天王，可谓集唐代泥塑艺术之大观。

　　特别值得注意的是，南侧持剑天王的背后，恭敬地盘坐着一位女像，据考证即为施主宁公遇。其发髻高盘，面容饱满又不失优雅，衣着为中唐妇女常见之裙腰高系的宽领大袖衫，两肩罩以如意纹披肩，双手隐入袖中，处处呈现中年妇人的华美神韵。另外，南侧窗台下有重建时的住持和尚愿诚法师塑像，身着袈裟，方头大耳，颧骨高突，眼目低垂。这两位几为一比一的写实塑像，制作时间应在佛寺落成之后，真实地传达了唐代的世俗面貌。

佛光寺东大殿大施主宁公遇像

延伸阅读

佛光寺再发现的故事

1937年6月，中国营造学社的梁思成、林徽因、莫宗江等，秉持"国内殿宇必有唐构"的信念，凭着稀少的线索，决意前往佛光寺探访。他们骑着骡子抵达五台山南台外人迹罕至的豆村镇，当巍峨的佛光寺东大殿在夕阳映照下乍现时，一行人顿时心绪澎湃，身心疲惫一扫而空，梁言"瞻仰大殿，咨嗟惊喜"，正是最佳写照。

这些奠定中国建筑史基础的学者，虽然依结构判断认定其为唐代建筑，但为求严谨，仍辛勤地钻爬到天花板上方寻找落款，遍寻不遇。最后居然是借助林徽因的远视，于昏暗中瞧见了"佛殿主上都送供女弟子宁公遇""功德主故右军中尉王""大唐大中"等唐代题字，再与殿前经幢之人名及建造年代核对，至此佛光寺为唐代建筑的身世才得以确定。

根据梁思成查阅唐史考证，中唐权重一时的宦官王守澄曾官居右军中尉。这位宁姓妇人可能是为了回报恩情或克尽孝道，超度恶贯满盈的王守澄，故捐资重建了佛光寺。

佛光寺东大殿的平闇天花中高旁低，
与五脊四阿顶内外呼应，表里合一。
本图采横剖透视表现佛像成列之庄严气势。

佛光寺东大殿正面透视图
中央五开间设板门，左右梢间辟直棂窗，比例均衡，体现大气之美

佛光寺东大殿正面长向剖面透视图

1 释迦牟尼佛

2 阿弥陀佛

3 弥勒佛

4 文殊菩萨

5 普贤菩萨

6 左右廊的罗汉像为明代所塑

7 双杪双下昂

8 峻脚椽为斜置枋

9 大叉手为唐构特色之一

10 平闇为小格子天花板

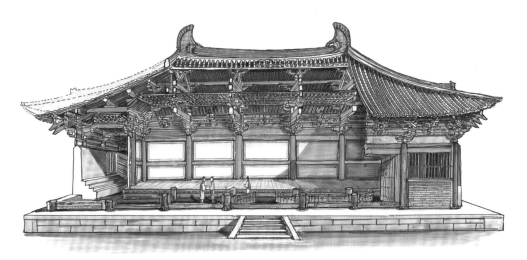

佛光寺东大殿解构式剖面透视图

本图可见屋架与平闇高低分布之关系

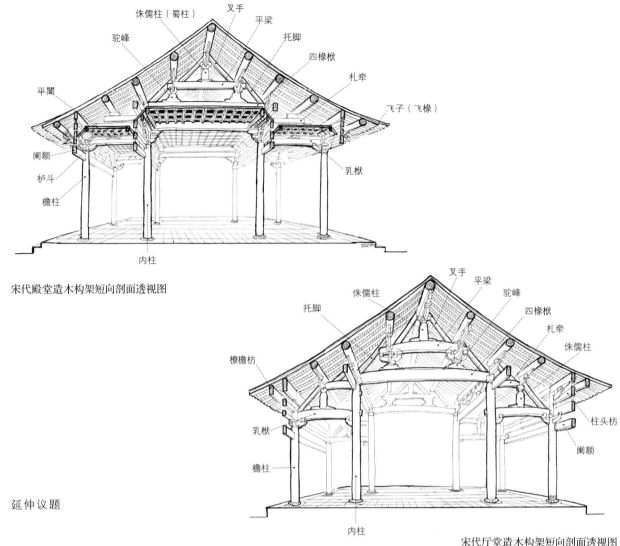

侏儒柱（蜀柱） 叉手 平梁
驼峰 托脚
四椽栿
平闇 札牵
飞子（飞椽）
阑额
栌斗 乳栿
檐柱
内柱

宋代殿堂造木构架短向剖面透视图

叉手 平梁
侏儒柱 驼峰
托脚 四椽栿
札牵
侏儒柱
橑檐枋
柱头枋
乳栿 阑额
檐柱
内柱

宋代厅堂造木构架短向剖面透视图

延伸议题

殿堂造与厅堂造

中国木构建筑技术至唐宋时期发展到一个高峰，其技术之精湛堪称世所罕见。宋李诫在《营造法式》中指出有"殿堂造"与"厅堂造"之构法，除了用料大小不同，空间高低深浅的塑造亦有别。

"殿堂造"的所有柱子大体等高，因此在阑额上分布斗拱铺作，逐层加高以承梁；它可以减轻梁所受的弯矩，并可在成圈状分布的铺作上覆以天花板或藻井，室内高度较低。《营造法式》举出多种类型的平面配置，供不同建筑使用，例如所谓的"单槽""双槽""分心斗底槽""金箱斗底槽"，就是仰望天花板时梁柱之分布形式，如五台山佛光寺东大殿即属于"金箱斗底槽"形制的殿堂造。但像大同善化寺山门不做天花，所有斗拱似平浮在半空中，虽仍具有加强构架刚性之作用，就空间的完美

度而言则略有不足。

相对地，"厅堂造"一般内柱高而外柱低，《营造法式》中有数种类型，都是梁一头架在外柱斗拱上，另一头插入较高的内柱腰身。厅堂造为广大的南方民间所使用，略有穿斗式影响之痕迹。它常采用"彻上明造"之做法，不做天花板，让我们进入殿内上望，可一览无遗地欣赏屋顶下所有梁柱，这确是厅堂造的空间特色，例如同样位于大同的上华严寺大雄宝殿。唐宋时期为数颇多的三开间寺庙，木构简洁有力，例如山西南禅寺、延庆寺，以及河南登封少林寺初祖庵，皆属厅堂造。初祖庵为正方形小殿，为了佛台空间能更开阔，采用移柱法，后内柱向后移。南禅寺内部无柱，而延庆寺则利用抹角梁承担屋顶重量。

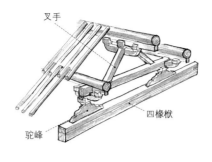

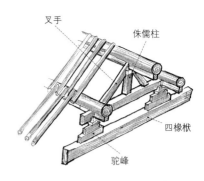

大叉手——南禅寺大殿

叉手与短柱（侏儒柱）并用——独乐寺观音阁

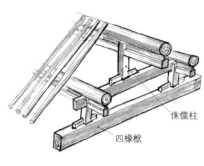

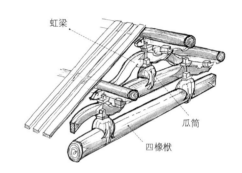

垂直短柱（侏儒柱）——长陵棱恩殿

瓜筒——福建民居

脊槫支撑材演示图

延伸议题

脊槫支撑材的演变

脊槫下方的支撑材，在漫长的中国木结构建筑发展过程中，有极大的转变，南禅寺使用的大叉手是目前所见最早的实例。按现存建筑及数据显示，脊槫支撑材基本上经过以下三个演变历程：

大叉手：两侧以斜柱固定，这是唐以前及唐代的木构做法，除佛光寺东大殿外，南禅寺大殿亦使用之，另外在具有唐风的日本法隆寺回廊亦可见到。

叉手与短柱并用：除了叉手，还以架于横梁上的短柱抵住脊槫正下方。短柱因柱身短小，故又称侏儒柱、童柱、瓜柱或蜀柱。这种并用的做法出现于宋代以后，能增强结构的稳固性，如独乐寺观音阁、晋祠圣母殿皆采用之。

垂直短柱：叉手因支撑功能为短柱所取代，至明清时不再使用，亦使得斜向支撑材逐渐消失于中国传统建筑中。而短柱下端与梁搭接处，尔后出现脚背、驼峰或瓜筒等丰富的样式，增添了装饰功能。

镇国寺万佛殿

上承唐代、下启宋代的木构佛殿，礼佛空间虽简约，
但庄严气氛十足

地点：山西省晋中市平遥县郝洞村

镇国寺为现存稀少的五代建筑，
为三开间方形殿之经典作品。
大木结构斗拱分布与佛像布局比例和谐，
右图以单点透视法表现其所彰显之庄严气氛。

山西平遥镇国寺万佛殿建于五代北汉天会七年（963），是中国现存唐代
与宋代之间的木构殿宇，在技术史上扮演承前启后的角色，享有极高的学术
价值。作为一座禅宗佛寺，它不求建筑之庞大与华丽炫目，反而更
希望予人沉稳收敛之美。殿中的佛像也是原塑，艺术水平极高。

五代建筑凤毛麟角

万佛殿面宽三间，进深亦三间，平面呈正方形，正背面辟门窗，左右面
封以厚墙。所有柱子皆没于厚墙内。因而我们跨进殿内，不见一根柱子，创造出
简洁单纯的庄严空间。它的屋架采用类似宋《营造法式》所谓的"六架椽屋通用二柱"厅
堂造。这是一种用于较小建筑的大木屋架，殿内无柱，也不用乳栿，但跨度长10多米。

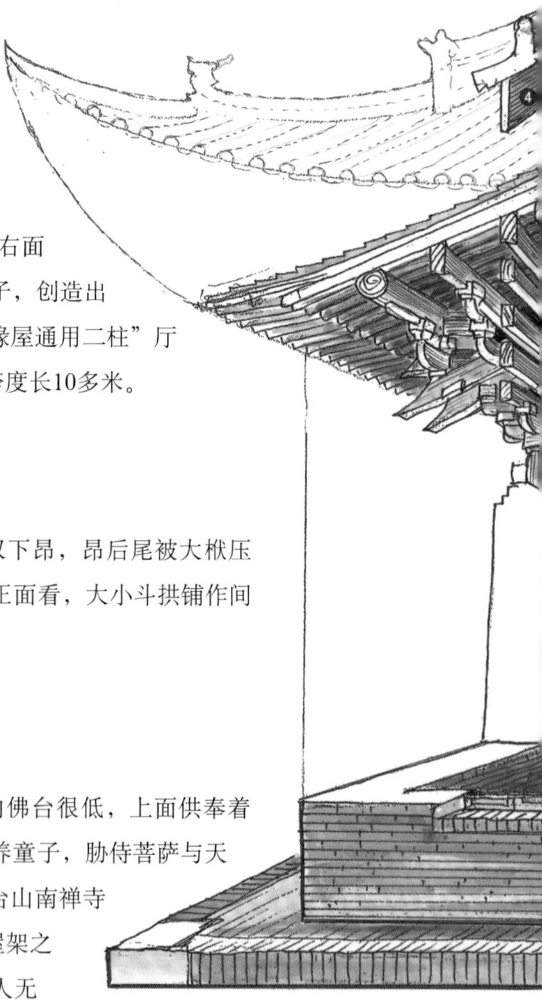

大小铺作交替出现

屋架上可见到叉手及托脚等唐风构件，外檐斗拱用七铺作的双杪双下昂，昂后尾被大栿压
住，取得力学上的平衡。除了柱头斗拱外，补间也有一朵，但较小。从正面看，大小斗拱铺作间
隔交替出现，结构严谨，权衡美好。

以建筑弘法

万佛殿之得名，系殿内厚墙有彩绘划分格子，绘出许多佛像。殿内佛台很低，上面供奉着
十一尊彩塑佛像，居中为释迦牟尼佛，左右分列阿难、迦叶二弟子，供养童子，胁侍菩萨与天
王护法。法像圆润、姿态生动、色彩典雅，仍具唐风，造型及尺度与五台山南禅寺
相近，可入中国最佳的塑像之例。释迦佛的背光虽高大，但刚好容纳在屋架之
间，恰到好处。塑像的距离很近，神容让人倍觉亲切，进入殿内礼佛的人无
不为之动容。我们认为镇国寺达到了以建筑弘法、以空间说法净化人间的境界。

1 镇国寺殿内主尊佛塑跏坐中央，巨大而华丽的背光有如开屏，直立于主尊之后与彻上明造之屋架相容，为极和谐之空间设计　　2 镇国寺采彻上明造，可一窥梁架上的明栿、角梁、丁栿与斗拱构造细节

镇国寺万佛殿解构式剖视图

1 释迦牟尼佛结跏趺坐中央，呈现平和慈祥神容，而背光如插屏，融于梁架之内，调和至极，入殿礼佛者可得到精神之解脱

2 殿内壁画万佛像

3 "厦两头"（"歇山"在唐宋时的称谓）构造是将山面移外，将重量骑在丁栿之上，可使殿内空间较宽大，让屋顶造型更宏伟

4 博风板可防止雨水侵蚀梁木

5 横跨前后的六椽栿，长 10 米以上，不受柱子羁绊，令人进入殿内马上感受到空间之雄伟与整体感

6 橑檐枋为悬在屋檐外的桁木

7 檐下使用七铺作，采双杪双下昂斗拱

8 丁栿外端为斗拱，内端架在大梁之上

年代：五代北汉天会七年（963）建　　方位：坐北朝南

山西高平清梦观三清殿

　　清梦观始建于金代，元中统二年（1261）由道士姬志玄（一说姬志真）建，为著名的道观。相传庙名得自姬氏游历五岳后，感悟"人生一梦"，乃舍宅为道观。建筑坐北朝南，现存山门、三官殿、阎王殿、三清殿、玉皇殿、钟鼓楼及一些配殿等。

　　其中三清殿仍为元代建筑，平面格局方正，木构严谨。面宽三间，进深一间，用六椽，合于宋《营造法式》的"六架椽屋五椽栿对前札牵，通檐用三柱"。殿内"彻上明造"，近代在五椽栿下添加支柱巩固。殿内左右各有两支丁栿，支承歇山顶两端的重量，力学系统明晰，空间释放出结构之美感。

1 高平市的清梦观为一座道观。清梦观三清殿为正方形三开间殿堂，歇山式屋顶的轮廓与中国文字相同，已成为中国建筑的符号 　 2 三清殿为露明造，可以见到全部木构，原为大跨度明栿，图中可见后代增加二柱以强化结构

清梦观三清殿解构式剖视图

1 后世所加之柱
2 阑额
3 虹形丁栿内端架在五椽栿之上
4 五椽栿
5 华拱

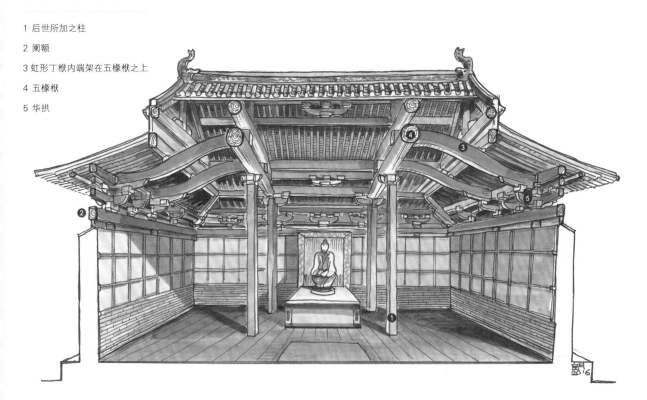

地点：山西省晋城市高平市陈区镇　　　年代：元中统二年（1261）建　　　方位：坐北朝南

1 隐藏于晋城山谷内的宋代青莲寺，采用三开间正方形殿及露明造，殿内木构清晰可见　2 青莲寺大殿内景，梁架疏密有致，表现出构造美

青莲寺释迦殿解构式剖视图

1 直棂窗普见于唐宋时期建筑

2 释迦牟尼佛塑像

3 单杪双下昂斗拱

4 丁栿外端压住斗拱昂尾，取得力学平衡

5 歇山式屋顶

6 脊槫为最高的大梁

7 上平槫为仅次于脊槫的梁木

山西晋城青莲寺释迦殿

青莲寺始建于北齐，初名硖石寺。唐代在其北侧上方兴建上院，北宋太平兴国三年（978）上院被赐名"福岩禅院"，下院则称为"古青莲寺"。上下院皆依山势而建，坐北朝南，背倚崇山峻岭，龙盘虎踞，面临优美的深谷，环境清幽，气势极宏伟。青莲寺内有多座古建筑，包括天王殿、藏经楼、释迦殿、罗汉楼、地藏楼及禅房僧舍等，依地势高低布局，空间层次分明。

释迦殿建于北宋元祐四年（1089），平面近正方形，面宽三间，进深三间。这种方形三开间殿堂盛行于唐宋时期。外观为歇山单檐，屋顶厚实古朴。斗拱雄奇硕大，柱头用单杪双下昂斗拱，不施补间铺作。内柱与佛台的背墙结合，台上所供奉的释迦坐像及文殊、普贤菩萨彩塑，皆为宋代的珍贵文物。

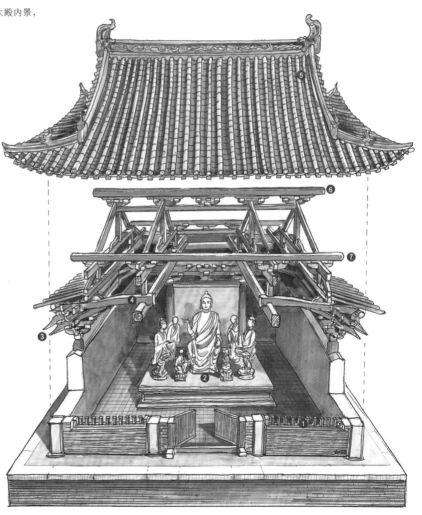

地点：山西省晋城市泽州县金村镇　　年代：北宋元祐四年（1089）建　　方位：坐北朝南

04 佛寺

佛寺

华林寺大殿

长江以南现存最古老的木造佛殿，一脉相承唐代
建筑遗风

地点：福建省福州市鼓楼区

福州华林寺大殿为五代建筑，使用一等材，梁柱斗拱用料硕大

华林寺大殿虽为三开间佛殿，

但其设计规格之高，却犹胜同尺度之五台山南禅寺。

唐宋时期禅寺大殿趋小，可能是受到

"不立文字，明心见性"之影响，乃禅宗佛理之实践。

右图剖开局部屋顶，可看到露明造梁架，

三下昂向内伸长至六椽栿之下。

　　有很长一段时期，长江以南被认为不可能存在宋代以前的木构殿堂，因为华南多雨潮湿，不利于木造建筑的保存。然而20世纪50年代，经过专家调查研究，奇迹般地发现了福州的华林寺大殿是一座建于五代末至宋初时期的古建筑。其梁架斗拱反映了极古老的特征，技巧高明，气势雄伟。如今，它被视为长江以南最古老的木造殿堂，为中国建筑史上极其珍贵之杰作。

用料硕大的南方官建大寺

　　华林寺位于福州城北越王山下，据史载初创于五代吴越国，时当北宋乾德二年（964）。寺原名"越山吉祥禅院"（明代始改今名），当时寺内尚包括山门、法堂、回廊及藏经阁等建筑，属于禅宗佛寺。中国禅宗佛教重悟法，轻形式，因而殿堂无须大，各殿之间以回廊连

華林寺大殿解構式鳥瞰剖視圖

1 留設前廊，與日本奈良唐招提寺同樣做法

2 梭柱，因外觀形如織布用的梭子而得名

3 乳栿底題有重修落款

4 只有前廊施用平棊天花板

5 殿內為徹上明造，可以看到梁架所有構件

6 彎曲形虹梁

7 雲形駝峰上承脊槫

8 雲形駝峰與一斗三升

9 歇山出際的屋架

10 華林寺大殿所用昂材伸入殿內很深，為中國罕見之實例

11 雲形駝峰，順應昂尾形狀傳遞重量至乳栿

12 三下昂，昂嘴上皮做雲形曲線

年代：北宋乾德二年（964）建　　方位：坐北朝南

接，塑造出虚实相生的院落，蕴含禅机。但由于华林寺只剩下大殿，其他配套的丛林之制皆已不存，我们无法体会禅寺空间之意境。而且历经嬗变至清代，大殿四周被添建一圈回廊，形成重檐歇山顶，实际上只有内部的三开间单檐歇山顶才是五代原物。近年经过落架大修，并略向前迁移数十米，终于恢复了原貌。

　　大殿面宽三间，进深四间，平面近正方形。前面设廊，有如日本奈良唐招提寺。华林寺这座大殿用材粗壮，不仅巨大的木柱比山西五台山佛光寺还略胜一筹，所用斗拱之规格亦不下于佛光寺，初见时令我们极感惊讶！推测原因，可能是此寺为当年福州城最主要之官建大寺，而福建一地素来即有丰富森林，可供应大料。

兼具力学与美感的厅堂造结构

　　华林寺大殿既是五代末至宋初时期之建筑，与宋《营造法式》比对，可称为"八架椽屋前后乳栿对四椽栿用四柱"。殿身共用十八根巨柱，外柱低于内柱，内柱高7米余；柱头栌斗上使用偷心斗拱直承大梁（大梁即四椽栿），跨

1 华林寺大殿采用 "彻上明造"，可见梁架各部构件　　2 从东南角所见华林寺大殿外观，其余殿堂皆已不存　　3 华林寺大殿前檐乳栿下有清道光年间重修之墨字题记　　4 华林寺大殿歇山顶左右出际另用一缝屋架，紧靠在明间屋架外侧，图中可见三个云形驼峰。云形构件置于屋架上，可能具有象征天盖之意　　5 日本奈良唐招提寺之前廊平闇天花。与华林寺相同，它只有单面设廊　　6 正面明间用两朵补间铺作，图中可见大斗直接置于阑额之上，不用普拍枋　　7 转角铺作在栌斗上出三向华拱，隔跳偷心，出下三昂　　8 华林寺大殿之双杪三下昂斗拱，图中可见曲形 "斗欹" 及云形昂嘴　　9 潮州开元寺的叠斗有十多层，用叠斗代替柱子，可免开裂之弊

度达7米。除了前廊，殿内不做天花板，所有梁架斗拱皆一览无遗，分析起来，应属《营造法式》所谓之 "厅堂造"。

　　大殿的结构技术南北做法兼容并蓄，深值细加欣赏，可供比较南北差异与地域之特殊风格。首先，梁架不用叉手或托脚，完全以梁上叠斗再置梁枋相叠而成，此法普遍见于福建与广东之古建筑，潮州开元寺即有十多层叠斗之例。其次，它的昂很长，从檐口直伸入内柱，被压在大梁之下，形成合理的力学平衡系统。再者，歇山顶的 "厦两头" 出际，形成独立的一缝屋架，因此在殿内举头张望，可以看到次间的屋架依偎在明间栋架旁边。归结起来，华林寺大殿的屋架设计用材硕大，比例权衡精练，力学分配合理，结构极为坚固。它一脉相承唐代建筑，已超越了福建地域性的意义！最后，就细部手法而言，所有的斗皆出现呈弧形曲线的 "斗欹"，又称为 "皿斗"，保存着发轫初期汉阙上所见的形式。日本中世时期奈良东大寺南大门受到闽、浙之影响，亦可见 "皿斗"。另外，梁上使用的云形驼峰，曲线流畅而富有动感，与日本法隆寺金堂的云形拱（云肘木）极为相似。屋架构件呈云形状，有象天之隐喻，或可作为福建地域形式与日本古建筑关系之注脚。

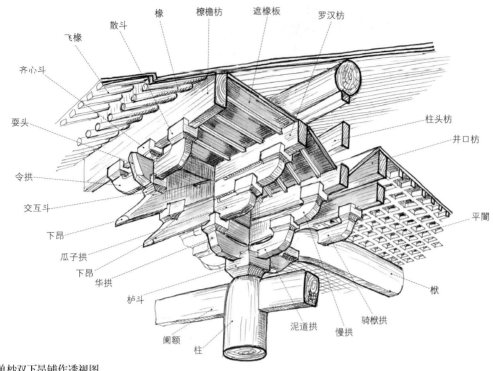

齐心斗
飞椽
散斗 椽 撩檐枋 遮椽板 罗汉枋
耍头
令拱 柱头枋
交互斗 井口枋
下昂 平閣
瓜子拱
下昂 栿
华拱
栌斗 骑栿拱
阑额 泥道拱 慢拱
柱

宋式单杪双下昂铺作透视图

延伸议题

斗拱

　　斗拱是中国建筑最奇妙的构造，它是一座木结构建筑引人注目的部位，也是数千年建筑发展史的关键，从梁思成以来，吸引许多中外学者耗费力气来探究其中的奥秘。"斗拱"一言以蔽之就是将受力的梁柱化整为零，变化成数百个小构件，再将这些小构件运用榫卯的关系组合成一个大构件，于是产生许多节点，化解外力及传递重量。一座大的建筑，如五台山佛光寺东大殿或紫禁城太和殿，它的斗拱数量竟可达到数千个之多！

　　分解一组斗拱，实际上可看到斗、拱、昂、枋等至少四种部件。"斗"有大小之分，"拱"有长短之分，"昂"有真假之别，"枋"也有长短粗细之区隔。按其位置来看，"斗"有栌斗、齐心斗、交互斗、散斗等；"拱"有华拱、瓜拱、令拱、厢拱，以及单杪、双杪等；"昂"有上昂、下

昂与真昂、假昂；"枋"有正心枋、罗汉枋、井口枋等。在艺术加工方面，有的斗仍有"皿斗"的线条，昂嘴可砍成"批竹昂"或"琴面昂"。拱头可以雕成蚂蚱形，汉代的拱身常呈流畅的曲线，如今在华南地区仍可见到龙、凤、象等造型的拱身。辽金时期盛行斜拱，将斗拱进一步编织成交叉图形，构成可提高刚性的三角形。

　　太原天龙山石窟可见到六朝时期的"一斗三升"。福州华林寺的五代时期斗拱，用一等材，至为硕大。大同善化寺可见到像花朵绽放的斜拱。应县佛宫寺释迦塔运用五十多种斗拱，各就各位，美不胜收。浙闽一带常用的插拱多为偷心造，曾在宋代东传至日本，奈良东大寺南大门的插拱多达十余层，层层出跳，至为壮观，即是斗拱融合美学与力学之明证。

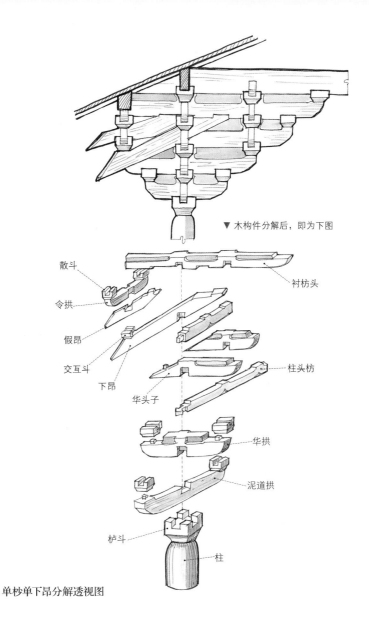

▼ 木构件分解后，即为下图

散斗

令拱

假昂

交互斗

下昂

华头子

衬枋头

柱头枋

华拱

泥道拱

栌斗

柱

单杪单下昂分解透视图

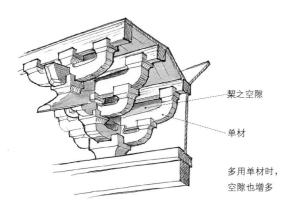

栔之空隙

单材

多用单材时，
空隙也增多

宋式斗拱透视图

宋式斗拱多用 "单材"，材高15分，宽10分；单材与单材之间以
"斗" 垫空隙，其高为 "栔"，高6分。一单材加一栔，共高21分

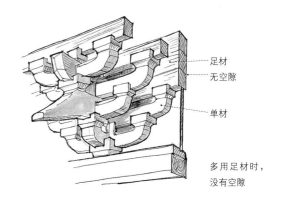

足材

无空隙

单材

多用足材时，
没有空隙

清式斗拱透视图

清式斗拱用 "足材"，材高20分，宽10分。
足材与足材层层相叠，没有空隙

1 大同善化寺普贤阁上下楼层使用不同斗拱　　2 山西洪洞广胜上寺飞虹塔入口之斜拱　　3 山西大同善化寺斜拱呈现辽代斗拱特色　　4 山西应县木塔之斗拱，其尺寸以"材""栔"为计算单位　　5 山西平遥清虚观之凤头昂　　6 清虚观之斜拱，清代以"斗口"作为尺寸计算单位　　7 太原天龙山石窟之人字补间拱　　8 四川汉石阙之斗拱　　9 福建福安狮峰寺之昂做成曲线，具有装饰作用　　10 闽东民居常用之连拱，具有很高的装饰性　　11 福建民居常用之丁头拱　　12 泉州开元寺之飞天乐伎斗拱，有如丁头拱承重　　13 福州华林寺使用一等材，采用双杪三下昂斗拱　　14 苏州虎丘二山门斗拱，可见昂尾之平衡作用　　15 浙江东阳卢宅之撑拱，与汉陶楼异曲同工　　16 广东肇庆梅庵之斗拱，可见昂尾，为真昂　　17 广东佛山祖庙出双向昂嘴，颇为罕见　　18 日本奈良东大寺南大门使用多层出跳的插拱　　19 日本兵库县净土寺净土堂之插拱，丁头拱自柱身伸出

05 佛寺

独乐寺观音阁

一座与所供奉的巨大观音立像浑然一体的空心木构楼阁

地点：天津市蓟州区

独乐寺观音阁，造型兼有秀丽与雄伟之姿

观音阁的木结构技巧及建筑艺术成就
被誉为中国古建筑之典范，
它结合柱、梁及斗拱铺作，
造出一座内部呈空筒状的楼阁，
用以容纳高大立像。
参拜者在极近的距离仰望观音像，
感受特别深刻。

　　天津蓟州区（原蓟县）的独乐寺观音阁是现存中国古建筑中极为重要的杰作，它是一座空筒式木结构楼阁，为容纳一尊巨大观音立像设计而成，外观秀丽。独乐寺之创立据古文献记载："独乐寺不知创自何代，至辽时重修，有翰林院学士承旨刘成碑。统和四年（986）孟夏立石，其文略曰：'故尚父秦王请谈真大师入独乐寺，修观音阁。以统和二年（984）冬十月再建上下两级、东西五间、南北八架大阁一所。重塑十一面观音菩萨像。'"从中可知，观音阁建于辽统和二年，其建筑上承唐风，下启宋制，兼有唐之雄奇与宋之秀丽。这座特殊的建筑在20世纪30年代同时吸引了中、日两国学者注意并投入研究，并在当时被认为是中国留存于世的最古老的木构建筑。

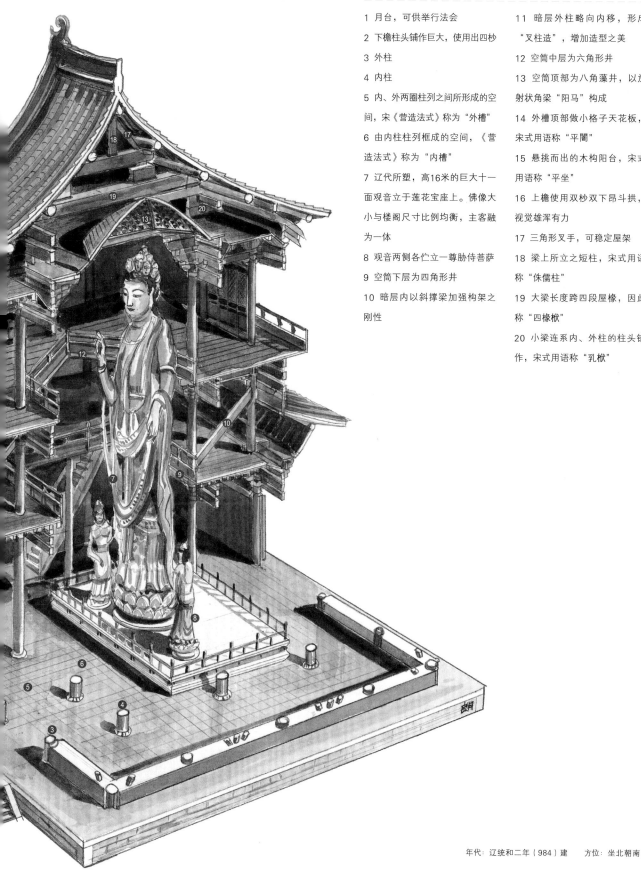

独乐寺观音阁解构式剖视图

1 月台，可供举行法会

2 下檐柱头铺作巨大，使用出四杪

3 外柱

4 内柱

5 内、外两圈柱列之间所形成的空间，宋《营造法式》称为"外槽"

6 由内柱柱列框成的空间，《营造法式》称为"内槽"

7 辽代所塑，高16米的巨大十一面观音立于莲花宝座上。佛像大小与楼阁尺寸比例均衡，主客融为一体

8 观音两侧各伫立一尊胁侍菩萨

9 空筒下层为四角形井

10 暗层内以斜撑梁加强构架之刚性

11 暗层外柱略向内移，形成"叉柱造"，增加造型之美

12 空筒中层为六角形井

13 空筒顶部为八角藻井，以放射状角梁"阳马"构成

14 外槽顶部做小格子天花板，宋式用语称"平闇"

15 悬挑而出的木构阳台，宋式用语称"平坐"

16 上檐使用双杪双下昂斗拱，视觉雄浑有力

17 三角形叉手，可稳定屋架

18 梁上所立之短柱，宋式用语称"侏儒柱"

19 大梁长度跨四段屋椽，因此称"四椽栿"

20 小梁连系内、外柱的柱头铺作，宋式用语称"乳栿"

年代：辽统和二年（984）建　　方位：坐北朝南

1

以楼阁为主体的寺院布局

　　辽皇室极力汉化并尊崇佛教，支持许多佛寺兴修，如大同华严寺及应县佛宫寺。契丹人崇拜日，喜将寺庙朝东，但独乐寺却坐北朝南，位于原蓟州古城中央偏西处，靠近西门。原始布局及规模已不可考，现存建筑仅有影壁、山门、观音阁、韦陀亭及东西配殿。另外，东院（原为清帝谒陵行宫）、西院及后殿等多为清代建筑。

　　观音阁与前面的山门皆为辽代建筑，两者同位在中轴线上。观音阁为独乐寺主殿，以阁为主殿的布局形式在现存中国古佛寺中较为罕见。进入山门，从明间两柱之间望进内院，巨大的观音阁恰好容在方框之内，这意味着山门与观音阁在高低尺寸与距离上有协调关系。山门立于低矮的石台座上，面宽三间，进深两间，柱位分布简洁。庑殿顶出檐深远，坡度平缓。正脊两端不用鸱尾，而用有鳞片的鳌鱼，张开巨嘴吻脊，造型刚柔并济，极为优美。

　　山门的木结构虽然只用十二柱，却颇具特色。它不设天花板，采"彻上明造"，屋架用对称式，宋《营造法式》称之为"四架椽屋，前后乳栿，用三柱"，意即有五根桁木，形成四段椽，前后共有三根柱子，只用小梁。此屋架因无天花板遮挡，可看尽所有大小构件。梁上使用叉手，以稳定屋架。中梁之下还可见侏儒柱，又称童柱。中门左右竖立金刚力士像，面目狰狞而勇猛，颇有警示意味。

1 观音阁的结构模型，可见暗层斜撑梁结构
2 山门为辽代建筑，内外柱等高，为典型的殿堂造　3 从山门明间看观音阁，有如框中之画，恰到好处　4 山门屋顶为单檐庑殿顶，造型雄浑　5 观音阁楼梯位于西侧，栏杆有曲尺形构造

富于变化的楼阁空间尺度

观音阁立于石造台基之上，前方凸出月台，方便举行法会。阁面宽五开间，进深四间，从外观之，二楼的歇山顶出檐极深远。整座楼阁比例均衡，造型与敦煌壁画中所绘之唐代楼阁形象十分相似。二楼四周悬挑木构阳台，称为"平坐"，人们登阁时可走出平坐环绕一周，体会登楼眺远之趣。观音阁外观两层，内部实为三层，从木梯登楼时，会经过中段的暗层。辽代匠师运用高超智慧，造出一座空腹楼阁，最主要的目的是要容纳一座高16米的十一面泥塑彩绘观音菩萨立像。站在门外时，我们无法想象楼阁内的菩萨世界，即使跨进大门，起初也只见到硕大的平台与莲花座，再靠近一步，才可从空井仰望整尊高大庄严的塑像。视线上移，佛像的腰部正对暗层，二楼格扇门窗的光线恰好投射在菩萨头部，头顶有十个小佛面的观音像神貌清晰，浮现慈祥笑容，使人感到沐浴在慈悲的佛光之下，成功营造出宗教的神圣氛围。

稳定均衡的楼阁结构

宋《营造法式》以"材"作为梁、柱、斗拱尺寸的衡量标准。"材"分为八等，最大的建筑使用一等材。观音阁使用三等材及四等材。

观音阁的柱子分为内外二圈，大体等高，在柱头栌斗上置斗拱铺作，再以乳栿连系，形成紧密的结构体。暗层的外柱略向内移，出现所谓"叉柱造"；上层与下层柱不对齐，虽对力学传递有害，但能增加整体造型的美感。其结构基本上继承唐代以来的殿堂造，将柱、梁枋、铺作三者重复使用、上叠，并巧妙地在暗层的梁柱框内增加斜撑木，使构架形成许多三角形框，抵抗水平外力，提高构架的刚性。另外，对于高楼可能产生的扭曲变形也做了应变。容纳神像的空筒，下层为四角形，中层为六角形，到了顶部出现八角形藻井，各层形状不同，亦强化了结构体之刚性。观音阁的木结构技巧与中空的室内空间结合得顺理成章，可谓神来之笔。

当我们登上顶层，沿六角形栏杆绕行时，除可近身瞻仰神像外，抬头也可清楚地欣赏这座以"阳马"曲木肋梁构成的藻井。其形如张开的大伞，八支伞骨自中心向外发散，"阳马"之间再以小格子天花板覆盖，有如织纹，亦如华盖。这顶木条织成的华盖，为了配合稍退后的神像，并未对准中梁，而是向后微调了一跳距离。

1

延伸阅读

中日古建筑研究的分水岭

　　20世纪30年代初，独乐寺观音阁的"发现"与研究经过，可说是中国古建筑研究史上，中、日学者研究水平的分水岭。在此之前，日本学者研究中国古建筑的成果颇丰。

　　1931年5月关野贞与竹岛卓一两位日本学者自称因考察清东陵，路过蓟县时"发现"了观音阁。但稍后梁思成先生以其独到的见解加上详细的现场测绘图样，撰写出《蓟县独乐寺观音阁山门考》这篇方法严谨、立论精辟的报告，刊于1932年6月《中国营造学社汇刊》，一举超越了日本学者的研究。这也是梁先生所写的第一篇中国古建筑论文，奠定了他在中国古建筑研究领域开创者的地位。

1 十一面观音立像刚好竖立在阁中空筒之内。顶部阳马结构藻井，由八支曲梁及平闇构成，犹如小华盖　　2 从上层的六角形井看观音像侧面　　3 观音阁内顶部的斗拱，运用复杂的榫卯，隔跳偷心以承平闇　　4 从暗层空井看底层佛台　　5 观音阁的斗拱与宋《营造法式》最接近，上檐用昂，下檐只有华拱，不出昂。转角处的小柱为后加

各司其职、雄劲奇巧的硕大斗拱

斗拱分布疏朗有序，共使用二十四种功能不同的斗拱，有内檐、外檐、转角、补间等铺作。斗拱用材硕大结实，约占柱高之半，呈"金箱斗底槽"形态分布，平均分配承重，各司其职。

以下层外檐斗拱为例，当心间（明间）与次间较宽，在两柱之间加小的补间铺作，梢间因较窄则无。柱头铺作巨大，使用"出四杪"（即出跳四次）斗拱，且"隔跳偷心"（有横拱谓之计心，无横拱谓之偷心，每间隔一跳才出横拱称为隔跳偷心，可减轻自重）。上檐则使用"双杪双下昂"（"双杪"即出二跳拱，"双下昂"即出二次下昂），亦施"隔跳偷心"，尖头的下昂与屋瓦平行，视觉上显得雄劲有力。它的后尾被内部草栿压住，形成平衡的杠杆。这些外观令今人觉得奇巧怪异的构件，事实上是中国匠师最伟大的发明。无怪乎历经一千多年，木材虽有局部变形，但大体仍完整保存下来，可谓人类木造建筑史上之奇迹。

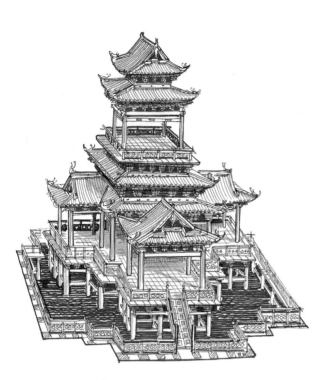

甘肃酒泉瓜州县榆林窟西夏第3窟壁画中的楼阁透视图

为"东方药师变"壁画中出现的楼阁建筑

山西万荣东岳庙飞云楼鸟瞰透视图

飞云楼建于明正德年间（1506—1521）

延伸议题

楼阁

　　中国古代木结构与砖石结合，可以建造高层建筑。秦汉时期未央宫、咸阳宫与阿房宫皆是楼阁，所谓"檐牙高啄，钩心斗角"。史载汉代上林苑中数十种不同楼观，供帝王欣赏珍禽异兽。楼阁在宋画中更是屡见不鲜，界画中的仙山楼阁，屋顶形式多样，且四周悬出平坐栏杆，使人可登高凭栏眺望，所谓"欲穷千里目，更上一层楼"。中国楼阁是最富诗意的建筑，历史上的名楼常见于诗文中，如李白诗"手持绿玉杖，朝别黄鹤楼""故人西辞黄鹤楼，烟花三月下扬州"，杜甫诗"昔闻洞庭水，今上岳阳楼"，范仲淹《岳阳楼记》"登斯楼也，则心旷神怡"。

　　楼阁虽令人向往，但其构造不易抗震抗风，因此完整保存下来者并不多见。除了辽代独乐寺观音阁外，大同善化寺普贤阁、正定隆兴寺慈氏阁及转轮藏阁也属杰作。闽西赤水有一座天后宫，它结合土楼的技术建造出多重屋宇的阁楼，构造合理且造型优美。日本于15世纪战国时期出现了防御性的城堡，其主楼"天守阁"即是结合中国楼阁与西洋城堡的建筑。

　　中国传统楼阁，为了表现楼阁向上逐层缩小，各层立柱并不一定对齐，因此发展出"叉柱造"及"永定柱造"两种系统。前者上下层柱子不对齐，以斗拱传递横向力，实例以独乐寺观音阁与应县佛宫寺释迦塔为代表。后者以正定隆兴寺慈氏阁为代表，其二楼柱子直接落地，并附在一楼柱子内侧。

1 福建赤水天后宫的楼阁，使用层层叠起之屋顶，上小下大，造型具音乐节奏感　　2 云南丽江的楼阁，上层为四角攒尖，中层为四出厦　　3 山西大同善化寺普贤阁用叉柱造　　4 湖北武当山的石造楼阁

06 佛寺

保国寺大殿

白丈清规境界的优雅佛殿，中国南方体现宋代《营造法式》的稀少作品

地点：浙江省宁波市江北区洪塘街道鞍山村

保国寺大殿外观

保国寺大殿的梁柱善用不对称技巧，
空间主从分明，佛台上方用露明造，
礼佛者上方设置藻井。
右图以二分之一纵剖透视图表明各种斗拱之分布，
各司所职，完善一个神圣空间。

　　长江以南现存最古老的中国传统木构建筑，除了五代宋初所建的福州华林寺大殿，另外尚有建于北宋祥符六年（1013）的浙江宁波保国寺大殿，非常难得而珍贵，其构造且具有多方面特色，值得细加鉴赏。保国寺位于宁波西北灵山，山峦屏嶂，景色深幽。寺中殿宇顺着山坡建造，入口为天王殿，中庭有水池，两旁为钟鼓楼，再上去即是大殿，大殿之后的高地建有法堂及藏经楼，属于可以静心的禅宗寺院布局。

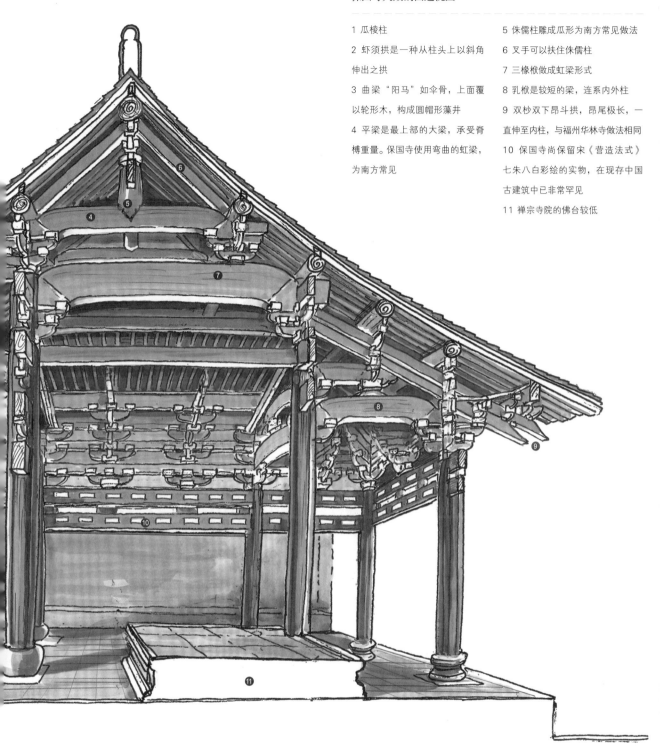

保国寺大殿剖面透视图

1 瓜棱柱

2 虾须拱是一种从柱头上以斜角伸出之拱

3 曲梁"阳马"如伞骨，上面覆以轮形木，构成圆帽形藻井

4 平梁是最上部的大梁，承受脊槫重量。保国寺使用弯曲的虹梁，为南方常见

5 侏儒柱雕成瓜形为南方常见做法

6 叉手可以扶住侏儒柱

7 三椽栿做成虹梁形式

8 乳栿是较短的梁，连系内外柱

9 双杪双下昂斗拱，昂尾极长，一直伸至内柱，与福州华林寺做法相同

10 保国寺尚保留宋《营造法式》七朱八白彩绘的实物，在现存中国古建筑中已非常罕见

11 禅宗寺院的佛台较低

年代：北宋祥符六年（1013）建　　方位：坐北朝南

1

南方罕见的北宋木构

大殿本为三开间，但至清代扩建，前后左右增加梁柱，成为正面七开间，进深六间，但我们要讨论的只有内部三开间的宋代原物。平面近正方形，但深度略大于面宽，可以使礼佛空间较深远一些。佛台设在中央四根主要柱子之下，但偏后一些。它的屋架采用不对称形式，即宋《营造法式》所指的"八架椽屋前三椽栿，中为三椽栿，后乳栿用二椽栿"，因此内柱不等高。

三座阳马藻井

之所以做不对称的屋架，目的是让出较深的礼佛空间，并且在上方设置华丽的藻井，衬托更为庄严的空间气氛，可惜的是佛座上已不见佛像。藻井有三座，"当心间"较大，左右间较小，皆从四角转八角再转为圆轮形。其构造体现合理的大木结构，先以斗拱出跳，框成四角井，再架抹角梁成为八角井，再出二跳斗拱围成圆形，以八支弯曲的"阳马"肋梁集向顶心成为伞状，是形象逼真的华盖。

1 明间的藻井以八根阳马构成　　2 保国寺仍可见宋《营造法式》记载的"七朱八白"梁枋色彩　　3 保国寺的斗拱使用南方特色的长尾昂，建筑之性格由它来表现　　4 保国寺大殿内的华丽藻井，系从四角转八角再转为圆形。全用硕大木料构成，散发着雄浑之美

七朱八白之见证

至于檐下的斗拱，有"双杪双下昂"及转角铺作"双杪三下昂"，昂尾很长，体现杠杆的力学原理。后尾很长的做法多见于南方的斗拱，同样形式可见于福州华林寺大殿。大殿使用一种瓜棱柱，圆木柱表面如瓜棱，也有很多根木材拼合而成的瓜棱柱，使外观显出饱满有力的趣味。内额枋上面的彩画，仍可见朱色枋木留出八块白色，为宋《营造法式》所载"七朱八白"的见证，是中国现存古建筑中较罕见的实例，富学术研究之价值。

最后，大殿内部左右斗拱略有差异，可能为所谓的"劈作"使然。浙江一带古建筑常见左右匠师分边施工的现象，称"劈作"，有竞技比赛之意味，而保国寺大殿在宋代即有左右差异做法，可能为现存最古老的"劈作"之例。

07

佛寺

隆兴寺摩尼殿

四面有入口，且四面凸出四座歇山顶抱厦的方形佛殿

地点：河北省石家庄市正定县

隆兴寺摩尼殿四面出"抱厦"，"出际"向前，为后代少用之例

摩尼殿之殿堂空间严谨，

佛像居中，四周柱林环绕，

为中国现存宋代四出抱厦式建筑之孤例。

右图将屋顶提起，

可见封闭的回廊与佛座扇面墙。

　　河北正定隆兴寺始建于隋开皇六年（586），原名为龙藏寺，唐代易名隆兴寺。北宋开宝二年（969），宋太祖赵匡胤勒令重建大悲阁，并重铸大悲菩萨金身。大悲阁于开宝八年（975）落成，此后逐渐形成南北向布局之整体建筑群。隆兴寺历代均深受皇室重视，赐金增修，规制完备，香火鼎盛。

　　以建筑而论，隆兴寺堪称现存佛寺中保有最多且最完整宋代建筑的寺院。其中摩尼殿平面布局奇特，在东西南北四面各凸出一个出入口，也就是宋《营造法式》中所谓的"抱厦"。屋顶山面向前，是唐宋非常盛行的做法，界画里常见这样的建筑，可惜实例极少，反而于当时的日本发扬光大，日本城堡中的天守阁大多采用这种做法。其中央主体为重檐歇山屋顶，加上四边凸出的歇山屋顶，当地百姓称之为"五花大殿"，十分贴切。此外，寺中的转轮藏阁是中国现存同类建筑中最古老的一座，为配合转轮藏设置，除了采用移柱法之外，还运用曲梁，整体结构浑然天成。

隆兴寺摩尼殿解构式掀顶透视图

1　月台

2　台基边缘之条石，宋《营造法式》中称为"压阑石"

3　四面皆设出入口，称为四出

4　内壁绘满佛经故事的彩画

5　柱子布局采用"金箱斗底槽"式，即平面用两圈柱框成内槽与外槽，内槽以墙区隔，形成封闭空间

6　佛台上供奉一佛二弟子二菩萨

7　扇面墙

8　山面向前作为入口，这种做法在唐宋时期较普遍，宋画中可见，后代逐渐少用

9　悬山顶桁木梁头凸出山墙面，宋代称"出际"

10　博风板

11　悬鱼

12　四面皆出厦，又因附在主体之边缘，故称"抱厦"。屋顶造型华丽，俗称"五花大殿"

13　在斗拱上发现宋代题记，确定为宋代建筑，并知道"都料"（建筑师）姓名，为现存中国建筑构件记录设计者最古之例

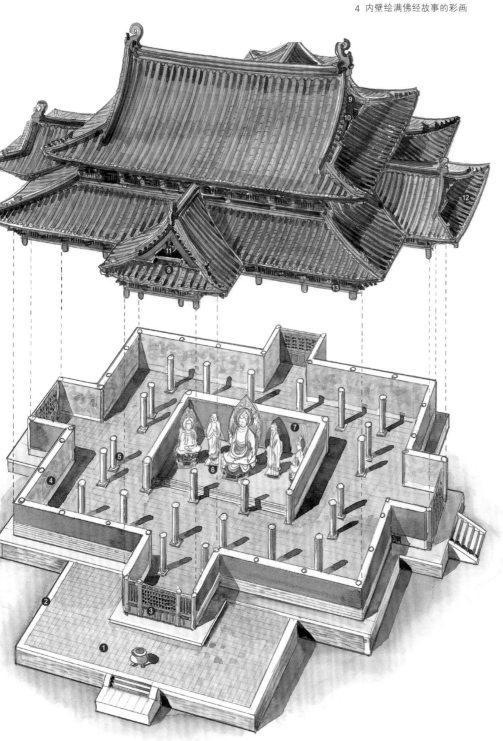

年代：北宋皇祐四年（1052）建　　方位：坐北朝南

南北向纵深极长的寺院布局

隆兴寺布局呈纵深展开，中轴配置南北长度将近500米，重重殿宇可分为前后两段：从南开始为照壁、石拱桥、牌楼、山门及两侧的八字墙，接着是东钟楼、西鼓楼及只剩遗迹的大觉六师殿，之后就是东西配殿，以及寺内现存主要的佛殿建筑——摩尼殿；后半段先看到戒坛，接着是两座左右对称的重要楼阁——慈氏阁及转轮藏阁，再进去是皇帝赐立的东西碑亭，然后就来到全寺最为巍峨高耸的建筑——大悲阁，阁后还有弥勒殿等明清改建或由他处迁移至此的建筑。中轴以西是清代所建的皇帝行宫，东畔为出家人的生活区，如方丈室、马厩等。目前隆兴寺中以摩尼殿、转轮藏阁及慈氏阁等较为完整，虽屡有修建，但仍大致保有宋代初建时的形制。大悲阁为巨大的空筒式楼阁，阁中供奉宋代重铸的高20米的千手观音铜像，可惜建筑本身已非宋代原物。

造型独一无二的摩尼殿

摩尼殿整体造型雄伟庄严，空间主次分明，富于变化，为宋代木构建筑之瑰宝。屋顶坡度和缓，仍有唐风，但已较唐代陡峭。殿堂立于1.2米高的台座上，前带月台，面宽七间，进深亦七间，平面近乎正方形。其东、西及北边凸出

1 隆兴寺自大悲阁望转轮藏阁与慈氏阁　　2 大悲阁模型，以飞廊与左右朵殿相接　　3 大悲阁近年复建之天桥，形如飞虹，跨接楼阁平坐　　4 大悲阁一角，从飞虹桥可见转轮藏阁　　5 摩尼殿出厦内部斜拱与枋木相连，形成整体结构，为高超之匠艺　　6 摩尼殿内可见斜华拱，用材硕大，反映"以材为祖"之精神　　7 摩尼殿后壁的泥塑观音像　　8 摩尼殿背面入口

的抱厦均为单开间，只有南向的正面抱厦面宽三间。朱色外墙面皆封闭无窗，仅抱厦开门设窗；大殿上下两檐之间的直棂窗亦可透气采光。建筑学家断其为宋初作品，但直到1978年落架大修时在木构上发现"真定府都料王"及"宋皇祐四年"等字迹题记，建造年代才获得确认。

　　摩尼殿结构非常雄壮爽朗，采用殿堂造，使用五等材，用料硕大。殿内柱列分成内外两圈，外柱生起及侧脚明显，柱头阑额上有一根扁梁，即普拍枋，与阑额形成T形的断面。全殿内外上下共有斗拱百余朵，上下外檐柱头斗拱采用单杪单下昂；除南向抱厦外，每开间出补间铺作一朵，且有斜拱，格外显眼。

精湛的雕塑与壮观的彩画

　　摩尼殿的内槽为佛台所在，佛台上主要供奉释迦牟尼佛及弟子迦叶、阿难，两侧奉文殊、普贤菩萨，三边有墙围绕，从正面进才能直接看到佛台。内槽后壁有明代重塑观音像，观音坐于群峰之中，四周祥云环绕，观音身稍前倾，足踏五彩莲花，闲适自在，温文尔雅，人称世界最美的观音像，是古代匠师雕塑技艺的高超表现。四周白色内壁上的佛经彩绘，面积绵延达数百平方米，极为壮观。进入大殿，一可膜拜菩萨，二可浏览佛教故事，沿内墙绕场一圈，就可把色细腻、线条流畅的佛经故事尽收眼底。每走一段，还有门可以透气，着实是一个令人愉悦的观赏空间。

1 转轮藏阁原来收藏的经书与塑像皆已不存，可直接看到内部构造　2 转轮藏阁正面，上小下大，挺拔秀丽　／　3 一楼顶部用曲梁，以配合转轮藏旋转

四川平武报恩寺华严藏殿解构式剖视图
约建于明正统五年至十一年（1440—1446），
殿内有一座明代转轮藏

延伸阅读

转轮藏阁

　　位于大悲阁之前的转轮藏阁，与慈氏阁左右相对。为配合藏经转轮的特殊构造，其材料及结构技巧的运用浑然天成，可见匠师技艺纯熟精湛。转轮藏阁为近乎正方形的双层楼阁建筑，面宽三间，进深亦三间。一楼正面前带抱厦，室内空间因此较为舒展，入口有雨搭并设门窗，其余墙面皆封闭，显得十分别致；二楼为歇山顶，外设回廊，可绕行一圈，其下方有平坐斗拱支撑。地面层使用移柱法，将第二排柱子往左右移动，以容纳可转动的藏经橱，可以说是"屋中之屋"；二楼则柱位规整，供奉菩萨。

　　结构上除了移柱外，还采用一根自然生成的弯曲木梁，如同手臂一般，配合转轮藏的倾斜屋顶，是有力学作用的大梁。二楼屋架上以大叉手及侏儒柱支撑脊槫，四椽栿上也用侏儒柱及大斜柱来支撑。平坐采用"叉柱造"，即平坐柱立在下层柱头栌斗上，上层立柱又直接立在平坐柱头大斗上，上下层柱身共分为三段。

　　阁内的转轮藏，是中国现存同类型建筑中历史最悠久的一座。所谓"转轮藏"，指的是八角形的藏经橱，造型宛如八角形的重檐亭子。其中心以一根大木柱作为转轴，下方立在地上凹槽中的铁件托座上；上檐圆形，下檐八角屋顶，上下檐斗拱都是八铺作双杪三下昂，昂嘴、垂花吊筒、瓦作等细节皆为木料雕刻，一应俱全。橱中置有经书，推测早期可能也有佛像。

转轮藏阁运用移柱与曲梁，
将可转动的藏经转轮容纳于楼阁之内，
是中国建筑中相当巧妙的设计。
屋中有屋，有如母子同体。

隆兴寺转轮藏阁解构式剖视图

1 一楼入口设雨搭

2 可以转动的八角亭，无瓦，只盖木板。藏经橱象征"法轮常转"

3 藏经橱收藏佛像与佛经

4 生铁铸成的"藏针"

5 为容纳藏经橱、转轮，使用移柱法

6 配合转轮藏之空间、承担上层重量而使用曲梁，分摊压力

7 二楼外设平坐回廊

8 平坐斗拱

9 四椽栿，即长度跨四段屋椽的横梁

10 大斜柱

11 驼峰

12 大叉手

13 侏儒柱，又称蜀柱

年代：北宋年间（960—1127）建　　方位：坐西朝东

1

延伸议题

屋顶

　　中国古建筑使用许多梁柱及复杂斗拱，目的就是要撑起一座大屋顶。屋顶是建筑物的头部与帽冠，北宋喻皓《木经》即视屋顶为中国建筑三个主要部分之一。屋顶也是建筑物主从尊卑角色的象征，宫殿与寺庙常采用多脊、多檐与色彩华丽的屋顶，而广大的百姓民居则使用少脊、少檐且颜色朴素的屋顶。

　　从汉代出土的阁楼明器可见当时民居的屋顶颇多变化，有庑殿顶（四阿顶）、歇山顶、悬山顶与硬山顶等。唐宋以后，封建制度日趋严格，民间所用的屋顶样式受到限制，华丽而复杂的屋顶也就渐渐式微。

　　至明清时期，屋顶的形式已发展成熟，常用者依等级可分为：五脊庑殿、九脊歇山、攒尖顶、悬山顶、硬山顶与卷棚顶。它们可以叠成重檐，加腰檐或披檐，也可以互相混合，成为十字脊及四出抱厦。紫禁城角楼的屋顶即是由数座歇山顶集结而成；另外，御花园里可见上圆下方的亭子，象征天圆地方。

　　屋顶除了形式与色彩之外，最困难的技术在于坡度调节，宋代称"举折"，清代称"举架"。"举折"是以作图法调整每一段坡度的折率，"举架"则是从下向上逐渐加大陡坡，最后造成屋坡上陡下缓之势，即《周礼·考工记》所谓的"上尊而宇卑，则吐水疾而溜远"。唐宋时屋坡较缓，明清时较陡。

　　庑殿顶及歇山顶美在其屋脊，悬山顶侧面的博风板、悬鱼与惹草是装饰的焦点，硬山顶则表现其坚实的山墙。广东及福建盛行弓形山墙，曲直线条并用，刚柔相济；而长江流域最多马头墙，山墙如五岳朝天，岗峦起伏，兼有防火、防风的作用，恰如其分地体现了民间朴实坚强的生命力。

1　山西芮城永乐宫歇山顶，巨大的悬鱼可挡风雨　　2　长江三峡张飞庙用盝顶，鼓起的曲线有如将军帽盔　　3　上海真如寺挺拔的歇山顶屋坡。中国南方多用黑瓦　　4　北京紫禁城御花园的天圆地方式屋顶，具有小宇宙之象征　　5　广东肇庆龙母庙八角楼攒尖顶，八条垂脊置小龙　　6　紫禁城太和门歇山顶，可见三角山尖，上面饰以花草纹　　7　山西五台山龙泉寺十字脊歇山顶　　8　云南丽江得月楼三重檐顶，起翘大胆，有如大鹏展翅　　9　山西大同善化寺庑殿顶，体现北方浑厚雄健之性格　　10　福建泉州孔庙大成殿庑殿顶，不施推山法，这是南方少见的庑殿顶　　11　上海龙华寺三重檐歇山顶，翼角起翘如草书线条　　12　云南昆明圆通寺八角重檐攒尖殿，立于水中，从任何角度都可看到三面　　13　山西阳曲不二寺悬山顶　　14　阳曲不二寺悬山顶之巨大悬鱼及五花山墙

08 佛寺

佛寺

善化寺山门

一座典型的"分心斗底槽"木构殿宇

地点：山西省大同市平城区

大同善化寺山门单檐四注顶，檐下的斗拱铺作分布均匀

善化寺山门木构出现许多月梁，

20世纪30年代梁思成访察时指出为北方罕见之例，

分心斗底槽可能企图做平闇。

右图从大门纵剖，

可见月梁分布与两尊天王塑像。

　　善化寺坐落于山西大同城的南门附近，为一座保存辽代与金代古建筑群的佛寺，格局宏伟。早在20世纪初，即引起日本与中国学者的注意，梁思成也曾深入研究，分析其建筑价值。据文献记载，它始建于唐代开元年间，后毁于战乱，至辽、金时期再度重修。现今所见的大雄宝殿为七开间，殿内有八角藻井，为辽代作品。而山门（天王殿）、三圣殿与普贤阁等三座殿堂则为金代作品。据碑文记载，金代善化寺住持圆满法师以十五年的时间重建。

善化寺山门剖面透视图

1 天王塑像

2 中柱

3 侏儒柱为一种短柱

4 驼峰为侏儒柱与梁木之中介物，可分散重量

5 脊槫是屋架中最高的大梁

6 襻间

7 四椽栿做成略为上弯的月梁，也称为虹梁

8 五铺作斗拱里转五铺作

9 抹角梁为斜向的构件

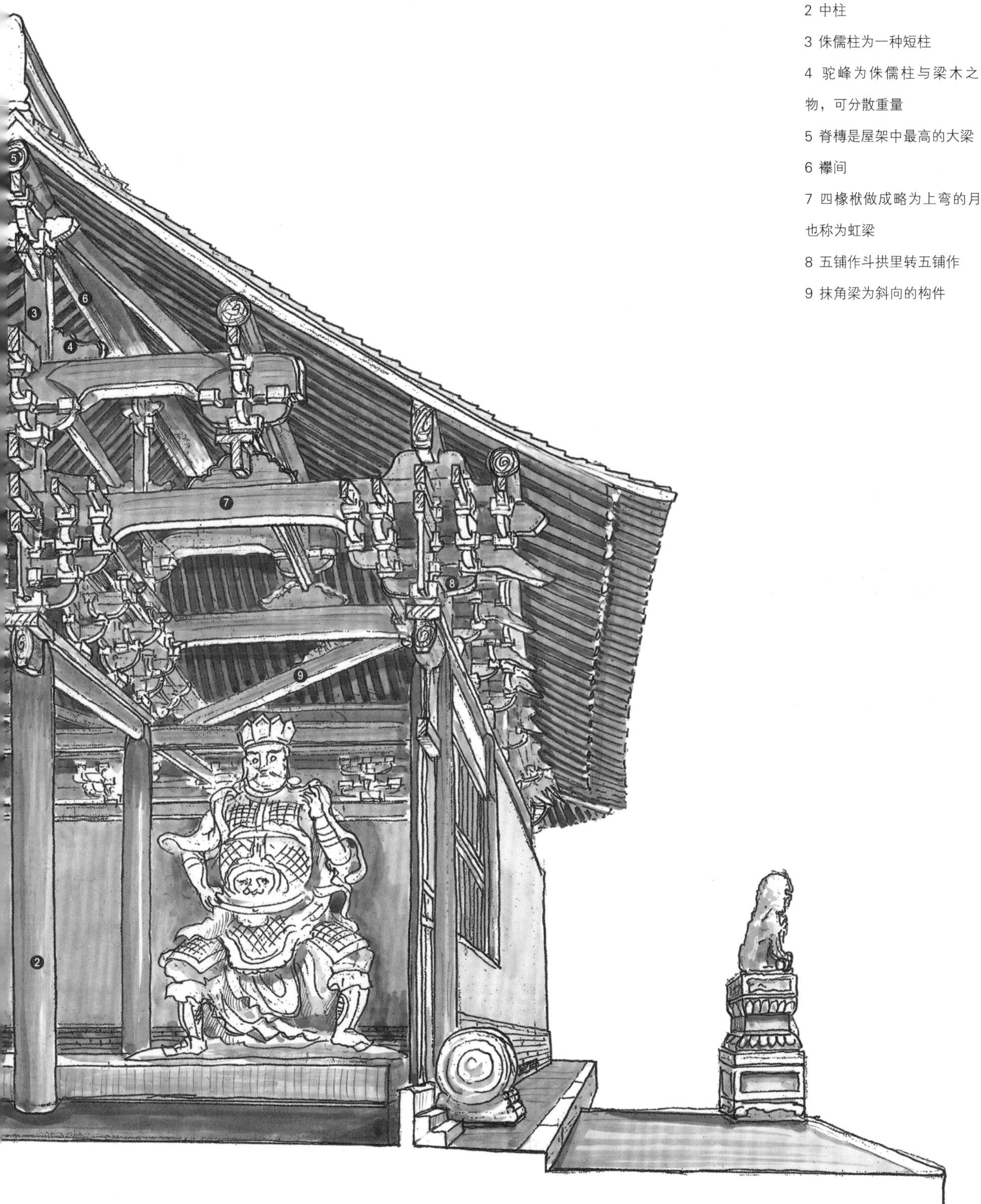

年代：金天会六年（1128）建　　方位：坐北朝南

金代的山门殿

天王殿也是山门，金天会六年（1128）所建，只见它的外观皆为朱色厚墙，屋顶为单檐庑殿，形式浑厚古朴，只有明间辟门供出入，次间设直棂窗，檐下悬挂"威德护世"巨匾。山门面宽五间，进深两间，有四架椽的深度。殿内有一排内柱，它与前后外柱等高，刚好立在屋脊下方，称为分心柱，符合宋《营造法式》大木作"四架椽屋前后乳栿用三柱"的制度。在殿内仰观所有斗拱的分布，不但沿着四面墙排列，连中轴的分心柱上也布满均匀的斗拱，这种设计可归类于宋《营造法式》所谓的"分心斗底槽"，通常要装置天花板（平棋或平闇），但善化寺山门却做成露明造。

分心柱将山门划分为四个空间，恰可容纳四天王塑像。这组巨大的彩塑天王像为明代所塑，包括持国天王、增长天王、广目天王与多闻天王，他们手持各式镇邪法器，气势极威严。

普施月梁构件

殿内不做天花，可清楚地看见所有构件，属于露明造。脊槫下有侏儒柱及叉手，骑在两根札牵之上。其下置驼峰。札牵、襻间枋与下方的乳栿皆削略弯曲的月梁，这种虹形的月梁多见于长江以南地区，晋北却属罕见之例。我们也注意到斗拱用五铺作，出现虚饰之假昂。除柱头外，补间有两朵铺作，檐下斗拱成群，且均匀排列。善化寺山门外观展现北方的壮硕雄浑，但内部梁架却显出南方秀丽风格，在中国北方古建筑中颇为罕见。

1 善化寺山门内部，可见分心斗底槽中柱上成列的斗拱　　2 善化寺山门内的巨大护法天王塑像为明代所塑　　3 善化寺山门使用分心柱，殿内一列中柱将殿身划分四区，刚好容纳四尊天王塑像

北京智化寺天王殿外观，可见钟形的欢门

北京智化寺天王殿

　　智化寺位于北京东城区禄米仓胡同，为明代正统八年（1443）司礼监的太监王振所建，明英宗赐名"智化禅寺"。后来发生历史上著名的土木堡之变，明英宗被俘，智化寺的香火仍延续不断，至清代一度衰微，经过修缮，中轴线仍保存山门、智化门（天王殿）、智化殿、万佛阁、大悲堂、万法堂等殿宇，合乎禅宗伽蓝七堂之制。

　　智化门即天王殿，原来正中供弥勒佛，背后立韦驮菩萨，而左右供四大天王塑像，可惜经近代战乱皆无存。建筑物面宽三间，进深两间，用六椽栿有分心柱的七架木构。中柱将殿内空间划分为左右各两间，恰好容纳四大天王塑像。

北京智化寺天王殿剖面透视图

1 槛墙
2 清式称金瓜柱
3 单步梁
4 双步梁
5 七架梁
6 额枋

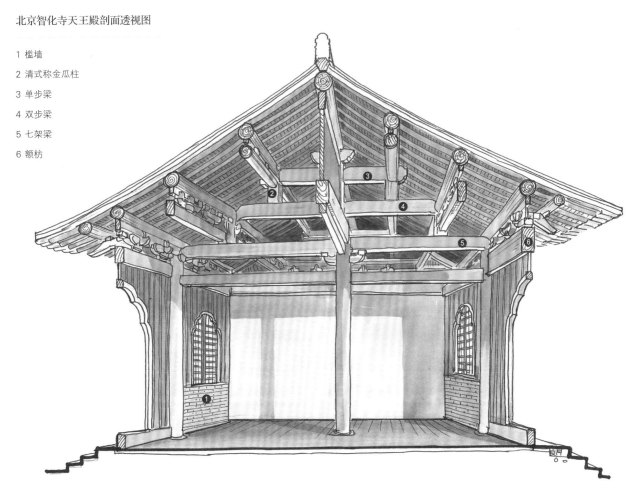

地点：北京市东城区　　　年代：明正统八年（1443）建　　　方位：坐北朝南

09 佛寺

五台山延庆寺大殿

> 善用抹角梁支撑屋顶，以斜拱强化构造，为殿内无柱之精练建筑
>
> 地点：山西省忻州市五台县阳白乡善文村

延庆寺大殿正面，这是座典型的三开间殿堂

延庆寺大殿是正方形佛殿，

面宽与进深皆为三间。

它大胆地使用巨大梁木支撑屋顶，

四边均分布斜拱，加强屋架刚性，

构成一座内部无柱的建筑。

    山西五台山不仅是中国历史上佛教的道场，同时也因保存了不同年代建造的古刹而有"古建筑宝库"之称，其中五台县的延庆寺与知名的唐代建筑南禅寺、佛光寺，还有广济寺、菩萨顶、尊胜寺等，都是中国古代不同时期木结构建筑的代表作。

    延庆寺与南禅寺，相距仅约6公里，两者规模相去不远，均属守护地方的乡村型佛寺，而非僧尼众多的大丛林类型。延庆寺的实际创建年代不详，但由其大殿建筑形式判断，应为金代原构。辽金时期，除统治者对佛教采取支持的态度，倾全国之力建造大型佛寺外，地方民间亦兴建许多小佛寺。只是目前所见之延庆寺，仅大殿保留了金代建筑的样貌，左右配殿则是明清以后所建。至于金代的寺院是否如同唐代采用回廊式，还是已经演变为合院式，今已无从考证。

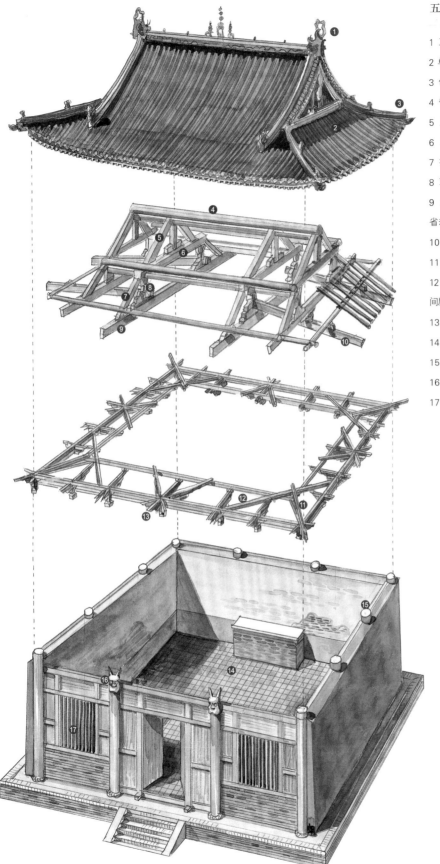

五台山延庆寺大殿解构式掀顶剖视图

1 正脊两侧大型龙吻，尾巴倒勾成圈

2 单檐歇山屋顶

3 戗脊

4 脊槫，清式用语称脊桁

5 叉手

6 二椽栿

7 托脚

8 驼峰

9 大梁（六椽栿）直接承受屋架所有重量，省却四椽栿

10 丁栿承接次间屋架

11 角梁

12 抹角梁（宋式用语称"抹角栿"），支撑次间屋架

13 明间补间铺作出斜拱

14 采用省梁减柱技巧，使室内成为无柱空间

15 附壁柱

16 明间檐柱栌斗，以兽头装饰

17 继承唐风的直棂窗

年代：金代（1115—1234）建　　方位：坐北朝南

雄健浑厚的建筑外观

    延庆寺大殿平面近正方形，面宽三间，进深亦三间，几乎等宽。正面中间设门，左右辟直棂窗，承继唐风。明间檐柱栌斗以兽头装饰，较为罕见。为加强结构稳定性，左右及背后三面墙身厚实，且明显向上斜收，柱头自墙肩露出，上承梁枋及斗拱，展现出浑厚雄健的风采。

    屋顶采用单檐歇山式，宋《营造法式》称"厦两头"，以下段屋坡非常平缓为特色。屋顶两侧山花"收山"的距离较长，刚好落在次间当中，使得三角形的山花面积较大，正脊较短，这种做法可避免屋顶太过庞大。正脊两侧的大形龙吻，尾巴倒勾成圈，非常少见；脊上还有狮、象、驮炉做装饰。整体而言，屋顶形式具有早期木构建筑的特色，曲线非常优美。

1 延庆寺大殿背面，墙体斜收至斗拱之下的阑额　　2 檐柱柱头的兽头饰，多见于山西古建筑　　3 抹角梁支撑出厦屋顶之重量　　4 殿内梁架为厅堂造，次间置丁栿承出厦屋顶，图中所见之柱是后代为补强所加　　5 正吻及歇山之博风板　　6 柱头斗拱结构复杂，可见普拍枋出头，是辽金建筑常见的做法

奇巧有力的大木结构

采用厅堂造的延庆寺大殿，室内不施天花，属彻上明造，梁架构件一览无遗。初入殿内只见屋架繁复，但仔细观之，其系统严谨，兼顾结构及美感，可谓木结构技术洗练之作。

前后共有七架桁。一般而言，以脊桁（脊槫）为中心，左右随屋坡降下，每增两架桁，均以一根大梁承搭，故七架桁的屋架应有三根由上至下逐一增长的水平梁——在宋《营造法式》中，长度为两档、四档、六档桁间距的梁，分别称为"二椽栿""四椽栿"和"六椽栿"，两端各有驼峰或侏儒柱连接桁与椽栿并传递重量。但延庆寺省却中间的四椽栿，于六椽栿上直接立四个驼峰，如此使木屋架更为简洁有力，是一种"省梁减柱"的做法。

另外比较特殊的是，殿内先以斗拱出跳承接绕一圈的梁枋，转角架抹角梁以承接45度戗脊下方的角梁，其上再承次间屋架。明间屋架则因直接骑在前后柱子上，所以形成明、次间屋架长短不一的特殊做法。而次间以丁栿（即清代所称之"顺扒梁"）架于六椽栿与山墙之上，丁栿中点即为"收山"的位置。

与明清斗拱相较，延庆寺大殿斗拱力学分布十分均匀合理，装饰意味较低，其做法是柱上置普拍枋，与梁形成T形断面，其上再起斗拱。除柱头铺作外，每间设补间铺作一朵，明间则出斜拱，除增强水平刚性之外，亦起到装饰立面的效果；柱头铺作用单杪双下昂，雕刻少，呈现素雅之美。斗拱第一跳偷心，第二跳才出横拱。昂的形式使用尖锐的批竹昂，造型干净利落，多少也反映其建筑结构的精练精神。

10 佛寺

开元寺

中国南方仍保存东西双塔之制的佛教丛林，全石构造之佛塔为福建之建筑特色

地点：福建省泉州市鲤城区

开元寺大殿原有副阶周匝，但后来为扩大室内空间，将墙体外移

泉州开元寺属于禅寺丛林。

禅宗重视明心见性之顿悟，实践清规，

建筑物则力求朴素，格局接近七堂伽蓝。

最主要特色为大殿左右建双塔，

在北传佛寺史上，双塔制为一种过渡形态。

开元寺双塔原为木构，至宋代易为石制，

右图可见花岗石造双塔东西对峙，至为雄伟。

　　位于中国南方的泉州开元寺创建于唐代，建筑呈现出此地自魏晋南北朝以来与中原文化持续不断交流之形貌，并保存具有浓厚南方特色的穿斗式木结构，逐渐发展出闽南特殊的构造体系。

　　泉州在宋元时是世界贸易大港，海上丝绸之路的起点，一方面吸取南洋文化，另一方面则将汉文化输出到朝鲜半岛及日本。外来文化的融合与应用，充分反映在建筑上；因此在泉州开元寺既可看到影响日本"大佛样"、韩国"柱心包"的插拱做法，也可见部分柱子的石雕明显有印度艺术的痕迹。开元寺不但集闽南古建筑艺术之大成，其丰富的面貌亦展现了文化上互相影响的复杂关系，也是海洋城市多元文化性格的鲜明写照。

1 紫云屏照壁

2 山门面宽五间，采用单檐硬山顶，为明代构架。殿后附一歇山卷棚顶拜亭，为惠安大木名匠王维允1960年所作

3 五轮塔

4 阿育王塔

5 大雄宝殿，宋代面宽原为七开间，但明初洪武年间增加一圈，成为九开间，俗称"百柱殿"

6 甘露戒坛为石坛与木造亭之结合

7 藏经阁

8 东边镇国塔高为48米，是中国现存最高的楼阁式石塔

9 西边仁寿塔高约45米，略低于东塔

年代：东西石塔南宋（1228—1250）建，大殿明洪武二十二年（1389）重建　　　方位：坐北朝南

延伸阅读

创寺传说——桑莲法界

　　开元寺创建于唐垂拱二年（686），寺址原为桑园，相传地主黄守恭梦见和尚化缘，请他捐出袈裟大小之地。地主以为范围不大答应下来，不料僧人将袈裟抛向天空，在日照之下形成很大的影子。地主心中不舍，于是要求桑树要能开莲花才愿捐地建寺。谁知满园桑树竟开满雪白的莲花。大雄宝殿匾额"桑莲法界"，即指此段建寺缘由。当时称为莲花寺，后曾改为兴教寺、龙兴寺等，至开元二十六年（738），为了歌颂开元盛世，赐名为"开元寺"。寺内还有一座檀樾祠，纪念黄姓家族捐地兴建的事迹。

1 从西塔望东塔之泉州开元寺一景 / 2 大殿屋顶，注意下檐角脊出现扩大 / 3 大殿梁架斗拱多用计心造 / 4 大殿内部石柱，呈瓜棱造型

位于中轴两侧的东西双塔高40多米，为仿木构的五层楼阁式塔，乃中国现存最高大的宋代石塔。塔采用花岗石建造，雕饰精美，梁枋斗拱细节充分反映闽南建筑特色，亦是研究宋代佛教艺术风格的宝库。双塔历经数百年的风雨试炼，仍无损力学与美学的高超技艺，可谓中国石塔的代表作。

中轴对称、前带双塔之布局

属禅宗临济宗一派的开元寺，范围广袤，为接近"伽蓝七堂"之制的丛林，殿堂多且布局完整。禅宗重视明心见性之顿悟，要求实践清规，所以丛林之制包括佛殿、法堂、禅堂、山门、厨库、东司与僧寮等七堂。中轴最前方隔着泉州城内的东西大街，竖立"紫云屏"照壁，与山门（即三门，今称天王殿）对望。山门后带拜亭，面对一个大院落，两边有历代遗留的石经幢、五轮塔及阿育王塔（也称为宝箧印塔）等，尽头大台基上即为大雄宝殿，院落两侧回廊相接，延续唐代以来的佛寺传统布局。明清时期的佛寺，通常不设廊道，而做配殿。大殿后方的甘露戒坛，建筑形式特殊；其后为民初重建的藏经阁，收藏各种版本大藏经及佛教珍宝。大殿前东西两侧各有石塔一座，年代最为古老，为宋朝所建；至于大雄宝殿，依建筑风格与近年大整修所见到的字迹，确定为明代所建。

佛教传入中国，至隋唐时儒家与佛教相互影响，发展出具有中国风格的禅宗。由于塔在禅宗建筑中较不受重视，逐渐偏离了中心线，因此出现了主殿前两侧配置双塔的佛寺，且推测当时应有塔院。双塔寺在佛寺布局的嬗变史上，有其阶段性的意义。中国现存有东西双塔的佛寺为数不多，泉州开元寺正是双塔寺的杰作。

见证文化交流的百柱大殿

重檐歇山顶的大雄宝殿为全寺的主体建筑，始建于唐，历经唐宋元明四朝，屡毁屡建，格局逐渐扩大。大殿先是在宋代由五开间扩为七开间，进深五间；到了明初洪武二十二年（1389）重建时，又扩展为面宽九开间、进深七间的格局。值得注意的是，每次修建并未将原平面毁去，而是加以扩大，因此可看出扩建的痕迹。目前所见为明代重修后的格局构架。

大殿有两项重要特征。第一是殿前月台基座的雕饰充满印度风格，推测开元寺历经多次重修，月台应是由他处移建于此；此外，前廊也有好几根柱子取自印度教寺庙，可见佛教吸收融合的器量，也为泉州自古以来的文化交流留下见证。第二是殿内巨柱上罕见的飞天造型斗拱，近年大修时发现是具有结构作用的重要构件。飞天乐伎在梵文中称为"迦陵频伽"，即所谓妙音鸟；以妙音鸟来侍奉大佛，仿佛殿中可以随时洋溢庄严美妙的乐音。

大殿号称"百柱殿"，殿中柱子密布，但为配合佛坛的设置及众人的参拜，采用以梁换柱的做法，实得八十六根柱。而抬梁与穿斗结构又完美结合，极富地方特色，使其成为一座富丽灿烂的殿堂。

1 飞天乐伎斗拱，个个手持不同乐器，为中国他处所罕见 / 2 1989年落架大修时取下的飞天乐伎斗拱 / 3 印度雕刻风格之石柱，柱础用莲花须弥座 / 4 大殿石柱雕刻出现力士角力图案 / 5 大殿石柱上具有浓厚印度风格的石雕人物

延伸阅读

屋顶曲线和缓优美的秘诀

　　泉州开元寺各殿皆具有线条优美的屋顶，不论正脊、垂脊、戗脊及檐口都呈现和缓曲线，屋面也呈现三度曲面。这一是因为运用了暗厝技巧，正脊两端以暗厝垫高，使得两端向上起翘；二是屋檐翼角采用"风吹嘴"的做法，使得翼角有如柳叶形，修长的曲线向上反转，弧度明显，使屋顶显得玲珑秀丽而不笨重。风吹嘴具有稳定出檐的作用，为北方所未见，属于闽南一带的地方形式。

1 仁寿塔全景　　2 仁寿塔内部石拱为偷心造　　3 仁寿塔转角斗拱以石造仿木做双杪单下昂，昂嘴做云形　　4 仁寿塔内部置塔心柱，楼梯围绕塔心柱

仿木结构的宋代石造双塔

　　双塔原为木结构，曾因地震毁损而改为砖造，后在南宋13世纪初改为石造，现存石塔的建造年代较中轴线上的殿堂为早。东为镇国塔，西为仁寿塔，两塔并未完全对称，东塔较高大，体现自古以来的以左为尊。双塔平面呈八角形，塔高五层，塔内中央立塔心柱，以石梁枋和外墙相系，内部回廊设置阶梯，绕塔心柱回旋而上。为结构稳定，每层开窗真假二式（假窗又谓"盲窗"），交替出现。塔身每层皆设平坐，可供绕行塔身与眺望。

　　塔身外墙转角设圆柱，上置阑额，出双杪柱头铺作。镇国塔雕凿较精致，除了转角铺作外，每面出两朵补间铺作，斗下缘有皿板线（皿斗），拱身底面做蝉肚形，反映南方建筑特色。仁寿塔斗拱较为简化，下面两层每面有两朵补间铺作，上面三层每面只有一朵补间铺作。

　　双塔整体造型端庄秀丽，具有木结构雕琢的趣味，也充分发挥石造宝塔的特色；每层八个面都雕满了金刚力士与佛像，属于"剔地起突"深浮雕。须弥座台基有精致的佛教故事浮雕，还有柜台脚及莲花的装饰，雄健威猛的金刚分置八个角落，镇守于宝塔底部。塔顶铁制塔刹高耸，外环八条铁链，远观极为壮丽。

开元寺东西两塔的石构造相同，

塔身中央为实心，

与外墙之间留设回廊，

以便安置石梯螺旋而上。

本图将第二层横切，

可以见到外墙与核心之间以石梁联系。

泉州开元寺镇国塔解构式剖视图

1 入口

2 石砌的塔心与外壁之间以石

梁连系

3 回廊上有八根石梁

4 佛龛

5 石拱门

6 塔刹

1 镇国塔匾额　　2 镇国塔使用偷心造斗拱，每级外壁浮雕罗汉像，神态自若　　3 石造镇国塔屋檐下做"隐出斗拱"，斗底可见皿板线

长乐圣寿宝塔昔为航海标志，
故体形瘦高挺拔，
明初郑和船队曾驻扎于此。
本图从较高视点绘出，
可见到七级浮屠造型之特征。

1 须弥座
2 倚柱雕金刚力士
3 石条上下相叠一百多层，成为塔身
4 石梯设在塔心

福建福州长乐圣寿宝塔
鸟瞰透视图

1 须弥座塔基
2 入口
3 倚柱雕金刚力士
4 佛龛
5 塔刹

延伸实例

福建福州长乐圣寿宝塔

　　长乐位于福州南方的海边，自古以来即为港口，港内南山之巅在北宋政和七年（1117）所建的圣寿宝塔至今仍保存完整，为福建石塔的瑰宝，同时也具有深远历史意义。它是海上可见的标志，明初郑和出使南洋，其庞大的船队几度驻守长乐，补给粮草及等候季风出航，并将长乐命名为"太平港"。塔旁原有佛寺殿宇，但已不存。郑和在明永乐十一年（1413）将它改名为"三峰塔"，前后七次下南洋，在佛寺内留下一方石碑《天妃灵应之记》。该碑于20世纪30年代出土，成为学术研究之重要见证。

　　圣寿宝塔为八角七级石塔，高近30米，塔身全为石构，以一百多层花岗石重叠而成。在塔心内留设曲尺形梯道，可供登塔。每层有平座，登塔可远眺长乐港全景。塔身布满佛本生故事，塔基雕出飞天乐伎，翩翩起舞，演奏乐器，姿态多样。第一层的八角倚柱雕金刚力士，栩栩如生且庄严威武。倚柱呈瓜棱形，出檐石斗拱雕出昂的形状，而斗底有皿板线，皆南方宋代建筑之特征。在顶层内部保存一根石梁，可能镌刻落成铭记。至于塔身八面亦设佛龛，龛顶呈火焰形，有如背光，古代可能每层皆供佛像，见塔即见佛。

1 韩国东北报恩郡法住寺的捌相殿使用"柱心包"构造　　2 日本兵库县净土寺净土堂之插拱造，可见许多"丁头拱"自柱身伸出，有如枝干

延伸议题

中国南方斗拱特色及其对日韩之影响

　　中国建筑于汉、魏晋时期斗身较大，斗欹的弧度呈弯状，有斗底线或皿斗，即斗底有一小平盘。魏晋南北朝，中原人士南移，木结构技术南传，而当中原建筑历经唐宋元定型化做法时，南方仍保存这些较早的做法。此外，南方拥有高明的梁柱穿斗技巧，异于北方的抬梁式。北方匠师南下后，与南方的主流做法结合，使得单向出拱的偷心造技巧大为流行，偷心造单向出拱多达八九层，犹如树干上长了很多层的树枝，将屋顶及梁枋之重量逐渐收纳集中传递到柱身。偷心造在宋《营造法式》中相对于"计心造"，又因其大部分直接自柱上出拱，相当于《营造法式》中所谓的"丁头拱"，或称"插拱"。泉州开元寺中不论双塔或殿堂，这些南方斗拱特点皆随处可见。

　　而流行于中国南方的建筑潮流，在南宋时期亦经由以泉州为枢纽的海上交通影响至朝鲜半岛及日本；当时契丹、女真、蒙古等盘踞北方，使原来朝鲜半岛与中原汉文化的陆路接触受阻，因而改由海路与长江以南的宋文化接触。今之日本古建筑学者便指出：日本建筑发展史中有一段时期与宋代关系密切，建筑结构以插拱式为主，镰仓时期的奈良东大寺南大门、京都万福寺及兵库县净土寺净土堂可为代表。由于东大寺中有一座铜铸的大佛，所以此种建筑样式被称为"大佛样"（旧称天竺样）。在朝鲜半岛高丽朝时期，同一建筑样式则称为"柱心包"，如韩国荣州浮石寺无量寿殿、祖师堂及德山修德寺大雄宝殿等，报恩郡的法住寺捌相殿亦采用相同的建筑样式。

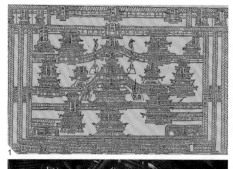

1 唐代高僧道宣的《关中创立戒坛图经》局部　2 甘露戒坛屋顶，上层八角形，中层及下层皆为四角形　3 甘露戒坛内部，可见典型的厅堂造　4 开元寺甘露戒坛内部梁枋交错，中央以明晰的八角藻井笼罩全局

延伸阅读

泉州开元寺甘露戒坛

中国佛寺之格局反映历代宗派理论与佛法的诠释，宋室南迁以后江南禅宗寺院兴起，福建福州的西禅寺、涌泉寺，莆田广化寺，厦门南普陀寺，以及泉州开元寺等皆属之，禅宗"七堂之制"中并无戒坛在内，然而戒坛在唐代曾是重要的佛寺设施。唐代高僧道宣（596—668）的《关中创立戒坛图经》里有一幅律宗寺院图，在佛殿左右可见"佛为比丘结戒之坛"与"佛为比丘尼结戒坛"，皆为三层露天高台之建筑。

戒坛的用途主要是举行佛教规仪，由德高望重的法师传戒给徒弟，一般有菩萨戒、居士戒、沙弥戒及比丘戒等。善男信女要皈依佛门，应行受戒礼，包括礼佛、净身、开导、请经、忏悔等。如正式出家，则要剃度，换上袈裟，称为"具足戒"，古代通常在戒坛隆重施行。

泉州开元寺在大雄宝殿之后有一座戒坛，传说其址曾有一口甘露井，故又名"甘露戒坛"。据史载初建于北宋天禧三年（1019），至明朝洪武三十三年（1398）重建，清康熙五年（1666）重修，成为今貌。现存石坛可能仍为宋初原物，高2米有余，呈正方形，四出五级石阶。四出阶的设计与20世纪80年代陕西宝鸡唐代法门寺地宫出土的镏金铜塔相同。戒坛的高度要依"佛肘"尺寸设计，相传一佛肘有3尺长（约1米）。方台四隅置金刚力士或狮子塑像拱护。

甘露戒坛在石坛之上供奉一尊趺坐观音像，佛像立在莲花须弥座之上，上方设八角藻井，显得崇高庄严。戒坛的屋顶为八角攒尖顶，里外相呼应。为配合礼佛仪式，前加一座轩顶殿宇。戒坛外部以廊道环绕，成为四重檐，远看像是阁楼，近观才发现实为一座戒坛。

甘露戒坛的建筑为珍贵的孤例，

八角形藻井笼罩于正方形戒坛上空，

光线自斗拱空隙洒下，而天地之间以高耸莲座供佛，

如清水出芙蓉之形象，坛前附加礼佛轩亭。

本图以剖视图展开，

可一窥曼荼罗方形四出阶石坛城全貌。

1 礼拜轩亭

2 金刚力士塑像

3 四出阶的方形石造戒坛

4 跌坐观音像

5 斗八藻井

6 宝顶

延伸实例

江苏宝华山隆昌寺戒坛

　　江南著名的禅寺江苏镇江句容宝华山隆昌寺，除了砖
造无梁殿外，尚保存一座清康熙二年（1663）设置的戒
坛。它的平面为正方形，两层高，每层阶以汉白玉石雕
成，台基须弥座布满浮雕，四边围以云纹石栏杆，造型简
洁而典雅。

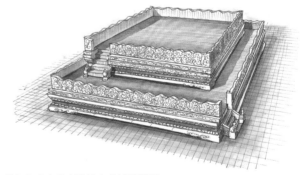

镇江句容宝华山隆昌寺戒坛透视图
正方形两层戒坛，四边云纹矮栏之石雕精美，正方形素色石台具有
均衡与永恒的神圣性。可与开元寺甘露戒坛互相参照

1

2

3

延伸议题

柱础

　　柱础是柱子与台基之间的过渡物，早期称为"柱礩"或"柱礈"。中国木结构建筑中，木柱一般不直接插入地下，而是立在柱础上，借以传递重量。而且，柱础同时具有防潮作用。宋《营造法式》谓柱础之尺寸为柱径之二倍，较普遍地施以覆盆或覆莲装饰。至明清时，宫殿的柱础化繁为简，多采用"古镜"式，整块石材雕成上圆下方的形状。

　　中国各地气候差异甚大，防潮需求也随之不同。北方干燥地区的柱础较低矮，南方多雨潮湿，柱础较高，且花样较丰富。宋代石雕所用诸法都派上用场，深浮雕如"剔地起突"，浅雕如"压地隐起花"或"减地平钑"，皆施用于柱础之上。采用莲花图案可能得自印度佛教的影响，"佛出生脚踩莲花"此一典故，使得莲花被赋予了生命的象征。山西交城天宁寺的柱础雕出龙龟结合的赑屃，象征其可负重。最细致的柱础应数广东、福建两地所见，该区盛产坚硬的花岗石，易于精雕细琢。福建多雕瓜瓣形，圆鼓柱础雕瓜棱形；广东广州的陈氏书院则雕细腰花篮，造型优雅。

1 闽西永定遗经楼瓜棱形柱础，上为礩，下为礩 / 2 浙江泰顺兽爪形柱础，下方为莲花礩石 / 3 皖南西递民居的瓜棱形柱础 / 4 山西解州关帝庙柱础，雕狮虎装饰 / 5 山西静升王宅柱础尚可见礩、礩并存 / 6 山西静升王宅鼓形柱础 / 7 山西交城天宁寺赑屃柱础，取其负重之象征 / 8 广东肇庆龙母庙柱础为花篮形，造型精致 / 9 山西襄汾丁村民居柱础带鼓形礩，可有效防潮 / 10 山东曲阜孔庙覆莲式柱础

11 佛寺
五台山显通寺无梁殿

使用纵横双向半圆拱，创造外七间、内三间的巨大无梁殿

地点：山西省忻州市五台县台怀镇

显通寺无梁殿，体量庞大、气势雄伟，乃砖造拱券巨构

五台山显通寺无梁殿为明末高僧妙峰所建，

主要大拱跨度达9.5米，

为中国北方最大的无梁殿室内空间。

右图剖开屋顶及外墙，

呈现出大拱下包含几个小拱的构造。

这一技术为建筑赢得了室内空间，并减少了用砖量。

　　中国的烧砖技术在明代达到巅峰，产量大增，直接促进了砖造建筑的发展。这首先反映在明初重修万里长城，长城有些地段做内外两道或多重设计。而各地府县城墙亦获改建，如明太祖时期的南京城聚宝门（今中华门）即以砖造拱券为特色，外观善用半圆形拱券，内部则有许多俗称藏兵洞的空间，用砖量惊人，在世界范围内都属于非常巨大的砖造工程。砖造之运用，除当时的防御建筑外，在民居方面，北方窑洞广为流传；在宗教建筑方面，则有无梁殿的出现。

　　无梁殿，顾名思义即为没有梁的殿堂，取其谐音有时又被书写为"无量殿"，取佛法无量之含义。五台山显通寺的无梁殿，在中国现存砖造无梁结构建筑中属规模较大者，构造精致，空间变化复杂，代表了中国明代砖造建筑的卓越成就。

五台山显通寺无梁殿解构式剖视图

1 屋檐挑出：檐口以砖仿造斗拱及垂花吊筒，使得屋檐下布满细琐的装饰。但受到砖砌构造的限制，出檐不深，颇具含蓄、谦逊之美

2 正面柱列与拱券：正面每开间之间以砖砌圆柱分隔，圆柱下采用高大的须弥座。每开间均设有拱券及匾额。此处体现了西洋建筑同一形式反复出现的节奏美感

3 外观面宽七间，内部实为三间

4 殿内挑高，顶部以砖叠涩砌成斗八藻井

5 暗藏的砖梯：殿内不见任何木造楼梯，因无梁殿建造时利用砖逐层砌筑，建到哪里楼梯就留设到相对高度，完工后，即成为永久的楼梯，手法相当高明。当年挑沙挑砖的工人，走的就是此座暗藏的砖梯

6 二楼设走马廊，可环绕大殿一圈

7 栏杆：其实是贴附于外墙上的装饰物，不能实用，只具象征意义

8 顶层边间开一窗，作为采光之用

9 顶层地坪：中央为木造，正是主佛头顶平棋天花的位置。为示崇敬，会在此处摆置装饰物，避免俗人走动

10 顶层砖拱：隔间砖墙辟三孔拱洞，兼具通风与减轻砖重的作用。其内可作为储藏空间

年代：明万历三十四年（1606）建　　　方位：坐北朝南

显通寺无梁殿拱券构造透视图
五台山显通寺无梁殿是中国现存最巨大的无梁殿宇，由两层圆券重叠而成

空间起承转合，建材多元对比

佛教文殊道场五台山的显通寺初创于东汉，经过历朝增改修建，至明太祖时重建，赐额"大显通寺"，取佛法大显神通之意。后因佛寺规模宏大，僧侣人数众多，于是分治为二寺，有白塔的部分称为"塔院寺"，另一处则仍称"显通寺"。明万历年间，建造了主体建筑无梁殿。

山脚下的一座重檐歇山十字脊山门，造型俊秀，原为大显通寺的主门，分治后显通寺左侧另筑一个山门，于是形成不在中轴线上开门的平面布局。山门内转折可见水陆道场、碑亭、大文殊殿及大雄宝殿，然后才是体量巨大的砖构无梁殿，后半场的建筑都为它所遮挡。绕过无梁殿会发现许多依山而建的殿宇。沿着斜陡蜿蜒的石阶向上，可见一座精巧玲珑的铜殿立于中央高台，左右两侧各立一座规模较小的无梁殿。整体而言，此寺布局的空间技巧起承转合，匠心独具。

显通寺的铜殿又称"万佛殿"，此殿特殊之处在于金属工艺，从屋顶、瓦片、柱子到栏杆、格扇门皆为铜铸，并在铜皮外镏金，诚属尊贵的金属工艺建筑。其重檐歇山的屋顶上装饰有尾上头下咬住屋脊的双龙及走兽脊饰；格扇身、腰、裙板比例优美，浮雕精致，曲线灵活。与无梁殿相较，一为精巧轻盈的金属建筑，一为砖造的庞然大物，两者形成强烈对比。运用多种建材建造，是显通寺殿堂的另一特色。

1 无梁殿背面上下层皆开设拱门或拱窗　　2 无梁殿正面拱门与柱列，做法精致考究　　3 无梁殿侧面近景，檐下可见模仿木结构之砖刻斗拱与垂花吊筒等细节　　4 显通寺铜殿精巧秀丽，从屋瓦到栏柱皆为铜铸　　5 显通寺小无梁殿

1

无梁结构的经典之作

　　显通寺的无梁殿共有三座，一大两小，外观皆采用两层楼式。其中大无梁殿上下皆为同方向的半圆拱，小无梁殿则设计为上下楼层不同方向的半圆拱，如此结构可分散外推力，设计高明。

　　显通寺无梁殿造型雄伟，外观比例稳重优美，构造精湛并具有复杂性，为中国古代建筑史上足以媲美欧洲砖造建筑之作。建筑以青砖砌造，但外涂白灰，与塔院寺大白塔相呼应。大殿面宽七间，进深三间，上下层全部开设拱门窗，檐口及壁面上有砖刻的垂花吊筒，山尖有悬鱼修饰。屋顶采用两层的单檐歇山顶，但内部实际有三层楼，第一层侧面有采光窗，第二层为拱券回廊，第三层为了减少三角形山墙砖的用量，掏空成为阁楼空间。

　　从平面分析，砖柱分内外二周，有如金箱斗底槽布局。殿内为了供奉高大佛像，挑高至二楼，到了顶部，砖墙层层以叠涩法砌成藻井，藻井顶部再铺以木造的平棋天花。二楼回廊环绕四周，有许多拱窗发挥通气采光之作用。一楼侧廊则有暗廊与楼梯结合，可直上三楼。

发挥木结构精神

　　与欧洲建筑相比，中国砖造结构技术的最大特色在于用砖仿造木结构的细节，只要是木结构可以实现的建筑样态，砖结构亦可以实现。如木构建筑有藻井，砖构一样可做藻井，显通寺无梁殿用砖仿造木结构的八角藻井，砖逐层出跳从正方形转成八角形，衬托出庄严华丽的佛殿空间。

　　木结构出檐下的层层斗拱，更是难不倒无梁殿，雀替、垂花吊筒、上枋、下枋、蚂蚱头梁头、拱眼壁、斗拱、两层飞椽，模仿木结构可谓惟妙惟肖。其中斗拱采用明清式均匀分布的铺作，柱头铺作用斗特别加大，其余的斗拱成列，兼有结构与装饰之作用。

1 无梁殿内的砖砌八角藻井与木造平棋　　2 无梁殿内供奉佛像，借拱窗适度引入光线

3 无梁殿屋顶内拱券

1 南京灵谷寺无梁殿前后皆设拱廊，并辟五个券门 / 2 镇江句容宝华山隆昌寺无梁殿上下楼皆设一门二窗，屋檐下尚有砖造仿木之斗拱 / 3 太原永祚寺无梁殿正立面，二楼墙体内缩宛若城门楼

延伸议题

无梁殿

　　众所周知，西洋建筑擅用圆拱，而中国虽然早在秦汉时期的地下墓穴即使用砖拱构造，但却属于阴宅，只要是建于地面上供人使用的建筑，皆较少使用阴暗冷峻的砖石拱结构。

　　明代宋应星著《天工开物》，对砖与石灰的制作记载甚详，或可推证当时工法与材料同步进展。明代出现了较多无梁殿，主要得自技术的提升：券顶愈高，跨度愈大，建筑体量雄伟，但用砖量反而减少。

　　无梁殿不但结构特殊，外墙的砌砖法亦有独到之处。利用砖的耐压特性，层层叠涩出跳；模仿木造斗拱及飞椽，壁身浮现梁枋、立柱与须弥座。表里皆砖，结构与装饰融为一体，浑厚的造型工整有度，却也散发着精雅的韵味。还需注意的是，中国无梁殿圆拱多做筒状，较少出现清真寺常用的交叉穹隆顶。

　　中国现存的无梁殿仍有多座，有大有小。南京灵谷寺无梁殿建于明洪武年间，为现存最早之例，其他著名的尚有山西五台山显通寺和太原永祚寺，江苏镇江句容宝华山隆昌寺、苏州开元寺，以及北京皇史宬的无梁殿等。大部分仍集中在制砖业兴盛之处，尤其以山西、陕西为多——山陕盛产优质煤，可烧制出上好的砖。无梁殿采用拱券结构，以减少砖的用量。同时，掏空的拱洞亦可当储藏室。外观则模仿传统木结构建筑。此种建筑的优点为坚固、防火且非常阴凉，缺点是为求坚固而少开口，故非常幽暗，较潮湿。

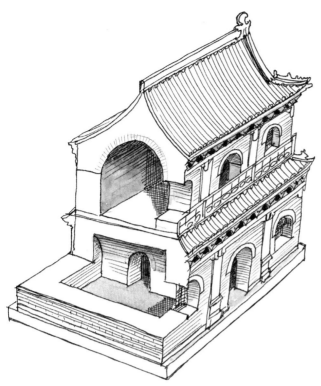

五台山显通寺小无梁殿解构式剖视图
上下层之拱券方向不同

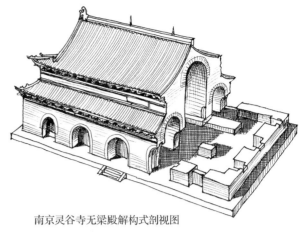

南京灵谷寺无梁殿解构式剖视图

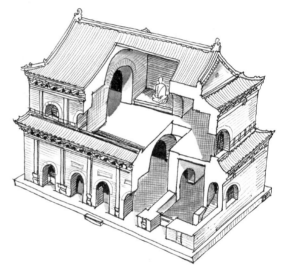

苏州开元寺无梁殿解构式剖视图

南京灵谷寺无梁殿：建筑宏大，宽53米余，进深37米余，五开间之单层构造，外观共辟五个拱洞，重檐歇山顶，上层屋檐内缩，加大了下层出檐。室内由中高旁低的三个拱券结构组成前廊、正堂及后室，前后较小的穹窿类似木结构的外槽；中央大拱顶跨度11米余，高14米，等于内槽。

苏州开元寺无梁殿：面宽七开间，中间五开间辟拱洞，左右梢间则为封闭式，两层楼高，歇山顶。旁有著名的砖造十五层塔，可见砖砌建筑之进步发达。

镇江句容宝华山隆昌寺无梁殿：三开间之两层构造，歇山顶。一楼立面中央拱洞为门，左右开窗；二楼则改用方窗，颇具变化。室内龛位顺拱券留设，呈弧形。

镇江句容宝华山隆昌寺无梁殿解构式剖视图

12 佛寺

永祚寺无梁殿

以砖构表现木构细部美感的无梁殿，亦融入窑洞
民居精神

地点：山西省太原市迎泽区郝庄镇郝庄村

永祚寺无梁殿全为砖砌，内部及门窗均采半圆拱券，甚至梁枋、斗拱亦皆
以砖构仿木构之形，当心间出现斜拱

永祚寺无梁殿是明代佛殿对室内空间形态的探索，
将大小不同的半圆拱结合为一体。
右图用局部剖视法，令人进殿不见梁柱，
只见半圆穹隆，
但外观仍为"上栋下宇"之造型。

　　中国现存的无梁殿建筑中，由明代高僧妙峰法师
所建者，除了著名的山西五台山显通寺外，位于太原
市郊的永祚寺亦是名作。其砖拱技巧与显通寺不同，
别具创意。永祚寺位于小丘之上，视野广阔，可遥望
太原市区。寺内主殿由妙峰法师在明万历二十五年
（1597）以砖拱构造完成，殿内全为半圆拱笼罩，故
称为无梁殿。

　　永祚寺除了无梁殿外，其旁双塔亦全以砖构成，
建筑技术高超，远近驰名。主殿坐南朝北，左右为客
堂与禅堂，前有山门，合围成四合院。正殿为砖造两
层楼，它的背墙紧靠山壁。面宽为五开间，但二楼缩
为三开间，外观形成上小下大的形式。

1 交替运用许多高低大小及方向不同的半圆拱，创造出非传统梁柱的形象，纯净的空间体现超越世俗生灭和有无之境界，是明代妙峰法师对建筑内部空间探索的成果

2 厚墙内容纳十多个小拱券，可供奉菩萨塑像

3 左右侧院设砖阶可上屋顶平台

4 屋顶平台

5 以砖层层往上叠砌，集于顶部，构成藻井，象征天圆小宇宙

6 歇山顶上的菱形图案为不同颜色的屋瓦，称为"剪边"

年代：明万历二十五年（1597）建　　方位：坐南朝北

1 永祚寺的无梁殿紧靠山坡，正面看为两层式，但背面嵌入山，实即窑洞之传统做法　2 永祚寺无梁殿旁的小院，为古时僧人生活的领域　3 永祚寺无梁殿侧面一景，可见古代方丈住的窑洞，作为出家人的住所，有墙与主殿分隔　4 永祚寺无梁殿左右畔小院有砖梯可登屋顶平台，砖梯下空出两个小拱券，作为储物之用　5 永祚寺无梁殿的斗八藻井全以砖构模仿木构而成　6 永祚寺无梁殿内部，可看见不同方向的大拱顶与小拱门

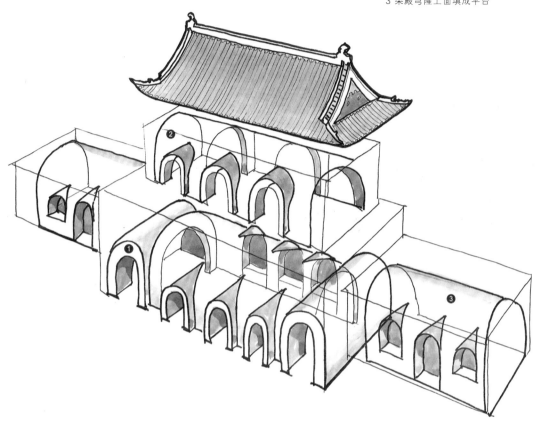

大小拱顶同台演出

　　无梁殿即永祚寺的大雄宝殿，一楼中央佛台供奉释迦牟尼佛及阿弥陀佛像，二楼则供观音菩萨。在建筑设计技术方面值得注意的是，一楼与二楼分别使用方向不同的半圆拱，此法可以强化构造。底层中央三开间为横向大圆拱，左右边间的拱反而朝前，内部形成 H 形的空间。在厚达 3 米的墙壁内留出十多个小拱券，用以供佛像。

　　礼佛者如果要登二楼，那么需要回到殿外，从左右畔的院子中露天砖造阶梯登楼。院里也有无梁小殿，早期可能作为方丈室之用，融合了黄土高原常见的窑洞民居特点。无梁殿二楼用一个圆筒形拱构造骑在底楼之上，其明间以砖叠涩出跳，围成一座砖造斗八藻井，益增庄严。

以砖仿木构

　　永祚寺无梁殿构造特殊，它的立面虽全为砖造，但很考究地将圆柱、额枋及斗拱很逼真地表现出来。在阳光下，檐下成列的斗拱、垂花、额枋、圆柱及柱脚须弥座等浮雕线条明晰，远观之真有如木构。

　　归结起来，永祚寺大殿无梁殿使用十多个大小不同、方向不同的半圆拱，横拱与纵拱相交贯通，创造出主从有别、高低有序的空间，并且纵横交织，使其构造更加稳固。它的规模虽不大，却是无梁殿的杰作。

佛寺

华严寺薄伽教藏殿

殿堂内保存无柱飞桥天宫楼阁，是极为传奇的藏经阁孤例

地点：山西省大同市平城区

薄伽教藏殿为庋藏经书之建筑，背墙只辟一个小窗引入光线，光线所照之处恰为天宫楼阁虹桥

薄伽教藏殿的建筑将佛像居中，
外围绕以经藏，夹以回廊，
三者象征佛法僧三宝。
右图将巨大屋顶抽高，
令人窥其殿内神圣空间之全貌。

山西大同市古称平城，曾为北魏都城，帝王支持建造的寺庙较多，其中华严寺肇建于辽重熙七年（1038），皇帝敕建薄伽教藏殿安放经书，并于寺内奉安诸帝的雕像，似有家庙之性质。寺内殿宇众多，曾经分为上、下华严寺。上华严寺至今仍保存巨大的大雄宝殿，其始建于辽清宁八年（1062），金天眷三年重建；下华严寺在其东南边，主殿为薄伽教藏殿，这是庋藏佛教经卷的殿堂，殿内仍保存壁藏设施，极为罕见。上、下华严寺今又合一。

华严寺薄伽教藏殿
解构式掀顶鸟瞰剖视图

1 佛台

2 回廊围绕佛台

3 藏经橱

4 佛龛

5 虹形飞桥，即"圜桥子"

6 天宫楼阁

7 壁藏

8 辽代鸱尾

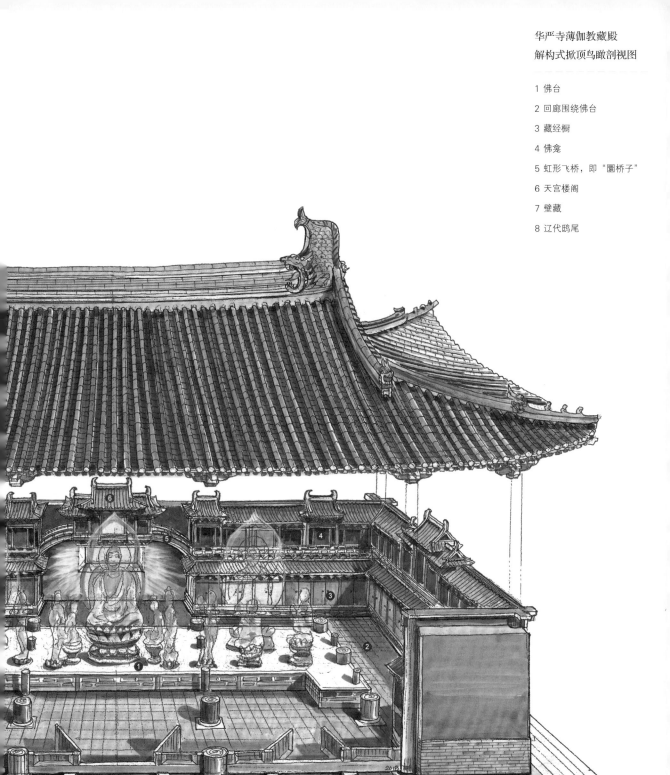

年代：辽重熙七年（1038）建　　方位：坐西朝东

1 大同华严寺的大雄宝殿，体形硕大的殿宇只用单檐四坡顶，更凸显北方建筑的浑厚雄伟之大气　　2 薄伽教藏殿面宽五开间，柱头上有古制的普拍枋

3 直书双行的清代寺匾承继唐代古风，"薄伽教藏"即佛教经藏　　4 薄伽教藏殿主尊释迦佛供奉在中间，上有藻井，后有背光　　5 佛台上的佛像为辽代原塑，神容及姿态皆不同

佛教壁藏为仅存孤例

辽代契丹族有东向拜日之习俗，因此华严寺薄伽教藏殿坐西向东，当旭日东升时，雄踞高台上的殿宇之朱色墙面被照射得光彩明亮，有佛光普照之气势。

关于这座古建筑的研究，可上溯至 1902 年，日本建筑史学家伊东忠太至大同勘察，初步判定为金代建筑。至 1918 年，另一位建筑史家关野贞也来考察，他判定薄伽教藏殿为辽代建筑，而且是当时中国所存最古的木造建筑。1931 年关野贞再度造访，在梁底发现辽重熙七年（1038）的墨迹，他特别注意到殿内墙壁上的"壁藏"，惊叹其构造之精妙，认定殿内所供奉之佛像皆为辽代所塑，赞叹为奇迹。中国学者梁思成与林徽因在 1933 年调查大同古建筑，以经纬仪测量古寺平面及高度，现今所见的最早精密图样即出自他们之手。梁思成的研究成果呈现在《大同古建筑调查报告》中。斗拱与宋《营造法式》中的记载比较，犹存唐代遗风。寺史逐渐明朗。建殿之目的在于收藏佛经，壁藏之顶为微缩楼阁，象征天宫，即《营造法式》所载之"天宫楼阁壁藏"，为海内孤品。他肯定大坛上的佛像群为中国最精美作品，形容其外形秀丽，色泽柔美黯淡，未遭后世翻新之厄。

1 过去佛：燃灯佛
2 现在佛：释迦牟尼佛
3 未来佛：弥勒佛
4 可见飞桥
5 佛像的背光
6 共有三十八间经橱

7 佛龛在二楼
8 藏经壁橱环绕一圈
9 弓形的丁栿外端骑在斗拱铺
　作之上
10 四椽栿露出，可自殿内看到
11 草栿为不做细部加工的大梁，
　位于平棋（天花板）之上
12 阳马是角梁，用八支弧形
　角梁做成罩形藻井，为薄伽教
　藏殿建筑之特色

三十八间经橱环绕佛像

　　薄伽教即佛教，薄伽教藏殿由三面厚墙包围，仅正面辟三间门扇。为了保护经书，昏暗的殿堂内，只有背墙辟一方窗，引入神奇的光，刚巧投射在佛像背后。礼佛的信众可以瞻仰佛像背光的光芒，感受想象中的净土极乐世界。壁藏为长廊式，二层共凸出七座楼阁，在中央方窗上高悬一座天宫楼阁，架在虹形飞桥之上。楼阁及壁藏皆以屋顶，其中三座为重檐，四座为单檐，共有三十八间围绕内墙。经藏上层供佛龛，中为腰檐，下为经橱，即书架，外设门扇可合。二层檐下及平坐使用十七种斗拱，皆为精致的小木作，却忠实反映了辽代建筑之高超技术与建筑美学。

三座华盖式藻井

　　佛像上有三座藻井，中间的较大一些，采用八角形，从梁枋架出八支阳马与圆形肋条，有如伞骨。中央供奉现在佛释迦牟尼佛，左边供过去佛燃灯佛，右边供未来佛弥勒佛。三尊佛被称为三世佛，皆结跏趺坐，神容庄严，其中一尊合掌但露齿微笑的胁侍菩萨被认为是形神俱美之杰作。

　　总结起来，薄伽教藏殿的建筑空间层次分明，中央供佛，四周配置壁藏供佛与藏经，而礼佛者绕坛而行，恰被佛经所包围，体现了佛、法、僧三宝的圆融合一境界。

1 晋城二仙庙内部的帐龛，在两座配楼之间架以虹桥，桥上筑天宫，斗拱全按比例缩制，非常精美 2 虹桥最高处为天宫，檐下出斜拱，凸显天宫至高无上之华丽 3 天宫楼阁的构造系利用殿内左右的配楼为桥墩，所有重量落在配楼上 4 飞桥有两支弧形大梁为骨干，梁架上又有网状天花板装饰 5 晋城二仙庙所供奉的二位姊妹神像，旁为侍女

延伸实例

山西晋城二仙庙帐龛

　　从出土的汉代陶楼可以看到楼阁上层有悬空廊道相连的例子，古籍上称为"复道行空"，这些陶楼实为当时建筑的缩影。在唐代敦煌壁画中也常见佛殿建筑之主殿两侧以弯曲的飞阁与其他建筑相连。这种建筑形式外观具空灵感，但构造比较脆弱，实物留存至今者可见雍和宫万福阁。山西大同华严寺薄伽教藏殿内的壁藏，以及山西晋城二仙庙，亦保存精美的殿阁和天宫楼阁。

　　古代山西南部盛行二仙信仰崇拜，因而二仙庙较普遍。据传说，贞仙与泽仙原为唐代的一对姊妹，她们的孝行感动天地，后来升天为仙。民间咸信二仙有庇护百姓及出征将士之神力，晋南老百姓对其尤为爱戴，后世普建二仙庙供奉。

　　位于晋城泽州金村镇的小南村二仙庙创建于北宋绍圣四年（1097），现存建筑可能为金代所修，殿内的天宫楼阁为工精艺巧的小木作。天宫楼阁是人们对天庭的想象，它在两座阙式楼阁之间，以虹桥相连，桥上凸出华丽亭阁，激发人的想象，似乎意味着神仙可以在天宫之间穿梭往来。

　　二仙塑像端坐主龛，两旁配楼内供奉女官陪侍。从二楼平坐横空架设虹桥，上覆廊顶，最高处即为九脊小殿的天宫。斗拱细节极精美，补间铺作出斜拱，呈现金代建筑之特征。

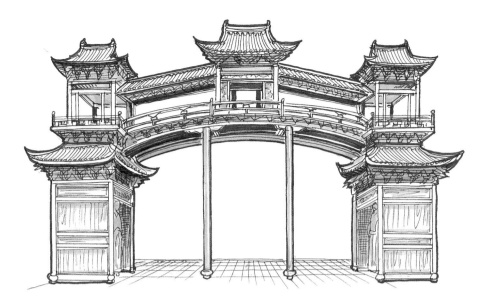

山西晋城二仙庙帐龛天宫圜桥图

山西晋城二仙庙剖面透视图

1 二仙神龛

2 配祀女官的楼阁神龛

3 虹桥天宫

14 佛寺
崇福寺弥陀殿

构造大胆的金代佛殿，斜拱交替出现。北魏曹天度
石塔有着传奇故事

地点：山西省朔州市朔城区

弥陀殿外观，面宽七开间，中央五间辟格扇门，左右尽间填以厚墙。
殿前月台既高且大，为雁门关以北地区辽金佛殿之特色

弥陀殿运用减柱与移柱技术，
改善殿内礼佛空间，
使人的视野不受巨柱所碍。
右图将部分瓦顶掀开，
可见极具特色的大木构架，
包括有斜杆的复梁。

　　山西朔州位于黄土高原的西北部，古代为军事重地。崇福寺初建于唐代，辽代
重建，金代又扩大规模。现寺内殿宇众多，包括山门、金刚殿、千佛阁、文殊堂、
地藏堂、大雄宝殿及钟鼓楼等，其中弥陀殿与观音殿为金代原物。

　　相传唐高宗时期，驻扎在晋北的大将军尉迟敬德奉敕建造（可联想到台湾庙宇
的门神最常见的就是秦叔宝与尉迟敬德两位唐初将军的画像）。崇福寺建在朔州城
内，坐北朝南，弥陀殿为寺中最巨大的建筑，雄峙高台，正面尽七间之长，达40多米，
进深四间，采用单檐歇山式屋顶，外观极为浑厚雄伟。屋瓦近年大修后，铺成菱形
图案，术语称为"绿琉璃瓦剪边"。

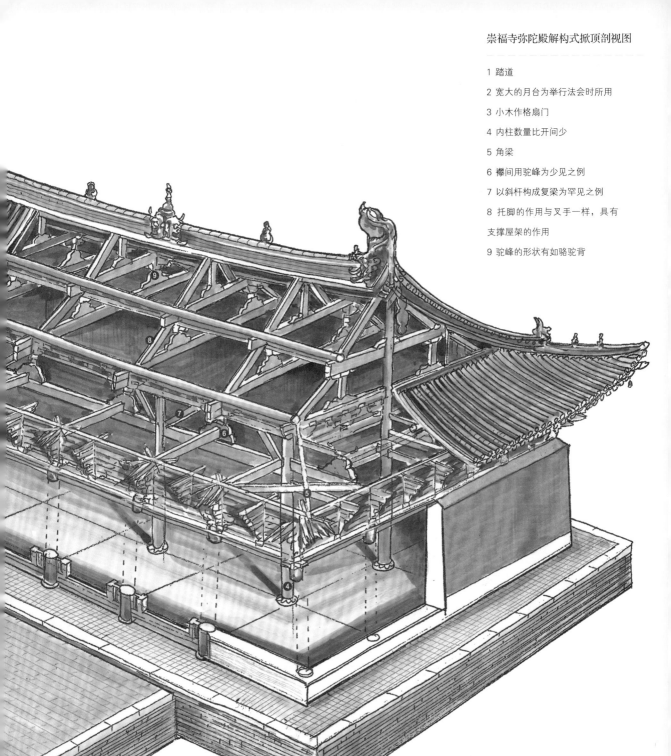

1 踏道

2 宽大的月台为举行法会时所用

3 小木作格扇门

4 内柱数量比开间少

5 角梁

6 襻间用驼峰为少见之例

7 以斜杆构成复梁为罕见之例

8 托脚的作用与叉手一样，具有

支撑屋架的作用

9 驼峰的形状有如骆驼背

年代：唐麟德二年（665）创建，金皇统三年（1143）扩建　　方位：坐北朝南

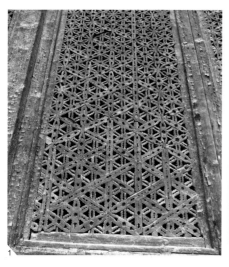

1 弥陀殿的格扇窗保存金代窗棂原物，工法细致，图案多样，为中国古建筑极为珍贵的小木作　2 弥陀殿格扇窗图样多达十五种，比宋《营造法式》的"四程四混"更复杂，应是"六程"或"八程"的设计

小木作格扇花样精美绝伦

站在殿前，正面中央五间装置格扇门窗，花格子繁密，吸引人们目光。而左右尽间、侧面及背面皆为厚墙，沉重稳定。背墙辟三门，可通往后面的观音殿。从正面步入弥陀殿内，可见中央宏大的佛像坐在凹字形佛台之上，居中者为结跏趺坐的西方三圣——阿弥陀佛、观音菩萨、大势至菩萨，塑像皆配以华丽精雕背光。而居于左右者为胁侍菩萨与金刚力士立身造像，亦皆金代原塑，具有极高的艺术价值。

彻上露明的厅堂造

弥陀殿不但佛像文物精美，建筑亦精彩，真令人有目不暇接之感。正面可见到金代常用的斜拱，形如绽放花朵，用高级的双杪三下昂八铺作，柱头出斜拱，但补间铺作无斜拱。绕到背面看，只有补间才施斜拱，无可猜测金代匠师的设计原意，但交替变换能带来同中有异的效果。进入殿内可以直视屋架所有构件，不设天花板，即宋《营造法式》所谓之"彻上露明造"的"厅堂造"。佛台较宽，有如宽银幕，故以"减移柱并用"之法改善视野。梁枋重叠多层，形成"复梁"，即上下梁间夹以斜撑木，从力学原理而言，可提高耐压力，颇似西洋式的三角桁架。一座金代建筑，同时具备许多独创手法，体现八百多年前匠师的技术水平，确是极珍贵的古建筑。归结起来，崇福寺以四大特点凝固了一座金代建筑，让人有如走进八百年前的时光隧道：

其一，采用大胆的减柱与移柱并施之屋架，使殿堂内获得宽阔的视野。

其二，正面的格扇门窗全为金代原物，图案花样繁多，做工之精巧冠于元代之前古建筑。

其三，屋脊的琉璃龙吻及额枋所悬寺匾皆为金代原物，极为珍贵。

其四，殿内佛像全为金代所塑，内壁也保有大面积的佛教弘法彩画，美术价值极高。

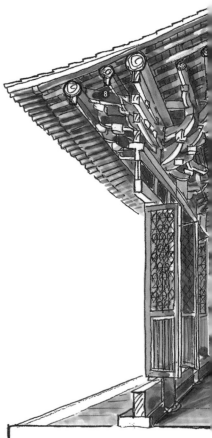

崇福寺弥陀殿的大木梁架设计，
释放出金代北方建筑文化豪迈、
不受羁绊的精神，
不但利用减柱、移柱技术，
也运用斜杆创造复梁，强化耐压能力，
建筑自由、性格鲜明。

崇福寺弥陀殿剖面透视图

1 佛台

2 莲花座上开

3 阿弥陀佛及塑像的背光

4 大势至菩萨

5 胁侍菩萨

6 金刚力士

7 佛说法图壁画

8 金代建筑常交替使用斜拱

9 襻间通过斜杆成为复梁

10 背墙辟门可达后方的金代观音殿

1 弥陀殿内西边的梁架结构，同时运用减柱与移柱之法，殿内空间高敞

2 弥陀殿内东边的梁架结构，配合屋坡，内柱高于外柱，属于厅堂造

3 弥陀殿的内墙布满珍贵壁画，描绘结跏趺佛陀说法，设色以朱、绿、黄为主，尺寸高大，皆为金代作品，令人动容

4 曹天度石塔为正方形九级浮屠，古代这种造像塔多供奉在殿内，其底层四隅也刻三级方塔，与中塔合为五塔。这座造像塔现收藏在台北的历史博物馆

5 曹天度石塔四隅雕出三级小塔，每级皆雕二佛，此石塔被认为是中国现存最古的造像塔

曹天度塔故事感人

最后，我们必须提到的是一座珍贵的北魏曹天度造九层千佛石塔，它原来供置在殿内东南角落。这座石塔高约180厘米，比一般人略高，石塔之形制彰显北魏时期印度佛塔开始转化为中国方形阁楼式塔的特征。底座正面浮雕礼拜者与莲花形香炉。塔共九层，每层雕出许多小佛像，据统计共1300余尊，故谓之"千佛塔"。塔刹造型独特，在山花蕉叶"受花"之下浮雕"二佛并坐"，据研究有北魏冯太后与献文帝共治之隐喻。它的底层四隅凸出三级方塔，连同主塔共有五塔，似有须弥山之象征。二层以上塔身皆有倚柱，出檐皆用单向华拱，仍延续汉代陶楼之出檐结构精神。

曹天度造九层千佛石塔
塔刹透视图

曹天度造九层千佛石塔
透视图

有北魏天安元年（466）题
记的曹天度石塔有着传奇故
事，现塔刹在山西朔州，而
塔身在台湾

五塔合体之杰作

　　曹天度石塔本属于一种造像塔，被供奉在佛寺内。号称古代最高的洛阳永宁寺九级浮屠，实际上就是一座放大八十倍的曹天度塔。其五塔合体的形式，与云冈第 6 窟的塔心柱相似。石塔底座铭文表明，曹天度是当时朝廷小吏，为其亡父与家人祈福，乃倾全部家财请人雕刻这座石塔供佛。

　　这座可能是中国现存最古老的石塔，在 1939 年日军入侵晋北时，被盗运至日本，安置在东京帝室博物馆。日本战败后归还中国文物，石塔 1956 年辗转到了台湾地区，现收藏于台北南海路的历史博物馆。但塔刹仍保留在山西朔州。

嵩岳寺塔

1 塔身上部为密檐式，共有十五层，每层浮塑盲窗，只具外形，不具备采光功能 / 2 塔身底层转角设柱，每面设壁龛，龛座隐出壸门及狮子 / 3 台座为八角形，底层共辟四门，呈十字形贯穿

嵩岳寺塔独立于寺内中轴线上，

白灰色的密檐塔身在崇山峻岭中极为突出。

外观以印度风格的佛教主题装饰，

显现佛塔传入中土初期的形式，具有原创性。

塔身外繁内简，下辟四门，

入内可仰望塔心深邃的穹顶。

　　嵩山自古有"中岳"之称，在中原诸峰之中以峻奇著称，同时也是一个充满神话与传说的神圣之地，历代建有佛寺及祭祀建筑，如周公测景台、佛教禅宗的少林寺、元代忽必烈的观星台等。南北朝时期，北魏宣武帝永平二年（509）在嵩山南麓的峻极峰下建造了一座规模宏大的离宫，至孝明帝正光元年（520）改称"闲居寺"，并在北朝崇信佛教的皇室支持下大肆扩建，这座中国现存最古老的佛塔即建于此时。闲居寺至隋仁寿二年（602）改名为"嵩岳寺"，唐朝武则天和高宗游览嵩山时亦曾将此处作为行宫，遂声名日盛。

　　根据文献记载，北魏当时寺中曾有僧人七百多名，僧房千余间，可谓盛极一时。不过现在所见山门及各殿堂皆系清代以后建造，只有中轴线上的嵩岳寺塔历经一千五百多年保留了下来，弥足珍贵。

印度风格过渡至中国楼阁式塔的代表作

　　源自印度的塔，原作为供奉佛舍利的建筑，形如覆钵，中国早期出现的佛塔受印度影响，有许多相似之处。嵩山嵩岳寺塔的十二边形密檐造型，远望有如拉高的圆形覆钵，即反映出印度佛塔的原型，可以说是最具印度风格的中国古佛塔。

嵩岳寺塔的石造塔刹透视图
它在受花之上竖立相轮，象征佛国圣地，最上端为圆形刹

圆刹
相轮
受花

嵩岳寺塔解构式鸟瞰剖视图

1 石雕塔刹冠以宝珠

2 中国现存十二边形塔之孤例，采用密檐式，以青砖与山区黄泥构成

3 除最上层外，每层各面皆有一门二窗之浮雕

4 倚柱柱头有火珠垂莲装饰，亦可见于北朝之石窟寺

5 山花蕉叶饰

6 凹入的壶门内可见狮兽浮雕

7 古印度风格的火焰形门楣

8 塔内部为空筒式，底层四面设门，塔下地宫曾发现刻有北魏正光四年铭记的佛像，也可佐证此塔的年代

9 八角形台座

年代：北魏正光元年至四年（520—523）　　　方位：坐北朝南

1 嵩山嵩岳寺塔为中国十二边形塔之仅存孤例，最上方塔刹为石造　2 入口上方火焰门楣，柱头塑出火珠垂莲瓣　3 塔底层可见内部空筒

　　至隋唐后，中国佛塔风格出现极大转变，放弃了多边形近似圆形的断面，多数做成方体的密檐式，外观更趋近于中国的楼阁建筑。就中国佛塔从覆钵到多边形，再到方形的发展史而言，嵩山嵩岳寺塔具有承先启后的过渡作用。

外繁内简、刚柔并济的密檐砖塔

　　嵩岳寺塔以青砖与黄泥叠砌而成，塔基是简单的八角形素面台座，塔身以叠涩砌法层层出跳屋檐，共有十五层密檐，外形轮廓呈向内收缩的优美抛物线，塔顶则是冠以宝珠的石雕塔刹。

　　塔身底层设东西南北向四个圆拱门，每一转角凸出修长的倚柱，即转角柱，柱身呈六角状，柱头饰以火珠垂莲，柱础为覆莲式，造型极为少见。每一面都设佛龛，龛座浮塑壶门，内有小狮雕塑，称为护法狮，姿态或立或蹲或卧，各有不同；龛内原置佛像，今已不存；龛顶有类似山花蕉叶的装饰；其上还有一颗大斗承接第一层密檐。各层每面设一门两窗，为加强结构，有真窗与盲窗的不同做法。综观立面细部及圆拱开口上方的火焰形门楣，仍保留了几许印度风格。

　　嵩岳寺塔高达37米，底层直径10米余，高度是底径的三倍多，符合高度等于圆周的设计法则。塔底原设有地宫，近年曾出土一些宝物。进入塔内，登塔木楼梯今已不存。塔属空筒式构造，中间没有塔心柱，壁体厚2米多。为了结构的稳固，内层空筒逐层缩小，至塔顶以穹隆作收。

1 安阳文峰塔底层之砖砌莲花座，做工精细　　2 文峰塔外观布满了佛经故事砖雕　　3 文峰塔上大下小之造型颇为罕见　　4 文峰塔砖雕龙柱，线条极为流畅

延伸实例

安阳天宁寺文峰塔

　　河南安阳文峰塔建于五代后周广顺二年（952），为少见的上大下小异形佛塔，因此有"倒塔"之称。原名"天宁寺塔"，在明清科举之风盛行时额题"文峰耸秀"，使佛塔被冠以兴起文运之意。

　　文峰塔平面为八角形，塔高五层，砖石结构，塔基上设一圈莲花座，莲瓣极多且造型细致；每重屋檐下砖砌斗拱组合各异，饶富变化。塔顶为一平台，中央置有瓶形的喇嘛塔。其塔身转角可见雕刻繁复的蟠龙柱，八面墙壁上亦有许多佛教故事的砖雕，推测可能为年代较晚时所作，但均为艺术水平极高的精致砖雕。

陕西草堂寺姚秦三藏法师
鸠摩罗什舍利塔透视图

草堂寺位于西安鄠邑区，
该塔为一种置于佛殿内之塔

北魏四方亭形佛塔透视图

可见上覆攒尖顶

陕西法门寺地宫出土的铜浮屠透视图

宝刹单檐铜塔乃宝鸡唐代法门寺塔地宫出土，
可见四出拱形阶梯

延伸议题

中国佛塔的发展与形式

　　佛塔源自古印度，梵文为Stupa，汉末传入中国，出现各种译名，如窣堵坡、塔婆、浮屠或浮图，最后多以"塔"称之。佛塔原为供奉释迦牟尼佛舍利之建筑，外观为低而宽的圆覆钵形。传到中国后逐渐起变化，不但在佛寺中的位置有异，外观造型亦有改变。塔初期构造以实心或中央立一根巨大的塔心柱为主，在大同云冈石窟即可见塔心柱。而唐以前佛寺格局的中心常是佛塔，如嵩岳寺塔位于寺中轴线上，就属于以佛塔为中心之例；西安大雁塔为另一例。中国佛教在唐代分出各种宗派，如净土宗、华严宗、天台宗、法相宗及律宗，此外，达摩法师始创的禅宗也广受欢迎。律宗制定"戒坛图经"，以佛殿取代了塔的位置，禅宗建筑亦不太重视塔，因此佛塔建筑渐趋偏离中心线或退居寺院后侧。

　　按佛经《十二因缘经》的规定，佛塔分成许多等级，如来佛塔可建八级以上，菩萨可建七级，圆觉可建六级，罗汉可建五级，轮王只能建一级，但实际情况与此有不少出入。塔初入中土时，平面多为四边形，嵩岳寺塔的十二角形为特例，但它似乎更接近印度原型。唐以后则盛行六角或八角形。

　　佛塔在中国经历两千年的发展与演变，从外观及构造来分类，大体有楼阁式塔、密檐式塔、亭阁式塔（单层）、喇嘛塔、金刚宝座塔及过街塔等。塔的基础一般都挖得很深，设地宫埋藏宝物。塔身布满佛像或吉祥宝物雕饰，塔顶则安置尖锐的塔刹——塔刹通天，这也是源自佛法的理论。塔刹虽不大，但自身仍分为顶、身、座三部分，刹顶通常置宝珠、火焰（有时称水烟）、仰月或宝盖。刹身较长，呈节状，称为相轮或十三天，某些较为巨大的刹身有时须以铁"拉链"保持稳固。刹座具有压重的功能，骑在攒尖屋顶之上，形如覆钵，通常饰以仰莲或受花。

1　河南登封会善寺净藏禅师塔，为少见的唐代八角形塔，阑额上出现直斗，为研究唐代建筑之重要文物（村松伸摄）　　2　洛阳白马寺塔，为密檐式　　3　河南少林寺墓塔，大都为五级或七级，共两百多座，被称为塔林

16 佛塔
慈恩寺大雁塔

> 唐代砖造方形楼阁式塔，仍保存早期木造佛塔之部分特征
>
> 地点：陕西省西安市雁塔区

形如四角锥体，高60多米的西安大雁塔，气势雄浑

玄奘法师像

大雁塔原为典藏唐代玄奘法师从天竺取回之佛经而建，

明代在唐塔外部增筑一层厚墙，使塔身风格从秀丽变为雄浑，

但仍维持唐代四方形楼阁式塔之形制。

右图剖开一角，可见墙内有墙。

    大雁塔位于西安市南郊，是当地最明显的地标，始建于唐代。唐高宗李治做太子时为感念母恩建造慈恩寺，寺中主要建筑即大雁塔。大雁塔初名经塔，为收藏玄奘法师从天竺取回的梵文佛经，由法师亲自设计，当时玄奘法师即在寺中翻译佛经。稍后武则天时期因原塔日渐倾颓而加以重修，据传改建为十级的楼阁式砖塔。塔至明代只剩七级，万历三十二年（1604）重修时以青砖包住旧塔，未增加高度，却扩大体积，终于使这座顶天立地的历史名塔具有了上小下大、收分极为明显的近四角锥状造型。此塔外观不假雕琢，散发着巍峨浑厚的壮观气势，在中国诸多佛塔中，独树一帜。

由秀丽之姿转为雄浑之作

    大雁塔原位于唐代长安城内晋昌坊的小丘之上。它不居朱雀大街轴线，而偏向东侧，对准唐代宫殿大明宫，显示其为皇家重视的佛塔。塔的平面采用唐代盛行的正方形，内部空筒，装设木梯供人上下。外观采用楼阁式，但由于明代加厚墙体，我们无法得知原来外观的装饰。若以现存唐代方形楼阁式塔（如玄奘墓兴教寺塔）来推测，当时大雁塔表面应有砖砌出檐叠涩，以及浮出壁面之阑额、斗拱与立柱，与今貌相去不远，而今昔最大的差异是塔体风格由秀丽转为雄浑。

慈恩寺大雁塔解构式剖视图

1 葫芦形塔刹

2 四角攒尖顶

3 反叠涩砖砌屋顶

4 叠涩出檐，并有菱角牙子砌相间成为装饰带

5 以砖砌出半浮雕式的阑额及柱头栌斗

6 每层皆辟四门，登塔时可眺望

7 角柱向内微倾，称为侧脚，可使造型显得稳定

8 内部空筒设置回旋木梯

9 底层壁体厚达9米，明代曾在唐构之外增筑砖壁

10 推测为唐塔遗构

11 西门石楣上有唐代线刻《弥陀说法图》

12 南门入口拱门

13 底层南面嵌入唐代书法家褚遂良书法石碑

14 高大而宽敞的台座

年代：唐永徽三年（652）建，武则天长安年间（701—704）重修　　方位：坐北朝南

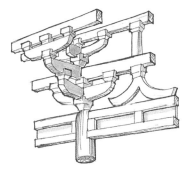

慈恩寺大雁塔门楣石刻斗拱透视图

柱头上以"泥道拱"与"枋"交替出现

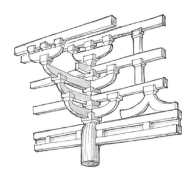

唐懿德太子墓壁画斗拱透视图

柱头上亦以"泥道拱"与"枋"交替重叠，此种做法后代只在福建、台湾得见

1 大雁塔造型收分明显，叠涩出檐较短，施二层菱角牙子装饰　　2 大雁塔南面入口拱门

典型的方形锥状楼阁式砖塔

塔身立在高大厚实的台座上，台上青砖墁地，宽敞有余。塔身明显分成七级，底层每边长25米余，呈正方形，底层壁体厚达9米，重心极为稳固。每层凸出叠涩式屋檐，砖缝内暗藏铁条及木筋，加大拉力。檐上面则用反叠涩砌成曲面屋顶。塔顶则为四角攒尖顶，略如金字塔形，上方置巨大塔刹，刹形有如葫芦。全塔通高达60米，早年几乎在西安市区任何角落都可见到这座巍峨矗立的巨大佛塔。塔身以砖砌出阑额及柱头栌斗，外观在统一形式中又有变化：一、二级为九开间，三、四级缩为七开间，五、六、七级再缩为五开间；角柱皆施侧脚，外壁略向内收分；每面皆辟半圆拱门，使厚实而封闭的空筒塔身得以透气。人们盘旋登楼也可凭栏远眺，昔日古长安城尽入眼底。

保存唐代线刻画与书法精品

大雁塔底层所辟的四座圆拱门内，仍可见唐代方形门楣。其中西门楣上保存一幅极珍贵的线刻《弥陀说法图》，清楚地描绘了唐代庑殿建筑的莲花柱础、斗拱、人字补间与屋顶鸱尾等细节，具有学术研究价值。

另外，"雁塔题名"也是历代相传的佳话。唐代进士及第者有登大雁塔题名的风俗，白居易即曾登塔题名；后代文士亦以登塔赋诗咏景为传统。

塔身底层南面还嵌有唐代书法家褚遂良的《大唐三藏圣教序》与《大唐皇帝述三藏圣教序记》二方石碑，为中国书法史上的杰作。

1 小雁塔为典型的唐代密檐式方塔，底层抽高，上层逐渐缩小，具有音律之美　　2 小雁塔背面不开拱洞，封闭的砖墙与叠涩出檐形成优雅俊秀的塔形　　3 唐代盛行的方塔也流传到朝鲜半岛，统一新罗时代庆州佛国寺的三级方形释迦塔亦施叠涩，其后方为著名的多宝塔

延伸实例

西安荐福寺小雁塔

　　小雁塔位于西安南门外，在唐代是长安城内安仁坊荐福寺的佛塔，建于唐中宗景龙元年（707）。原为十五层，但明代遭震灾，最上两层因此震毁，现只剩十三层，高约43米。塔平面为正方形，立在砖砌高台之上。第一层塔身抽高，南北两边皆辟门。自第二层起，塔身每层高度逐渐缩小，并且转为密檐式，整体轮廓有如烛火，呈现弧线挺秀之美。它是唐代密檐塔之典型实例，与大雁塔外壁砌出浮雕式的立柱、阑额及斗拱等仿木结构的做法明显不同。每层出檐下施以菱角牙子砌，阴影明显。密檐之做法亦采用叠涩法，至第六层时急促收缩，引人视线一路向上至塔顶。

　　塔身内部为空筒式构造。空筒内架木梯，可见到青砖之间填以黄泥。底层入口门楣为青石，刻满线条流畅优美的卷草花纹，反映唐代美术风格。小雁塔虽不若大雁塔高大宏伟，但其造型却别具一番音律之美。在现存唐代密檐塔中，小雁塔造型臻于完美，标志着唐代佛教艺术达到了一个高峰。

17 佛塔

崇圣寺千寻塔

四角形十六级密檐式塔，塔内空筒构造，为中国
西南罕见之唐代佛塔

地点：云南省大理市西北点苍山下

大理点苍山崇圣寺三塔，据传为镇水而建，平面为品字形布局，有顶天立
地之气势

千寻塔高逾69米，

外观十六层檐，

乃中国现存最高的唐塔。

塔身从第九层开始逐渐缩小，

使外观出现优美的抛物线形。

右页图剖开四分之一，

可见其空筒构造。

千寻塔位于云南洱海畔。唐初洱海地区原分布六大部族，称为"六诏"，后来在唐室推波助澜下，由南诏兼并各部，于开元二十六年（738）建立南诏国。从建国的历史背景来看，可知南诏与唐朝有很深的渊源，同时亦与西藏吐蕃及东南亚诸邦保持着经济与文化上的交流。佛教在这样的大环境中传入南诏国。因统治阶层对佛教的推崇，各地佛寺如雨后春笋般兴造起来，至后期全国已有大佛寺八百、小佛寺三千的惊人成果。南诏随唐末变乱而衰亡，继之而起的大理国更加崇信佛教，使云南一带寺塔林立，素有"佛国""妙香古国"之美称。

大理崇圣寺建于南诏国中期佛教最兴盛之际，经大理国在宋时的增建，寺前三塔遂成为大理的地标，远在数里外即可见其耸立于点苍山之下。清末战乱不断，1925年又逢大地震，寺院毁损严重，所幸最具象征意义的三塔在历经浩劫后依然留存下来（仅塔刹受损）。其中，最古老、最具典型方形密檐唐塔特色的千寻塔艺术价值最高，最为世人所推崇。

崇圣寺千寻塔解构式鸟瞰剖视图

1 第十六层檐上方以方形须弥座为基座，上立塔刹，这是一种由中心柱、仰莲、相轮、伞盖、宝瓶、宝珠等组成的"宝珠刹"

2 砖墙由四面向内收束，成为覆斗状藻井

3 千寻塔内部为空筒结构，装置木楼梯，人可登梯回旋而上

4 各层采光窗子逐层交错，避免同一位置缺口太多，可增强结构

5 以砖密叠砌成的叠涩出檐，使塔身具有音乐的节奏感。而塔之四角屋檐微微上扬，简练中又带着几分细腻

6 塔身第一级南、北、东三面各嵌一块大理石碑，但碑文斑驳不清

7 塔入口前之照壁据载为明代以后所建，上题"永镇山川"四字，反映风水思想

8 台基配合塔形而设两层宽大的方台，结构上使千寻塔更为稳固，也更增登塔时仰之弥高之感

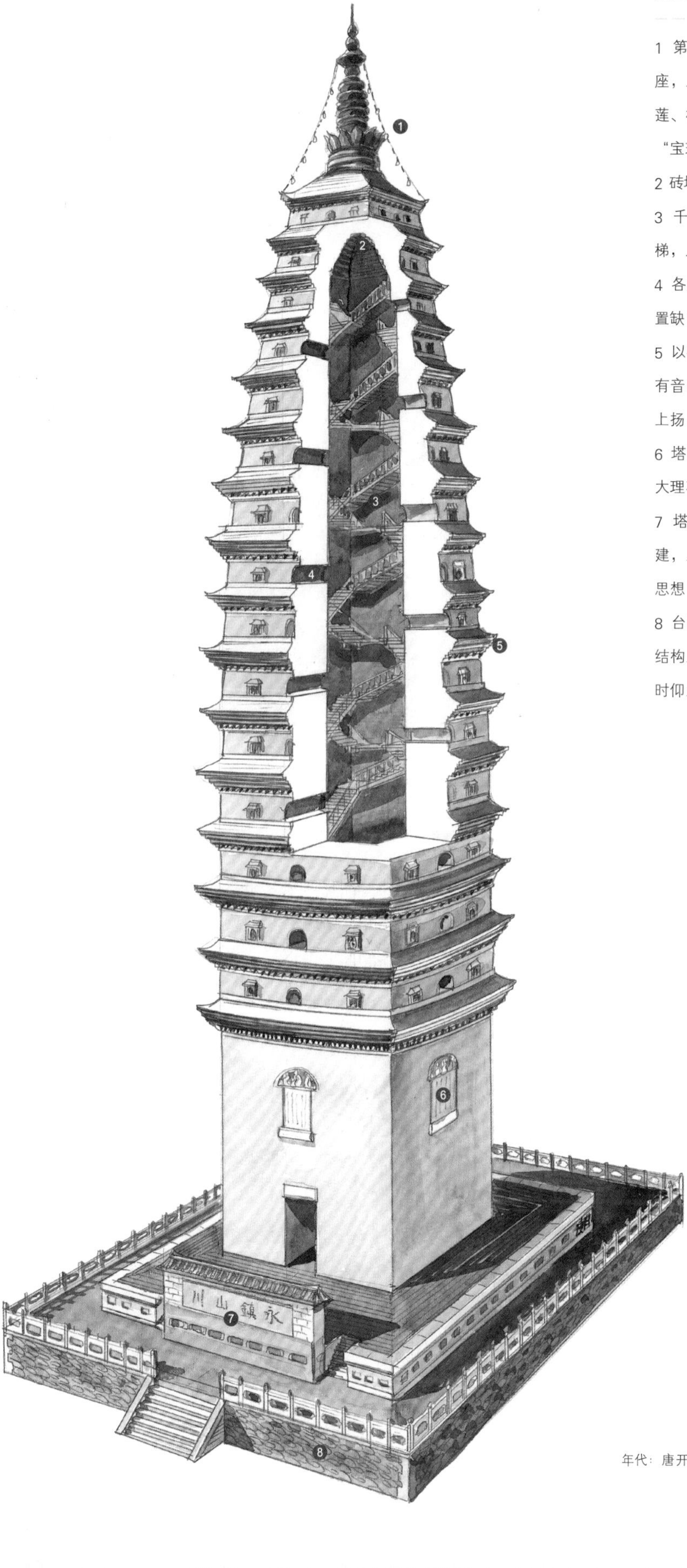

年代：唐开成元年（836）建　　方位：坐西朝东

前塔后寺的布局

　　崇圣寺创建于唐代中期，用中轴线配置寺、塔格局，特别之处在于塔立于寺院之前，与早期佛教传入中土时塔常位于寺院中心的配置不同。进入山门可见钟楼与千寻塔相对，楼后则为雨珠观音殿；这种布局于创建之时即已确立。经过历代发展，千寻塔左右增建对称的双塔，拱卫着最高的千寻塔，形成三塔鼎立的"品"字形布局，非常壮观，故崇圣寺又名三塔寺。三塔入口面向三者的中心点。

　　两座小塔建于南宋时代，均为八角形楼阁式的砖造十级佛塔，高度约42米，八角皆出倚柱，塔之第四、六、八层立有平坐斗拱；其以砖仿木的做法，正是宋塔特色。两座塔外观雕刻有佛龛及莲花，装饰华丽，与千寻塔古朴、简洁的风格迥异，反映出佛塔在唐代与宋代的两种不同性格。

千寻塔展现唐塔建筑美学

　　千寻塔为崇圣寺三塔中的主塔，造型古拙而雄浑，是全寺的核心建筑；另外两塔与之相较，有若众星拱辰。"寻"为中国古代的长度单位，一说八尺为一寻，名为"千寻"正比喻此塔高耸入云。塔平面为四方形，为砖造结构，外观为

1 崇圣寺三塔中央之千寻塔，高69米余，外观共十六层，塔身收分和缓，内部为空筒构造　　2 千寻塔之密檐，线条简练，继承唐代中原佛塔之风格
3 北塔细部，每面凸出屋形佛龛，古时龛内供铜佛。角柱有节，造型玲珑娟丽，与千寻塔之简朴成鲜明对比，相映成趣　　4 千寻塔两侧之南塔与北塔，
形式较华丽，且均为八角楼阁式塔。图为北塔外观　　5 南塔外观，为八角十级的砖造楼阁式塔

密檐式，与西安小雁塔属同一类型，共十六级，塔高69米余，与应县木塔高度相近，是中国现存最高的唐塔。相当特殊的是，此塔一反佛塔喜用单数层级的传统，而用偶数。其外形轮廓兼具雄壮与秀丽，以优美自然的弧线向上收缩，有如倒插笔锋，通体白色，在洱海映照下与水中倒影呼应，成为顶天立地之轴，相传具有镇水之象征。

　　塔身第一级很高，与第二级以上的密檐做法形成强烈的疏密对比；其下段平直，中段微凸，顶部急速缩小，更增添整体外观的张力。方形塔门置于东侧，面向洱海，密檐处每层每面有左右两个佛龛，中间开明窗或盲窗，且明窗与盲窗在隔层及左右面皆错开设置。如此做法既可避免因开口置于同一面而产生的构造脆弱问题，又顾及通风采光。此塔能够在地震频发的云南屹立不倒，正是工匠高超智慧的见证，也在自身的美学造诣之外体现了力学构造方面的稳固优异。

　　千寻塔内部为空心的砖砌空筒式结构，塔内架以井字形的木楼板，随楼梯盘旋而上。最上方为一个砖券的仿藻井形态之穹隆顶，于塔心室底部抬头仰望，极为深邃，高不可测。密檐采用层层出跳的砖砌叠涩结构，其中一小段将砖斜置，称为"菱角牙子"。这些细腻的变化使得塔身在阳光下产生明显的阴影，呈现节奏之美。

18 佛宫寺释迦塔

世界现存最古老、最高大的全木结构高层塔式建筑
地点：山西省朔州市应县

应县木塔外观为六檐五层，内部加置四个暗层强化结构

佛宫寺释迦塔塔刹分解图

本图特将顶层水平分解为六段，表明各段不同做法。每段各自发挥力学作用，但结合后仍为一个整体，实为古代匠师智慧之力证

应县佛宫寺木塔立于佛寺中轴线上，
保存了辽代以佛塔为核心的布局特征。
它构造极复杂，外观五层六檐，右页图剖开一面，
可见内部实为九层，每两层之间夹一暗层，
并施许多斜撑木柱，以强化结构。
各层所供佛像不同，
礼佛者从一层的"显宗"逐层拜到五层的"密宗"，
达到"显密圆通"境界，反映了辽代大乘佛教的思想。

　　在周遭黄土坯顶的低矮建筑簇拥中，高耸着佛宫寺释迦塔壮观的身影。佛宫寺位于山西应县西大街上，据现存元至正十三年（1353）的石刻土地碑记所载，金代时称为宝宫禅寺，当时就拥有四十多顷范围的土地，至明代改称为佛宫寺。历经物换星移，佛宫寺面积逐渐缩小，建筑亦有所更迭。如今以一个清代四柱三间的木牌坊为始，穿越热闹的市街可见到近年重建的山门。过了山门，木塔巍峨矗立，展现在眼前。塔后原有九间宽的大殿，于清同治年间毁坏，现存的大雄宝殿面宽七间，配殿宽三间，皆晚清重建。从木塔的位置及整体形式来看，佛宫寺仍保留了宋代之前以塔为中心的典型寺院布局。

佛宫寺释迦塔解构式剖视图

1 塔刹：位于攒尖顶的最高点，为铁件制成，以一基座与屋顶相连，其上由仰莲、相轮、圆光、仰月、宝盖、宝珠等组成，顶部以八根铁链与屋檐角牢牢系紧

2 明层：由外观所见之主要楼层，共有五层

3 暗层：利用每层腰檐的高度安置暗层结构。因为不外露，结构上不必在意美观，而是大量利用中国木造建筑中少有的斜撑构件来增加稳固性，形成刚性箍环一般的效果

4 平坐

5 底层台基：双层石砌台基，由下方奇特的亚字形上转为八角形

6 第一层，供奉高约10米的婆娑世界之主——释迦佛坐像

7 壁画，集中在第一层内槽

8 八角形藻井：目前一层、五层保留了原有藻井，两者都是以八根伞骨梁（阳马）组成的伞盖式，伞面饰以鲜丽彩绘，如连续的锦纹，精美华丽

9 第二层，供奉卢舍那佛（报身佛）二菩萨二胁侍

10 第三层，供奉东南西北四方佛。中央本应有卢舍那佛，但第二层已有一尊，故以虚位象征

11 第四层，供奉一佛（法身佛）二弟子与二菩萨

12 第五层，供奉毗卢遮那佛及环绕的八菩萨，形成密宗曼荼罗（见左页结构图）

年代：辽清宁二年（1056）建　　方位：坐北朝南

佛宫寺释迦塔　135

世界木造高塔建筑的代表

应县佛宫寺释迦塔又称"应县木塔"，采用八角形平面——八角形塔在结构及光影变化上优于四角形塔。它坐落在奇特的亚字形转八角形的双层石砌台基上。楼高五层，塔身第一层因外附廊道配以重檐屋顶，其他各层为单檐，所以形成五层楼、六重檐的外观。底层直径30.27米，然后逐层略为收分，至顶层以攒尖顶及近10米高的塔刹终结，总高67.31米，整体比例壮硕雄伟，是世上现存最高的木塔。

底层平面分为三环，最外侧是副阶周匝，然后以双层的八角形墙构成封闭的内、外槽空间，开南北二门。二楼以上亦分内外槽，内槽设坛台，有八根柱；外槽环绕可朝拜的通道，有二十四根柱子，两者之间通透；格扇窗门外以斗拱出跳平坐，可以凭栏远眺。

为了增加结构的刚性，木塔每两层之间设计了一个具有交叉桁架的暗层，形成"明五暗四"九层——这是它的一大

1 木塔底层外廊　　　2 木塔第三层天花板　　　3 木塔内部可见暗层之斜撑梁　　　4 人们经由设于外槽的楼梯上下　　　5 木塔共使用五十多种不同功能的斗拱，并保有多方珍贵的历代题匾。"峻极神工"为明永乐皇帝所题，"天下奇观"为明武宗所题　　　6 木塔斗拱细部，形式多样　　　7 转角铺作出斜拱

特色。它采用内外双圈柱梁的结构做法，并于梁柱之间施以斜撑，使高层木塔更为稳固。此外，各层斗拱千奇百样，好不热闹；据称应县木塔依不同楼层及部位所安置的斗拱变化达五十四种之多，可谓集辽代以前斗拱设计智慧之大成。

丰富多样的斗拱组合

木塔每层采用柱高相近的殿堂造，再以层层出跳的斗拱将梁枋柱结合为一体。内槽及平坐借由斗拱承接楼板，所以斗拱停在同一高点；外槽则要调整出各层屋坡及面宽的变化，特别是檐口还要呈现结构之美，所以搭配昂，形成更为丰富的斗拱组合。基本上，每边除转角铺作外，中间还安置三朵斗拱，并按不同楼层、不同位置之需要，设计形态各异、功能不同的斗拱组合。这些多重斗拱在地震来袭时，可大量分散且消耗摇晃的外力，其绝佳的抗震性是木塔得以屹立近千年的重要因素。

1 底层内槽入口，可见左右侧壁及门上格板皆有彩绘，其内供奉释迦佛 / 2 第三层的一尊四方佛 / 3 第四层供奉之一佛二弟子与二菩萨 / 4 底层之四大天王壁画局部

珍贵的佛像与文物

木塔每层的佛像配置各异。第一层为一尊高约10米的释迦佛盘坐像，微光中，在压缩的空间里，佛像更显高大威严；莲花座下的力士塑像，一手叉腰、一手捧举，轻松之态更显其力大无穷。第二层以上八面采光，方形坛上面南置一佛二菩萨盘坐，二胁侍站立。三层坛为八角形，依各方位置四方佛，背向中央，面向四方。四层方形坛有释迦佛，阿难、迦叶二弟子，以及文殊、普贤二菩萨。五层方形坛上有大日如来毗卢遮那佛，周围环绕八大菩萨，呈密宗曼荼罗形式。这些神佛都经过历代修整。

壁画集中在底层内槽。南北门的两侧绘有四大天王，他们姿势微蹲，更显造型宽大厚实，而衣带飘起，又柔化了威猛刚烈的形象。内槽门上格板有三位女供养人，均侧身而立，衣带飘逸，装扮华丽。内墙则有六幅持不同手印的如来绘像。

此外，木塔上亦有不少珍贵题匾，其中南面第三层的"释迦塔"额匾字体浑厚，两边有小字记录了木塔修建年代；悬挂于第四层的"天下奇观"为明正德三年（1508）武宗所题，第五层的"峻极神工"为明永乐四年（1406）成祖所题。塔内现存明、清及民国的匾联估计五十余方。

佛宫寺释迦塔顺时针登塔示意图

各层佛像由下至上依次为：释迦佛，卢舍那佛、二胁侍与文殊、普贤二菩萨，东西南北四方佛，释迦佛与文殊、普贤、阿难、迦叶，一佛八菩萨

延伸阅读

中心塔式的布局

中国塔源自印度。早期的塔受印度影响，内供佛舍利，信众亦是绕塔环行以示崇敬。出于这种观念，目前所知中国早期几个发展成熟的大型寺院，如北魏洛阳永宁寺与嵩山嵩岳寺，都是采取中心立塔而以殿阁环绕围成庭院的布局。

至唐代，中心塔式的寺庙布局发展成熟，其中轴配置多为天王殿、弥勒殿、塔、大雄宝殿、藏经阁或讲经堂等，两旁为钟鼓楼、配殿及廊庑，西安慈恩寺即为一例。之后，随着佛教思想的转变，对具体神像的膜拜及义理宣讲对信众愈显重要，于是以祀奉神佛的大殿和讲经的法堂为主体的建筑布局日渐盛行，佛塔则退居寺院后侧或偏离中轴。应县佛宫寺可说是以塔为中心布局的后期典型实例，此时的塔历经长期发展，已与中国的木构楼阁形成了完美而紧密的结合。应县木塔比唐塔更加细腻、优美、壮丽，因而备受瞩目。

1 山西洪洞广胜上寺明代飞虹塔，塔身八面布满琉璃装饰，高47米余　2 飞虹塔细部可见斜拱及金刚力士装饰　3 飞虹塔屋檐角脊上的琉璃金刚力士　4 杭州灵隐寺北宋石塔，采用八角九檐之楼阁式，精密地刻出斗拱、平坐及门钉　5 上海龙华寺塔　6 苏州报恩寺塔　7 苏州虎丘塔，共有七级，原有平坐及出檐，但皆毁坏，塔身略斜；塔内供藏石函，收存北宋珍贵文物　8 泉州崇福寺石塔，塔身可见古制直棂窗　9 福州涌泉寺陶塔　10 福建石狮元代六胜塔，为闽南石塔之杰作，檐下出偷心造石拱　11 太原永祚寺明代砖塔，高54米余，十三级，高耸入云　12 甘肃张掖木塔，塔身已改为砖造，外廊仍为木构　13 承德外八庙"须弥福寿之庙"的八角琉璃塔，为楼阁式塔

延伸议题

楼阁式塔

应县佛宫寺释迦塔属于中国古塔类型中所占数量最多的楼阁式塔，它结合印度石造佛塔与汉代楼阁而成，是佛教建筑汉化的典型，反映了中国古代匠师高明的创造力。《洛阳伽蓝记》所载之永宁寺塔为九层楼阁式塔，内部土台，外部架木，高达90丈（约300米）。由于木造楼阁式塔不能防火，所以保存不易，后代因而多改用砖石，但仍模仿楼阁形式。楼阁式塔后来成为中国佛塔的主流，无论使用何种建材，每层皆设柱、梁枋、斗拱、门、窗及平坐栏杆，就单层看，仍然拥有传统木构建筑的一切特征。通常塔内设楼梯，让人可登塔远眺，所以又发展出料敌塔、风水塔或文峰塔等具有不同功能的形式。

福建地区的许多石塔，整座皆以石条砌成，不仅以石雕做出每层的梁枋、门窗，甚至连斗拱、昂嘴、椽木及筒瓦也全部仿雕得惟妙惟肖，令人叹为观止。例如泉州开元寺的东西两座石塔，其构造细节忠实反映了宋代福建木结构技术，具有很高的研究价值。

山西洪洞县的广胜上寺飞虹塔，在楼阁式塔中极为特殊，平面为八角形，高十三级，内部为砖构造，留设极窄小的阶梯供人爬登。塔身急速收分，有点像锥形金字塔。它的外表饰以精美的多彩琉璃，还有佛像、罗汉、力士及各种花鸟走兽的琉璃，姿态造型极为生动。每级皆有梁枋、斗拱、椽木、垂花及佛龛，为中国明代琉璃楼阁式佛塔之杰作。

19 妙应寺白塔

尼泊尔风格佛塔初入中土之杰作

地点：北京市西城区

北京妙应寺白塔原为元代大圣寿万安寺之主塔，现前方殿堂为明清时重建

北京妙应寺白塔为中国现存最古的
瓶形喇嘛塔，为尼泊尔人设计。
塔高逾50米，瓶形塔身系由
印度覆钵形演变而来，外抹白灰，
无雕饰，以雄浑比例见长，
后来成为各地喇嘛塔模仿的对象。

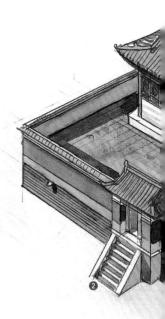

　　这座雄浑高耸的白色喇嘛塔，是崇信佛法的元世祖忽必烈定都大都后，为了供奉迎来的释迦佛舍利，特聘尼泊尔工艺匠师阿尼哥于辽塔旧迹上修建的，至元十六年（1279）落成后，才在巍峨的白塔前建了一座规模宏大的寺院，称"大圣寿万安寺"，其发展过程系先有塔后有寺。据传为彰显元帝国国威，此寺殿堂众多且富丽堂皇，朝廷许多重大仪典皆在此举行，可惜元末遭雷击焚毁，唯有白塔幸存。寺院从此荒废近百年，于明代天顺元年（1457）才得以重建，并改名"妙应寺"。

　　明代所建的妙应寺主要采用汉式建筑风格，其规模已不如元代，寺院至清康乾时期再经修建，形成今貌。这座喇嘛古塔历经历史的巨大变迁，始终屹立不摇，成为元朝大都城建设的坐标点，也对后世喇嘛塔的筑造产生了深远的影响。

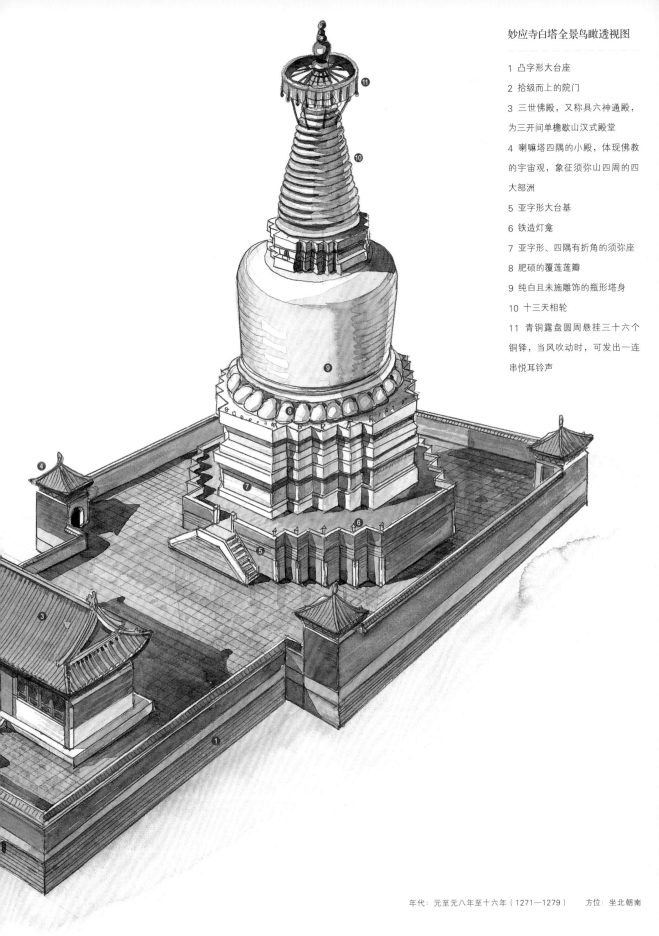

妙应寺白塔全景鸟瞰透视图

1　凸字形大台座

2　拾级而上的院门

3　三世佛殿，又称具六神通殿，
为三开间单檐歇山汉式殿堂

4　喇嘛塔四隅的小殿，体现佛教
的宇宙观，象征须弥山四周的四
大部洲

5　亚字形大台基

6　铁造灯龛

7　亚字形、四隅有折角的须弥座

8　肥硕的覆莲莲瓣

9　纯白且未施雕饰的瓶形塔身

10　十三天相轮

11　青铜露盘圆周悬挂三十六个
铜铎，当风吹动时，可发出一连
串悦耳铃声

年代：元至元八年至十六年（1271—1279）　　　方位：坐北朝南

1 妙应寺白塔为中国现存最早的喇嘛塔，其设计者阿尼哥后来又在山西五台山设计建造了另一座喇嘛塔　　　2 明代于塔周围添设一百零八座灯龛

汉藏并列的前殿后塔布局

妙应寺于明代重建后，由南至北依次有山门、钟鼓楼、天王殿、大觉宝殿、七佛宝殿、三世佛殿和塔院等建筑，大白塔位于最后的院落，形成"前殿后塔"的格局，反映了中原地区对殿宇中具体神像的奉祀，相较于对抽象白塔的膜拜，接受度更高。此种格局北京北海白塔（见146页）亦采用之。塔院四周围以红墙，形成独立院落，中间的三世佛殿与白塔同位于一个凸字形台座上。前方为三开间单檐歇山的汉式殿堂，后方则是高大的藏式佛塔，两者风格迥异，比例悬殊，更凸显塔身硕大雄伟之势。

象征曼荼罗宇宙观的瓶形古塔

元以后出现的喇嘛塔属藏传佛教系统，源自印度的覆钵形塔，供奉释迦牟尼佛及得道高僧的遗骨舍利，深蕴佛教形式意义。对信徒而言，塔是膜拜对象，所以内部为实心构造，并不具登高望远的功能。这些都与汉式楼阁式塔迥异。

喇嘛塔常见的形态结合了藏传佛教的曼荼罗宇宙观，平面以具体的圆形或方形修行场域呈现。妙应寺白塔即为典型代表。其塔高50.9米，据称为石心表砖构造，表面抹灰泥，在凸字形台座上先立亚字形台基，其上再立亦呈亚字形、四隅多折角的须弥座，上方以硕大饱满的莲瓣承托通体白色的瓶形塔身，此造型即由印度或尼泊尔地区的覆钵形塔演变而来。顶部塔刹亦置小须弥座，然后有代表十三天的相轮、露盘（也称宝盖或伞盖）及宝瓶。底层方台的四隅各建一座攒尖顶角殿，象征佛教东、西、南、北四大部洲，整体设计与藏传佛教基本理论完美结合。

尼泊尔设计师阿尼哥像，他自荐入藏建黄金塔，
再受元世祖之邀到北京建造白塔

延伸阅读

藏传佛教艺术的发扬者——阿尼哥

　　阿尼哥（1244—约1306）为尼波罗（今尼泊尔）王族后裔，年少善塑。中统元年
（1260），元世祖忽必烈欲建西藏黄金塔，向尼波罗甄选工匠，时年十七岁的阿尼哥入藏，
因才能出众，受到朝廷重用。此后他长期留在中国，协助许多重大工程的设计与营建，并担
任"诸色人匠总管府"总管，管理朝廷营造、雕塑、冶铸及工艺制作等事宜，至元十五年
（1278）授为大司徒，官至将作院使。阿尼哥集建筑家与工艺美术家于一身，除了这座妙应
寺白塔，五台山塔院寺大白塔亦出自其手。他对于藏传佛教艺术在中国的发扬，做出了不可
磨灭的贡献。

1 坐落于北京北海琼华岛上的白塔，凸出于山丘之上　　2 北海白塔前之殿宇"善因殿"，外墙嵌以塑有佛像的琉璃砖　　3 北海白塔外观，高35.9米，立在须弥座大台基之上　　4 善因殿的琉璃砖色彩鲜明，每一块砖上皆有佛像　　5 善因殿内藻井绘出曼荼罗图案，象征极乐世界　　6 善因殿供奉的铜佛像，为大威德金刚神像，又称"镇海佛"

延伸实例

北京北海白塔

　　远望北京北海公园琼华岛上隆起的优美天际线，即可见当年燕京八景之一"琼岛春阴"中所指的白塔。北海白塔兴建于清初，坐落在历金至明的广寒殿旧址之上，同时琼岛南部宫殿亦被改建为永安寺；乾隆七年（1742），白塔在北海的大规模扩建中又获重修。

　　北海白塔系仿妙应寺白塔建造，但增添了一些细致的变化。塔高35.9米，由阶梯状亚字形塔基、瓶形塔身及十三天相轮塔刹组成；塔肚中央设有凹陷的火焰形"眼光门"，内有"如意吉祥"的藏文图案；红黄蓝三色琉璃镶于洁白的塔身之上，更显明亮艳丽。

　　整体配置亦采用前殿后塔式，高大的白塔前设有一座较低矮的善因殿，两者皆立在方形大台座上。善因殿形如城楼，屋顶上圆下方，象征天圆地方，并铺以黄、绿二色琉璃；内部供奉千手千眼铜佛；穹隆顶有曼荼罗彩绘藻井；外墙贴蓝绿黄三色琉璃砖，并嵌有小佛像数百尊，是一座色彩鲜艳、造型精致的小型殿宇。

北京西苑的北海琼华岛（也称琼岛）
是一座水中山丘，
清初顺治年间在山顶建造
巨型白色喇嘛塔，其形式模仿妙应寺塔，
但塔身正面有以藏文"吉祥如意"
装饰的眼光门，塔内藏有舍利。
塔前另立上圆下方攒尖顶的善因殿，
内部供奉铜佛。

北京北海白塔解构式鸟瞰剖视图

1 幡杆

2 方形大台座

3 善因殿的屋顶上圆下方，有天圆地方
之寓意

4 善因殿内供奉千手千眼铜佛

5 亚字形台基

6 塔身直径最大达14米，主要为实心，
但外表仍设置小孔以便透气

7 眼光门，嵌藏文"吉祥如意"图案

8 十三天相轮

9 镏金宝盖，分为天盘、地盘两层

10 刹顶做仰月、宝珠与火焰

地点：北京市北海公园　　　年代：清顺治八年（1651）建　　　方位：坐北朝南

妙应寺白塔　147

20 五台山塔院寺大白塔

前殿后塔布局，塔身雄浑稳重，是中国最高的喇嘛塔，也是五台山的地标

地点：山西省忻州市五台县台怀镇

塔院寺山门设三个半圆拱门，其后方可见高耸的大白塔身影

塔院寺大白塔巨大宏伟，

外表洁白如玉，高达56米，

已成为五台山台怀镇的标志。

右页图可见塔下有八角形檐廊，

给信徒提供绕塔礼佛的空间。

　　五台山塔院寺，创建年代可远溯至东汉时期，唐时名为"大华严寺"，据说当时寺院内有座"慈寿塔"，供藏了释迦牟尼佛的舍利；现今所存的藏式喇嘛白塔，始建于元大德五年（1301），文献记载是由尼泊尔匠师阿尼哥所设计，由于形体高大且通体白色，俗称"大白塔"。长期以来传说慈寿塔仍存于塔心之中，大白塔也因此在佛教界奠定了其重要而神圣的地位。至明代，寺院规模益增宏大，明太祖朱元璋赐额"大显通寺"。

　　大白塔原位于寺前塔院内，保留着早期佛塔居核心地位的特征。但明永乐五年（1407）重修时分家而为两座寺院，一边仍称"显通寺"；另一边以大白塔为中心，直接以塔命名，称"塔院寺"。至明万历年间，皇太后下令大肆重修此塔，即成今日所见之形式。此种具有异国风貌的瓶形喇嘛塔在元、明两代较为常见，特别是在幅员广阔的元帝国，因其与中亚、印度往来密切；影响所及，此种形式的塔也多出现在西藏、新疆、甘肃及山西等地，是文化交流的具体呈现。

　　塔院寺因位处五台山核心台怀镇，加上大白塔气势磅礴、浑厚雄壮的造型，使其在众寺院中倍显突出，已成为五台山佛教圣地的象征。

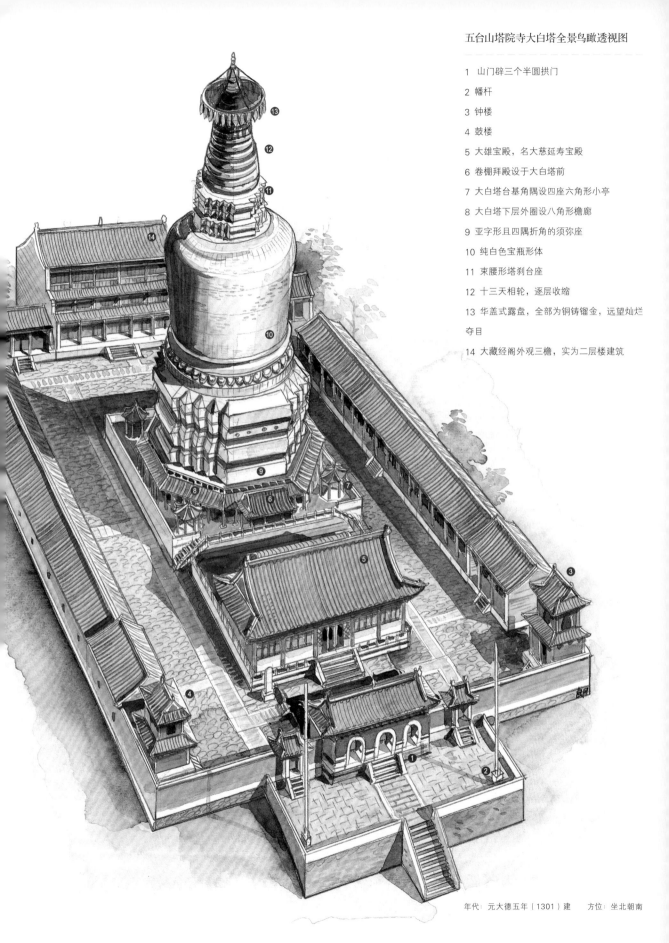

五台山塔院寺大白塔全景鸟瞰透视图

1 山门辟三个半圆拱门

2 幡杆

3 钟楼

4 鼓楼

5 大雄宝殿，名大慈延寿宝殿

6 卷棚拜殿设于大白塔前

7 大白塔台基角隅设四座六角形小亭

8 大白塔下层外圈设八角形檐廊

9 亚字形且四隅折角的须弥座

10 纯白色宝瓶形体

11 束腰形塔刹台座

12 十三天相轮，逐层收缩

13 华盖式露盘，全部为铜铸镏金，远望灿烂
夺目

14 大藏经阁外观三檐，实为二层楼建筑

年代：元大德五年（1301）建　　方位：坐北朝南

1

以塔为主体的殿宇合院布局

　　塔院寺主要建筑建于明初，其布局虽秉承了魏晋南北朝盛行的塔居中概念，但采用的不是四周回廊环绕的形式，而是宋以后常见的殿宇合院布局。入口处设置宽大阶梯，登上石阶至山门，门前立幡杆，而白塔高耸的塔刹已映入眼帘。过了山门但见钟鼓二楼分别矗立在内院东西角落。正面是五间宽的大雄宝殿，称为"大慈延寿宝殿"；与一般寺院不同，拜殿不置于大殿之前，而是为突出大白塔重要地位，将卷棚拜殿设于塔前。

　　大白塔位于大雄宝殿及大藏经阁之间，两侧有回廊，形成一个格局完整的方形院落，四周建筑有如拱卫，凸显了大白塔的宏伟。大藏经阁是全寺后端的建筑，宽五间高二层，左右设配殿。阁内设一座木制六角形转轮藏，经架上供置佛经和佛像，底部装有转盘，转动时象征"法轮常转"，转动一遍就如阅读一遍经书。

1 塔院寺大白塔及大雄宝殿一景　　2 大白塔远观，其塔刹做十三天　　3 大白塔基座为亚字形的巨大须弥座　　4 大藏经阁外观三檐，内部为两层

元明时期瓶形喇嘛塔的佳构

大白塔的设计者阿尼哥，以尼泊尔覆钵形塔为蓝本，设计出这座优美壮观的瓶形塔。大白塔屹立在正方形平台上，四隅各有一座六角形小亭，与巍峨塔身形成强烈对比。塔高56米，内部是砖、石、土砌成的实心构造。

塔可分为下、中、上三个段落。下层外圈设八角形檐廊，供参拜者循顺时针方向绕塔行崇拜之礼；内为塔殿，供奉释迦牟尼佛与观世音、地藏、文殊、普贤四菩萨。往上转成多重折角的须弥座，平面有如亚字形，四隅各有五个折角；折角的做法具有从八角形向圆形过渡的作用，也使塔身在外观上呈现更明显的立体雕塑美感。

中段为纯白洁净且没有任何装饰的宝瓶形体，与上、下段截然不同，此为阿尼哥喇嘛塔的最明显特色。

上段矗立一座巨大的塔刹，刹体本身又分为折角须弥座、象征佛教十三天的相轮、镏金的铜露盘及宝瓶、仰月等，与白色宝瓶形体在颜色上形成对比；这些特殊造型都蕴含着佛教义理。露盘周边有一些垂饰，包括流苏与风铎，清风徐来，铃声不断，象征"梵音远播"，展现了佛理融入声、光、味以净化人心的方面。

佛塔

碧云寺金刚宝座塔

在三重台座上竖立八塔，融合喇嘛塔与密檐塔之
造型，为清代金刚宝座塔的成熟之作

地点：北京市海淀区香山东麓

透过两道四柱三间的牌楼，可见位于碧云寺最后院落的金刚宝座塔

以人工堆筑高台，在高台上依次分置
喇嘛塔、方台与密檐方塔，
全用汉白玉石精雕而成，墙面布满
佛教弘法浮雕，并设石阶可登台顶。
塔形源自印度，但融入汉式建筑特色。
右页图剖视石阶迂回而上之构造。

　　北京西郊香山的碧云寺，据文献记载，创建于特别尊崇藏传佛教的元代，初名碧云庵。明代宦官势力高涨，由于武宗时的于经和熹宗时的魏忠贤两位当权太监先后相中此地为死后葬埋之所，因而勤力经营，积极扩建，最后虽皆无法如愿，却为碧云寺的宏伟规模奠定了基础。

　　清乾隆年间，碧云寺受到皇室青睐，再次大肆整修，作笼络西藏及蒙古王公贵族之用。此种高明的怀柔手段，确实对清代巩固政权、扩大版图起到了作用。寺中极其精美华丽的金刚宝座塔即兴建于此时。1925年孙中山先生逝世后，其灵柩亦曾暂置于寺内，后来更设衣冠冢于塔内供人凭吊。

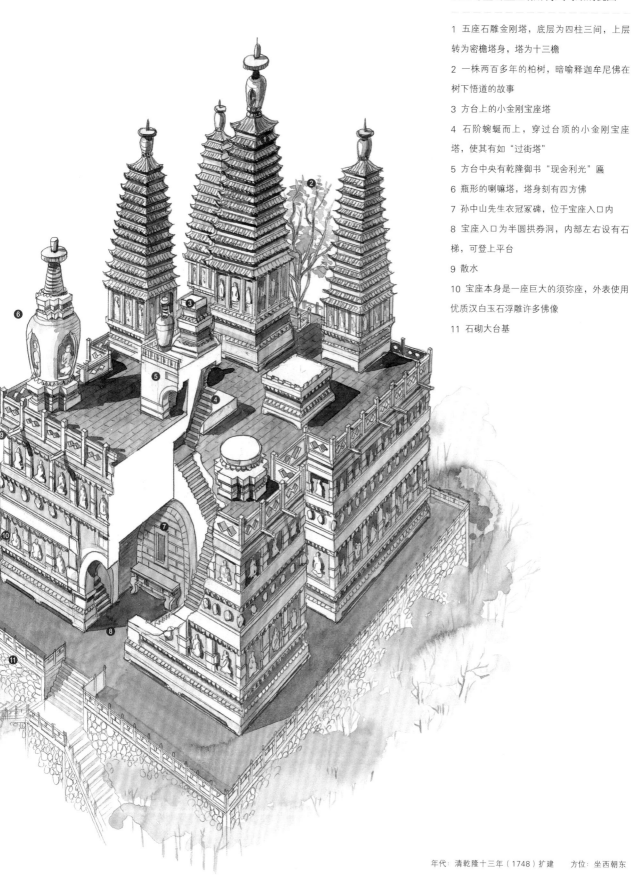

碧云寺金刚宝座塔解构式鸟瞰剖视图

1 五座石雕金刚塔，底层为四柱三间，上层转为密檐塔身，塔为十三檐

2 一株两百多年的柏树，暗喻释迦牟尼佛在树下悟道的故事

3 方台上的小金刚宝座塔

4 石阶蜿蜒而上，穿过台顶的小金刚宝座塔，使其有如"过街塔"

5 方台中央有乾隆御书"现舍利光"匾

6 瓶形的喇嘛塔，塔身刻有四方佛

7 孙中山先生衣冠冢碑，位于宝座入口内

8 宝座入口为半圆拱券洞，内部左右设有石梯，可登上平台

9 散水

10 宝座本身是一座巨大的须弥座，外表使用优质汉白玉石浮雕许多佛像

11 石砌大台基

年代：清乾隆十三年（1748）扩建　　方位：坐西朝东

以金刚宝座塔压轴的寺院布局

　　碧云寺依山势而建，沿蜿蜒山路而上，可抵其山门；寺院中轴以天王殿与钟鼓楼为始，地面渐次升高，布置了弥勒殿、大雄宝殿（能仁寂照殿）、八角碑亭、菩萨殿（静演三车殿）及孙中山纪念堂等建筑；最后高潮为金刚宝座塔院，它地势最高，可俯视全寺，并可远眺北京城。清代金刚宝座塔的布局，常与汉式殿堂并置，佛寺的前半段通常采用汉式殿宇，属变体的金刚宝座塔在后半场始现其身，如此布局既有引人入胜之作用，又能凸显塔之尊贵地位。

　　碧云寺中轴的两侧还有两组殿宇。南为建于乾隆十三年（1748）的五百罗汉堂，乃仿杭州西湖净慈寺罗汉堂而建，平面呈"田"字形，中间留设四天井采光；北为水泉院，利用天然流泉，结合亭桥山石，广植松柏，古木参天，为北京夏日避暑胜地。

体现佛法道场的金刚宝座塔

　　金刚宝座塔位于碧云寺最后的院落。塔前设两道四柱三间牌楼，第一座通体由汉白玉石雕刻而成，雕凿极为细腻。其后左右并列八角碑亭，二亭内分置乾隆时金刚宝座塔满蒙文及汉藏文碑。第二重牌坊造型高大厚重，隐约间引出金刚

1 金刚宝座塔宝座石墙布满佛像及兽头浮雕，极为壮观　　2 金刚宝座塔石雕密檐，塔有十三檐，富于节奏感　　3 金刚宝座塔入口，内有石阶可登
上，正中嵌入"孙中山先生衣冠冢"石碑，孙中山先生逝世后曾停灵柩于此　　4 金刚宝座塔宝座全为汉白玉石，并雕上成列的佛像　　5 金刚宝座塔
方台旁的喇嘛塔，亦刻有浮雕佛像，塔刹具十三层相轮，立在莲花须弥座之上　　6 金刚宝座塔最上面的台座上耸立五座密檐石塔，雕琢精美，庄严肃穆

延伸阅读

金刚宝座塔塔形的起源

在方形台座上竖立五小塔的形式，始见于隋代的石窟壁画中，目前现存最早实例为建于明代的北京大正觉寺金刚宝座塔。此形式源自印度的"佛陀伽耶塔"，代表释迦牟尼佛修成正果时的宝座道场。大塔居中，小塔分列四隅，象征金刚界五方佛，中央为大日如来。其平面略如曼荼罗图案，亦具佛教须弥山的寓意。

宝座塔。穿越坊门，即见巍峨的佛塔耸立眼前。

全塔高34米余，主要分为台基、宝座及塔身。台基有两层，第一层阶梯直上攀登，第二层先分两侧再合而直上到达宝座拱券前。进入宝座又分左右而上，通过几十阶就到宝座顶部。这种合而分、分而合的路径，蕴含佛法无常境界。宝座侧面的散水，可将雨水散向四方，亦有泽被大地之寓意。

宝座以上全为汉白玉石雕成，阳光照耀下，掩映在苍松翠柏中的白塔明亮而纯净，越发庄严。宝座本身为一巨大的须弥座，四面皆以佛教诸神浮雕为题，包括成列的菩萨、天王与龙首像等，其余则刻满西番莲纹饰，公认是乾隆时期最细腻的金刚宝座塔。它比一般佛陀伽耶塔更复杂：宝座分为前后两段，前段面积较小，其上左右各置一喇嘛塔，中央设一个小方台，方台中央有乾隆御笔额题"现舍利光"匾，台上再立五座小塔，为一座小型的金刚宝座塔，复现五方佛之象征；后段大宝座上，耸立五座十三层密檐方塔，其层层屋檐向上斜收，远望有如锥体，塔后方中央栽植一株苍劲古柏，历经两百余年，与塔结为一体。行走于布满佛像浮雕的宝座上，穿行在众塔之间，仿佛置身佛法道场之中。

22 天宁寺塔

佛塔

顶天立地，造型雄浑中散发秀丽之韵味的密檐塔

地点：北京市西城区

天宁寺密檐塔立在中轴线核心，
体现以塔为中心的布局精神。
右页图为视角较高的全景透视图，
可见每层屋檐很接近，
以象征手法设计出十三级高塔。

　　位于北京广安门外的天宁寺塔是一座典型的辽代八角密檐塔，全为砖造，其造型细致，比例优美。古时从西南方进北京城，远在十几里外即可遥望它耸立在地平线上，是北京的重要地标之一。关于其始建年代，史籍多有推测，但很长一段时期却扑朔迷离。1935年中国营造学社的林徽因与梁思成深入考证，证实天宁寺塔为辽代古塔，研究成果发表在《中国营造学社汇刊》第五卷第四期。

　　当1992年修葺时，在塔刹内发现一块石碑《大辽燕京天王寺建舍利塔记》，碑文记载："天庆九年（1119）五月二十三日，奉旨起建天王寺砖塔一座，举高二百三尺，相计共一十个月。"其原名天王寺塔，至明朝才改称为天宁寺塔。相传隋文帝曾建造许多供奉舍利之宝塔，天宁寺塔为其中之一。初为木塔，后毁于火，殿宇亦不存。至辽代再重建八角十三层的密檐塔。密檐塔层数以七、九、十一或十三级较多，天宁寺塔为高等级的十三级，轮廓秀丽优美。其"隆重的权衡，淳和的色斑"之美，获得林徽因赞誉。

天宁寺塔全景鸟瞰透视图

1 宝顶

2 仰莲两重

3 密檐共十三层

4 斗拱出斜拱

5 拱门为假门，只雕其形，不能开启

6 天王塑像

7 仰莲

8 塔座

9 直棂窗

10 倚柱有浮雕蟠龙

11 蜀柱

12 须弥座

13 壸门

14 接引佛殿

15 配殿

年代：辽天庆十年（1120）建成　　方位：坐北朝南

1 天宁寺塔为十三级密檐塔，实心砖构，各层出檐皆出拱，塔身轮廓以细微的尺寸向上逐层收缩，以比例美好著称　2 天宁寺塔底层坐落在莲瓣之上，主门两旁浮塑金刚护法，门楣及门扇皆浮雕而成。塔座上的众多莲瓣，古时可燃灯　3 天宁寺塔底层细部，塔身转角出倚柱，柱身浮雕蟠龙。图中之直棂窗只具形式，实为盲窗

3

典型的辽代密檐塔

　　天宁寺塔高57.8米，外观气势雄浑中仍然带一丝秀气。塔基为八角形，但坐落在方形底座之上。塔下有两层须弥座，下层的束腰每面有六个凹入的壶门，上层缩为五个，其上除转角铺作外，再以砖砌出三朵两跳斗拱及勾栏。栏上再叠三层仰莲瓣，外观如莲花组成的托盘，整座塔就有如从一朵朵莲瓣中绽放出来。

塔从莲花开

　　据传初建时这些莲瓣由铁铸成，可以注油燃灯，逢节庆时，皇帝率领文武百官至天宁寺塔举行燃灯供佛仪式，祈求风调雨顺、国泰民安。

　　仔细欣赏塔身，第一层有四面设圆拱门，另四面设直棂窗。窗楣上浮塑飞天乐伎，每窗有十五根棂木，而窗下立短柱，仍带唐风。八个转角浮塑蟠龙柱，顶住上面额枋。圆拱门的左右也浮塑金刚力士及天王，护卫入口。由于塔身为实心，圆拱门只具形式，无法开启。

　　塔身从第二层开始，每层的直径逐渐收缩，使轮廓线向内缩，造型挺拔。檐下以砖砌出斗拱，除角柱外，每面出补间铺作两朵，出檐虽不深，却因斗拱的交错线条形成较明显的阴影，强化了立体感。相传古时每层檐翼角下悬挂数百个铜铎，随风飘动，铃声不绝于耳，远近皆可闻之，象征梵音远播，触动人心。

23 圆觉寺塔

塔刹配有风信设施的金代佛塔

地点：山西省大同市浑源县

1 山西浑源圆觉寺塔建于金代，塔刹有铁制候风鸟装饰　2 圆觉寺砖塔的最上层抽高，容纳十六个小佛龛，此为罕见之例　3 塔刹为铁制，除了宝瓶、相轮、伞盖之外，候风鸟停栖于刹尖，似是人神之间沟通信息之灵鸟

　　山西浑源在黄土高原的东北部，浑源县城内的圆觉寺相传创建于唐代，但如今只保存一座金代的砖塔，塔建于金正隆三年（1158）。圆觉寺塔为密檐式塔，平面八角形，共九级，塔高约30米，立在较高的台基之上，全塔均为橙黄色砖所砌，远观通体色泽温润，极具特色。

金代密檐塔

　　造型上虽属于辽金时期的密檐塔，但它却有些不同的设计。基座的须弥座表面雕出仰莲与覆莲，其上有一段束腰，每面分隔三小间，内部容纳壶门。再上方则出一排砖拱，以扩大基座面。

　　塔身共分为九层，其中第一层拉高，塔内有室，正面辟圆拱门可进入；其余七面则雕出门扇及直棂窗形象，俗称为盲窗，即假窗子；转角处凸出倚柱用以承托出檐的斗拱，斗拱亦全以砖砌成，除倚柱上外，补间亦置铺作一朵。本塔与一般密檐塔最明显的不同之处是顶层也拉大，表面凸出十六个小佛龛。顶层抽高，有点像楼阁式塔，似乎结合了密檐塔与楼阁塔的造型特色。

塔刹候风鸟

　　另外，最值得注意的是其顶部塔刹为铁制，高约3米，上下分为三段，下段以宝瓶为基座；中段为相轮、伞盖与刹球；上端出现一只候风鸟，可以测度风向，似乎有观测气象的功能，这在现存中国古塔中极为少见。

　　塔身除第一层外，全为实心。第一层有门，人可进入塔室礼佛，内部穹隆藻井彩绘盛开的莲花与八大菩萨曼荼罗图像，象征以慈悲与智慧度化众生，其色彩至今仍明艳饱和，至为难得。

圆觉寺九级八角密檐塔全为砖砌，
以砖砌成斗拱仿木构。
本图将一层入口剖开，
可见到塔室之圆形穹隆顶绘出
八大菩萨曼荼罗图像。

圆觉寺塔解构式剖视图

1 十六朵砖砌斗拱承托塔基
2 假拱门只具外观形式
3 藻井绘八大菩萨曼荼罗壁画
4 以砖叠涩出挑檐口
5 第九层抽高，设置十六个佛龛
6 锻铁制的塔刹
7 候风鸟可测风向

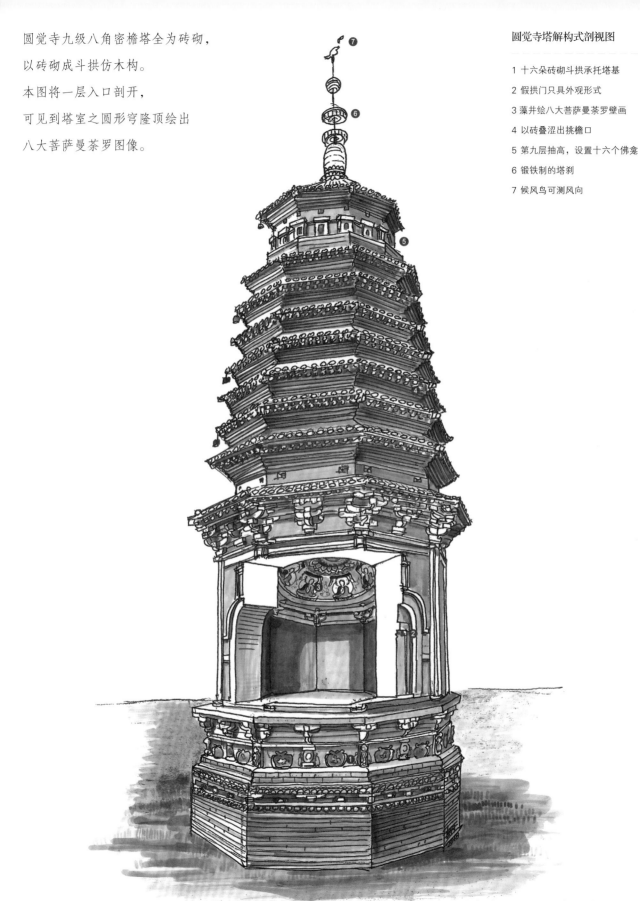

年代：金正隆三年（1158）建　　方位：坐北朝南

24 石窟

云冈石窟

石窟是一部形象化的佛经，在岩洞中模仿木构建筑雕凿前廊后室，雕塑菩萨造像，创造出人间佛境

地点：山西省大同市云冈区云冈镇武州山南麓

云冈石窟位于山西大同西北的武州山，依山开凿，共有五十多个大窟及无数个小窟，大小造像五万多尊，为世界罕见之佛教遗迹

云冈石窟第9窟与第10窟
被认为是一组"双窟"，相邻的两窟
有着相同的空间形态，相似的佛像题材，
甚至连艺术风格都相近，为同一时代所开凿。
第9窟与第10窟都设前廊及巨大的成列石柱，
雕刻主题围绕祈福展开，包括
倚坐弥勒与释迦佛、菩萨、飞天及须弥山等。
最值得注意的是北魏时期屋顶及斗拱形象，以极写实手法雕出。

　　石窟源于印度，是印度原型的佛教建筑，刚开始自然反映较多的印度建筑特征，传到中国后，受木造建筑的影响，慢慢地融合转化，逐渐形成内部印度式，但外观起造楼阁的中土、西域、印度混合风格。佛教经西域传入中土，沿着当时传播的路径，可看到很多石窟，如新疆的柏孜克里克石窟、龟兹石窟，河西走廊的石窟等，而北京、浙江、四川等地也都有石窟。其中敦煌莫高窟、大同云冈石窟、洛阳龙门石窟及天水麦积山石窟，号称中国四大石窟；此外，河北响堂山石窟，以及四川大足石窟的艺术成就也不遑多让。石窟寺大多因为地处偏远、不易到达而躲过历代兵灾人祸，尤其是建在悬崖峭壁上者，成为后世研究中国古代佛教史、建筑史、美术史和雕塑史的重要宝库。

云冈石窟解构式剖视图

1 第9窟入口

2 八角形柱身，雕满小佛龛及
佛像，柱脚原雕大象，示驮重之
意。今已漫漶不清

3 第9窟前室西壁区分为上下两
段，与东壁相对应

4 前室北壁雕出宫殿四坡顶，并
有"一斗三升"及"人字补间"
之浮雕，门楣上则雕飞天、乐伎

5 明窗，功能为引进光线，照亮
后室

6 第9窟主像为高达10米的倚坐
佛，身披褒衣博带袈裟，神态庄
严而慈祥，后雕巨大背光及千佛
龛，左右凿甬道可相通

7 直接利用岩石雕成的"华盖"

8 后室的甬道可让僧人绕行礼
拜，两壁雕供养人图像

9 第10窟入口

10 前室柱列外原应有窟檐，今已
不存，仅留梁洞遗迹

年代：北魏太和八年至十三年（484—489）开凿　　方位：坐北朝南

大同古称平城，公元5世纪时为北魏都城，云冈石窟的开凿因有皇室全力经营，因而达到一个高峰。此处砂岩质地坚硬，纹路平整，适合雕琢，因此虽已经历一千五六百年之久，造型轮廓仍旧清晰。无论金刚力士的勇猛姿态，还是佛与菩萨慈悲肃穆的神情，皆保持良好，石雕精细且气势宏伟。石窟的建筑如塔心柱、壁龛等雕刻，皆模仿木结构，从最高的鸱尾、瓦当、梁枋、人字补间、一斗三升斗拱，到门板、窗棂、门簪等细节，都表露无遗，是研究北魏建筑形象的重要依据。第9窟与第10窟这组双窟即清楚体现了上述特色。

反映北魏艺术风格的石刻宝库

北魏太武帝灭佛，使佛门蒙难，文成帝恢复佛教信仰，用宗教安抚人心，大量开凿石窟，建造佛像，自兴安二年（453）左右始，用前后近六十年的时间，在山西大同西北方武州山（一作"武周山"）的南向陡壁上，开凿出东西长

1 云冈石窟第9窟，与第10窟合为双窟，约成于北魏孝文帝时期　　2 云冈石窟佛龛，注意其平棋天花使用莲瓣形式　　3 云冈石窟第10窟之前室，中央入口上方出现模仿木构之庑殿顶及一斗三升、人字补间拱，檐下雕满飞天　　4 云冈石窟第10窟前室西壁，石雕群佛构图繁复而严密，十分精巧　　5 云冈石窟第12窟前室西壁石雕屋形龛，雕饰富丽堂皇　　6 云冈石窟第3窟之倚坐大佛及胁侍菩萨，依其造型特征，可能成于初唐

达1公里、工程浩大的武州山石窟群，也就是云冈石窟。《魏书·释老志》记载："昙曜白帝，于京城西武州塞，凿山石壁，开窟五所，镌建佛像各一，高者七十尺，次六十尺，雕饰奇伟，冠于一世。"可知最初五座重要石窟的开凿，系由昙曜和尚主持，因此通称为"昙曜五窟"（第16—20窟）。此时期以大佛为主，石窟平面呈椭圆形，印度风格浓厚，迥异于后来开凿的洞窟。在昙曜五窟以后至北魏太和十八年（494）孝文帝迁都洛阳以前完成的洞窟（主要为第5—13窟），属于中期洞窟。由于北魏孝文帝力行汉化，佛像也受到中原造型的影响，穿着汉族宽软的服饰，被称为"褒衣博带"。后期洞窟为孝文帝迁都后留守官员僧俗所开凿。尽管此后隋唐甚至辽金宋元仍续有开凿，但规模与数量皆大不如前，因此云冈石窟主要以北魏时期艺术著称于世。

1 云冈石窟第16窟内室北壁石雕主佛。第16窟是开凿年代最早的昙曜五窟之一   2 云冈石窟第20窟露天大佛，为三世佛，高13米余，面容庄严丰满，肩膀较宽，气魄雄浑，为云冈石窟之代表作   3 云冈石窟第13窟主佛交脚弥勒上部之背光石雕，色彩仍极鲜明   4 云冈石窟大佛前设"明窗"引入光线   5 云冈石窟第51窟为塔心柱式，中央为方形平面之楼阁式塔，柱头置一斗三升，枋上置人字补间铺作

延伸阅读

犍陀罗

　　犍陀罗（Gandhara）为公元前6世纪即存在之南亚古国，为古天竺十六大国之一，主要位于阿富汗东部和巴基斯坦西北部。此地的雕刻呈现受希腊影响的古典艺术风格，佛像面容皆高鼻垂耳、细眉大眼，身躯雄健高大、宽肩细腰，内着僧衣，外着半披肩袈裟。

5

形式简单、造像庞大的大佛窟

在云冈石窟中，最早开凿的昙曜五窟皆属于以供奉大佛为主的大像龛。石窟大小依佛像而定，佛像的后壁、侧壁和顶部连成一体，形成背光，后面墙壁呈弧形；洞窟形式简单大方，几无建筑形象的具体表现，通常也无前后室之分；造像主要以代表过去、现在和未来的三世佛为主——此期佛像还保有犍陀罗风格，具高肉髻、直鼻梁、大耳垂、宽肩细腰及薄衣贴身等特色。一般而言，大佛窟前面会附建高达数层楼的木结构殿堂加以保护，且可能因洞窟内太过幽暗而在窟门上方开凿明窗，将光线引进石窟中，使佛像庄严的容颜得以呈现在礼拜者眼前。

保留印度原型的塔心柱窟

塔心柱窟洞窟平面多为正方形或长方形，中心设立方形塔柱，尚保留印度原型。中心柱的功用一则是加强结构，二则是建造一个以塔为中心的空间布局，使僧人在礼佛时可环绕中心塔敬拜，因而塔柱四面通常也雕成佛龛。

反映木构建筑形象的前后双室型石窟

除了大佛窟、塔心柱窟两种形制外，云冈石窟还有单室、前后双室和宛如三合院的左右室等几种类型。中期开凿的第9窟与第10窟正属于前后双室的典型实例，第9窟主祀释迦佛，第10窟主祀弥勒佛。1938年日本人曾在此进行挖掘，从出土物中证实，前室柱列外应建有窟檐，但今已不存。此类型通常前室光线比较充足，壁面布满佛龛或建筑构件雕刻，后室配置以供奉一佛二菩萨、一佛四菩萨或一佛四弟子二菩萨等为多。前后室之间的门洞上方，经常可见众多飞天云涌围绕作为装饰。后室窟顶多为平顶，宛若木构天花，细部有阑额、斗拱、瓦当及屋脊，反映出当时木构建筑的形象。打格子的天花板，可见到莲花、飞天、乐伎、菩萨和佛像等装饰，琳琅满目，令人目不暇接。

1

延伸实例

洛阳龙门石窟

被誉为中国四大石窟之一的洛阳龙门石窟，南北绵延长达1公里，洞窟两千多个，密布于黄河支流伊河东西两岸。北魏迁都洛阳后（494—534），始有龙门石窟雕凿，因此龙门可说是云冈的延续，它经盛唐至宋仍然持续不坠，又尤以北魏及盛唐时期的石窟最为著名。不过由于洛阳交通方便，龙门石像被盗往外国变卖者为数最多。

龙门最大的一座石窟——奉先寺，以露天大佛著称，据载武则天为后时，曾捐赠两万贯脂粉钱赞助开凿，为体弱的唐高宗祈福。石窟位于半山腰，主尊卢舍那佛，为光明普照之意，高97米，气势磅礴，而面容独具女性优雅美感，与众多具阳刚之气的石佛大不相同，以至于有人认为此乃据武则天面容体态凿塑。这意味着佛像表现已较为世俗化，与云冈佛像有明显差异。大佛两侧有弟子阿难、迦叶、胁侍菩萨，以及力士、天王雕像，菩萨慈祥虔诚，天王、力士勇健狰狞。宋代于窟前增建屋顶，但今已不存。

龙门石窟中以古阳洞及宾阳洞最负盛名。据传古阳洞为北魏孝文帝拓跋宏发愿开凿（494），洞窟内除佛龛造像外，还有文字题记记载造像日期、缘由及造像者姓名，书法质朴古拙，是研究北魏碑刻书法的珍贵资料。书法史上著名的魏碑"龙门二十品"，大部分即出自此窟。

宾阳洞始凿于公元500年，历时二十四年方建成，窟中主佛释迦牟尼及弟子、菩萨造像面容清瘦，衣纹细密规整，充分展现北魏造像"秀骨清像"的艺术特色。

1 龙门石窟奉先寺的佛像，表现佛教所追求的"般若"智慧　　2 龙门石窟奉先寺之普贤菩萨，神态慈祥　　3 龙门石窟奉先寺之天王与金刚力士，
筋肉毕现，神态勇猛

延伸实例

河南巩义石窟

　　河南巩义石窟相传为北魏后期孝明帝熙平二年（517）所开凿，位于洛水北岸，规模较小。现有北魏石窟五座，形制以塔心柱式为多，雕刻风格及建筑形式与龙门石窟颇为类似。这是因为两者开凿时间相去不远，且皆临黄河的支流，借古代航运之赐而风格相近。

　　其中，第1窟具中心方柱，佛龛下雕有守护意味浓厚的翼兽，墙壁雕千佛。窟门东西两壁还有三层六幅《帝后礼佛图》浮雕，描述了皇室成员浩浩荡荡潜心礼佛的场景，构图紧凑，忠实反映了当时的崇佛风气，是现存最完整精美的礼佛图之一。

1 河南巩义石窟之佛像，古代匠师在石雕上表现"定"与"慧"的境界，即佛的神态安定而不为外在环境所干扰　　2 巩义石窟创于北魏晚期，可见
"秀骨清像"风格之佛像　　3 巩义石窟《帝后礼佛图》，表现北魏帝王及皇后列队礼佛之仪仗，雕刻手法简练娴熟，保存极为完整　　4 麦积山石
窟之佛像，注意背部帐幔之彩画　　5 麦积山石窟之佛像　　6 天水麦积山石窟，在崖壁上建筑栈道连通各窟，巧夺天工

延伸实例

天水麦积山石窟

　　中国四大石窟中最为高古雄奇的即是麦积山石窟。麦积山位于甘肃天水市东南方，山形远看好似麦垛，因此得名。石窟凿于悬崖峭壁之上，层层相叠，据史料载，始凿于十六国晚期，北魏、西魏、北周时期大规模建造。古时出家人为了躲避乱世，选择偏僻的山区苦修，以避免尘世骚扰，石窟塑像也因人迹罕至而至今保存良好，仍可见原始样貌。石窟之间以险峻的木制栈道相通，行走其上向下张望，临空高度令人生惧。

25 石窟

石窟

莫高窟

世界佛教艺术宝藏，以虔诚与毅力卅凿的石窟，化
为多彩多姿的殿堂
地点：甘肃省酒泉市敦煌市鸣沙山东麓

敦煌石窟远眺

敦煌莫高窟第96窟为一著名的大像龛——
云冈、龙门、麦积山及炳灵寺也有几座类似的大像龛，
造像高从10多米到30多米不等。
莫高窟第96窟的倚坐弥勒佛高达33米，建于初唐，
龛前九层阁虽为20世纪30年代重建，
但仍能展现大佛罩以多层阁保护之建筑技术。

　　敦煌位于河西走廊西端，是丝绸之路上一段重要的关卡，为中原通往中亚及欧洲必经要津，也是中西文化交融之地。敦煌石窟为佛教传入中国的历史见证与文化宝藏，包括敦煌的莫高窟、西千佛洞，以及瓜州的榆林窟与东千佛洞等，其中莫高窟有七百多个洞窟，鳞次栉比地分布在鸣沙山东麓的断崖上。莫高窟的开凿始于4世纪十六国时期，至隋唐时东西贸易大盛，交通更趋发达，从而促使石窟之建设达到高峰。莫高窟俗称千佛洞，可见其规模之大，是中国现存石窟中洞窟数量最多，形制丰富，且开凿历史最为悠久者。

　　莫高窟于今尚存有许多不同形制的石窟，包括中心柱式、覆斗式、背屏式、帐形龛及大像龛等。石窟的形制与佛像的姿态大小密切相关。其中，初唐开凿的第96窟与盛唐的第130窟均属大像龛式，在洞内雕塑巨大的弥勒佛像。第96窟内的佛像高达33米，为敦煌最大佛像。

莫高窟解构式剖视图

1 在石窟之前建造多层汉式飞
檐，具有保护洞窟免受风化之作
用，亦可壮大观瞻。第96窟原为
四层檐，历经修缮，至1935年改
建为九层檐，最上层为八角攒尖顶
2 石壁上开二明窗，可引进适度
光线，照亮石窟内部
3 入口前廊带轩顶
4 石窟入口，其地下经考古挖
掘，发现不同年代的阶梯
5 倚坐弥勒佛
6 说法印
7 降魔印
8 头光
9 肉髻
10 洞壁刻万佛小型龛
11 斜撑木

年代：唐延载二年（695）开凿　　　方位：坐西朝东

1

延伸阅读

隐藏千年文化结晶的斗室

　　敦煌莫高窟第16窟属于背屏式石窟，1900年道士王圆箓打扫时，发现门后不到几平方米的狭小空间里，却存放着数以万计从南北朝至唐宋的经典，即著名的藏经洞。可惜这些隐藏了千年的文化结晶，大部分已被西洋探险家骗取而流散至世界各大博物馆。

1 敦煌莫高窟之九层木构外檐　　　2 敦煌石窟（第427窟，隋代）仍保存罕见的宋代窟檐　　　3 敦煌莫高窟壁画经变图，建筑台基以许多柱子立在水面上

飞檐楼阁中的石窟大佛

　　大佛像源自印度与中亚，有的为露天大佛，但敦煌大佛都在洞窟外建楼阁保护。为容纳大佛，洞窟的开凿工程浩大。佛像大多为石骨泥塑，即先在岩壁雕凿初坯（石胎），再外敷泥土，经修饰而后赋彩。第96窟位于莫高窟的入口处，艺术表现呈初唐时期特色，前方有宽广的空地与牌楼，整体景观是初临莫高窟者难以忘怀的第一景。窟内大佛像为倚坐弥勒佛，也称为"善跏趺坐"。初建时原有四层窟檐保护洞口，历代多次改修，一度改为五层檐，至1935年最后一次改建时成为九层，正所谓"檐牙高啄"；错落有致的起翘飞檐，为石窟增添了独特的景致，今已成为地标。

　　从空间构成来看，第96窟所开凿的垂直洞窟造型如井，底部为方形，至上部渐缩小，洞顶凿空，再覆以一座八角形攒尖顶，木梁以斜撑木架在洞内侧壁上。一层入口前带轩顶，每层宽为五间，并设檐廊。石壁上开二明窗，引入光线，和煦地照射在大佛身上。

描绘西方净土的巨型佛教壁画

　　莫高窟地质为砾石岩层，较为疏松，不宜雕刻，因此多施泥塑和彩绘：塑像以石骨泥塑为主，彩绘则以佛像、菩萨、说法图、本生故事和经变图等为主要题材。所谓"经变图"，是将佛经转变为图像，使一般人易于理解佛法，例如"净土变"就是描述净土经里西方净土的境界。隋唐以后，此类大型经变图中出现很多建筑群，场景丰富，有佛殿楼阁、亭台水榭等，中间以廊道相接；也有整组建筑都建于水面之上，彼此之间以桥梁相系，具体而微地呈现建筑丰富多变的面貌。佛居中说法，并搭配幡杆旌旗，有乐声舞伎，听闻者翩然起舞，一片祥乐之境。虽然描述的是西方净土，但也是现实生活的忠实写照，是后代研究隋唐时期服装、建筑、音乐、美术很重要的史料。

1

延伸议题

石窟寺的形制

　　石窟寺这一形式反映了佛寺由印度传入中国的早期形式，同时也显现了其与中国木构传统之融合的过程。石窟除了用于让信徒礼佛之外，也常兼有居住与修行之用。所供佛像的类型，从敦煌、云冈、龙门与麦积山石窟实物来看，有单尊释迦佛（包括苦修、禅定、说法、涅槃）、双佛（释迦佛与多宝佛）、三尊（西方三圣、三世佛或一佛二菩萨）、五尊（一佛二菩萨二弟子或五佛）等数种类型。

　　依据佛像多寡与大小的不同，从北朝开始出现了多种开凿形式。北朝多用"中心柱式"，有的四面凿龛，如敦煌莫高窟北周第428窟；或做成上下多层塔状，如敦煌莫高窟北魏第39窟，这也反映北朝佛寺建筑以塔为中心的配置概念，亦称"塔心柱式"。单室洞窟多呈正方形，采用"覆斗式"做法，其顶部凿成金字塔形，最上端切平雕出藻井，四面墙体有一面辟门，另三壁凿出三龛供佛。有时左右墙壁凿出精舍供僧人修行，如莫高窟西魏第285窟，称为"毗诃罗禅窟式"。还有洞窟逐渐融合汉人传统轩顶，将窟顶做成两部分，前部为二坡式顶，后部为平顶带格子状天花。五代及宋多用"背屏式"，佛像背后保留一片墙，墙后设通道，似乎仍保有塔心柱式绕佛之仪式。

　　平面呈横长形者，如敦煌第158窟，为涅槃窟，俗称卧佛窟。窟内有一大平台，释迦牟尼佛侧身横躺其上，右手托腮，左手平贴身躯。石窟的前室或外壁模仿木构屋檐和梁枋斗拱者，以天龙山第16窟与云冈第9窟为典型实例，我们看到一斗三升及人字补间拱，为研究早期木构细节留下证据。至于在石窟外建造真正的木构，则以莫高窟第96窟为代表，其外部建造了高达九层的楼阁，而龙门石窟奉先寺也仍可见残存的梁洞。

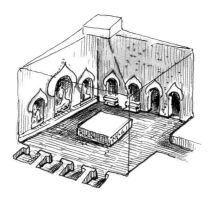

敦煌莫高窟西魏第285窟（毗诃罗禅窟）解构式剖视图

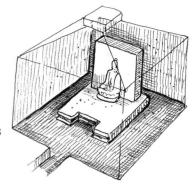

敦煌莫高窟五代第98窟（覆斗及背屏式窟）解构式剖视图

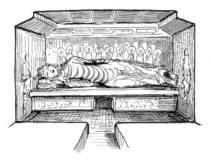

敦煌莫高窟中唐第158窟（涅槃窟）解构式剖视图

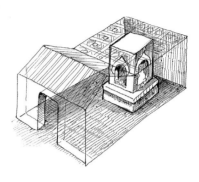

敦煌莫高窟北周第428窟（前带人字坡顶的中心柱式窟）解构式剖视图

敦煌莫高窟北魏第39窟（塔心柱窟）解构式剖视图

山西太原天龙山第16窟解构式剖视图

窟前带廊，使用一斗三升及人字补间拱，门楣及龛楣用印度风格火焰形装饰

1 太原天龙山石窟毗诃罗禅窟，内部三面供奉一佛二菩萨　　2 甘肃永靖炳灵寺大佛，属大像龛　　3 大同云冈石窟为采光而开凿的明窗

26 瞿昙寺

宣示皇权之汉式喇嘛寺，具有四座喇嘛塔并置的罕见形式

地点：青海省海东市乐都区瞿昙镇马圈沟口

明太祖朱元璋敕赐的"瞿昙寺"匾

远离中原却仍完整且宏大的
汉式喇嘛寺建筑，
从山门、碑亭、正殿到后殿，
顺着山坡节节上升，左右对称，
一派宫殿之气象。
两侧长廊绘有极丰富的壁画，世所罕见。

　　明初中原甫定，但边疆局面仍不稳定，为了拉拢西北藏族民心，明太祖朱元璋先于青海地区实施政军合一的卫所制度；洪武二十六年（1393）又结合宗教力量于乐都设置第一个僧司衙门，称为"西宁僧纲司"，由声望卓著且与明朝交好的藏僧三剌为都纲。三剌也被尊称为"三罗喇嘛"，曾于乐都南山建造喇嘛佛寺。明太祖看重他在藏族中的影响力，不仅授予官位且奉作上师，亲自赐其寺匾曰"瞿昙寺"。"瞿昙"两字取自释迦牟尼俗家族姓，亦为释迦牟尼的代称，作为寺名除了意义深远外，也表现出寺院地位不同凡响。

　　永乐年间明成祖又尊三剌之侄班丹藏布为大国师，并赐赠土地及修造殿宇。后再经仁宗（洪熙）、宣宗（宣德）两朝支持扩建，瞿昙寺逐渐成为汉藏交界地区规模宏大、文物丰富的藏传佛教寺院。瞿昙寺在文化上展现出汉藏佛教并存及交流的力量，是一座深具明代早期建筑风格的古刹。

瞿昙寺全景鸟瞰透视图

1　山门前设八字墙

2　明洪熙年间御碑亭

3　明宣德年间御碑亭

4　金刚殿

5　四座喇嘛塔，使汉式的瞿昙寺
融入藏式佛寺的色彩

6　瞿昙寺殿前带宽阔轩廊，为礼
佛空间

7　前配殿立于瞿昙寺殿左右两侧

8　三世佛殿

9　小钟楼

10　小鼓楼

11　护法殿

12　宝光殿前设月台，月台左右
分峙平行照墙

13　后配殿立于宝光殿左右两侧

14　隆国殿左右衔接斜廊式朵
殿，做法罕见

15　大钟楼

16　大鼓楼

17　七十八间走水廊内有佛本生
故事彩画

18　三罗喇嘛活佛住宅

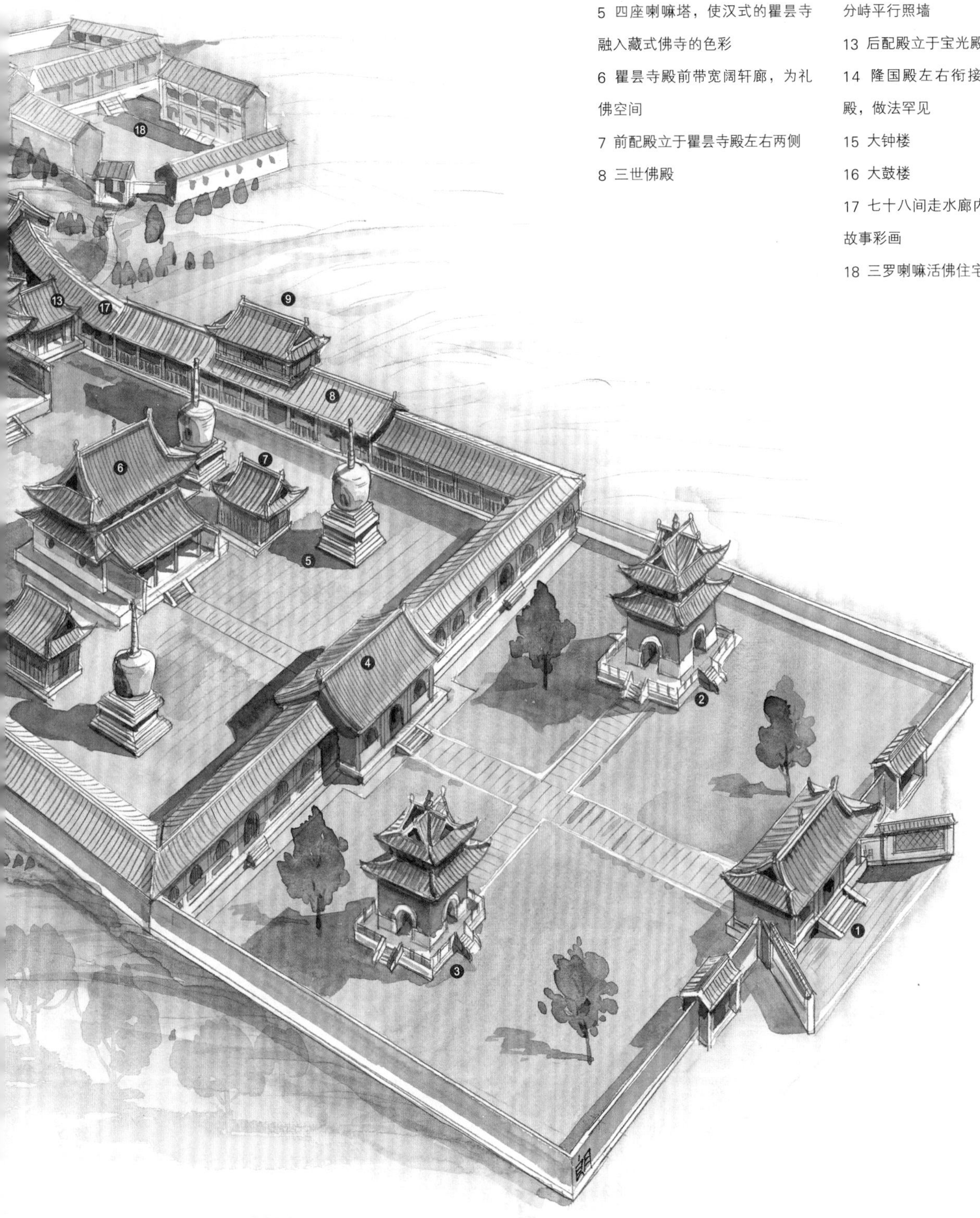

年代：明洪武年间（1368—1398）建　　　方位：坐西北朝东南

具备宫殿气象的恢宏布局

瞿昙寺山水环境极为壮丽，背倚罗汉山，前临因寺而名的瞿昙河。寺院依汉式中轴对称的配置法，分别以前、中、后三个院落循序布置，先是如序曲般的山门及碑亭；再是全寺最紧凑的中院，这里配置有金刚殿、瞿昙寺殿与宝光殿三座殿宇，建筑尺度逐渐扩大；后院则为规模最宏伟的隆国殿，此殿两耳设回廊向前环抱至金刚殿，使中、后两院形成严谨封闭的空间。两院左右回廊上各起一座钟鼓楼，较为罕见。寺院东北侧有一自成格局的院落，为住持喇嘛的宅第，将宗教朝拜区与僧人生活区明显分开，更显出当时朝廷对喇嘛的尊崇。

1 瞿昙寺中设计了许多"欢门"，门楣形如火焰，为佛寺常用形式。本图为自金刚殿望瞿昙寺殿　2 瞿昙寺御碑亭，屋顶采用十字脊重檐歇山式　3 瞿昙寺殿背后全景　4 宝光殿为重檐歇山顶，四面设走马廊　5 宝光殿前左右各有照墙一座　6 宝光殿旁的配殿　7 金刚殿内所悬的"独尊"匾额

以八字墙欢门起始的前院

　　瞿昙寺山门为三开间的歇山顶建筑，前方精致的砖雕八字墙向外张开，仿佛欢迎众生到来。正背两面的木作门窗形如钟，佛教特称为"欢门"及"欢窗"。穿越欢门即来到宽阔的前院。前院左右各立一座御碑亭，分别安置洪熙元年（1425）的《御制瞿昙寺碑》及宣德二年（1427）《御制瞿昙寺后殿碑》。碑亭建筑墙身厚重，四向各开拱门，使用等级较高的十字脊重檐歇山顶。

殿宇配置紧凑的中院

　　金刚殿即天王殿，是寺院的主要大门，面宽三开间，内供四大金刚神像镇守。进入内院前的欢门上，还悬有万历年间督理西宁屯兵解梁李本盛立的"独尊"直额，苍劲的字体气势磅礴，意指佛祖释迦牟尼降生时，一手指天一手指地的唯我独尊的神态。

1 回廊立有小鼓楼，右侧可见其中一座喇嘛塔　／　2 回廊从前殿延伸至隆国殿，极为深远　／　3 回廊呈爬山廊形式通往隆国殿，檐下设障日板

　　位于寺院中心位置的瞿昙寺殿，是全寺最古老的殿宇，创建于明洪武年间，入口高悬洪武二十六年（1393）朱元璋敕赐的"瞿昙寺"匾，清乾隆四十七年（1782）曾予修葺。建筑格局方正，宽三间，采重檐歇山顶，前方屋顶向外拖曳，以厚墙承接，形成一个宽阔的轩廊，作为礼佛时的重要空间，壁堵布满精致的壁画。从外观看瞿昙寺殿为封闭的无柱廊式殿，具明代建筑特色，但室内仍设环状走廊，使用的是少见的暗廊做法。殿前左右有对向而立的两座独立小配殿，其建造时间可能不同，故呈现相异的建筑风格。值得注意的是，瞿昙寺殿前后左右共置有四座金刚塔（喇嘛塔），象征四大部洲护佑四方。而小钟鼓楼骑坐于中院左右回廊之上，歇山顶的楼阁建筑直接凸出于屋顶。

　　宝光殿位于瞿昙寺殿之后，亦称中殿，明永乐十六年（1418）建成。面宽五间，采用重檐歇山顶，殿前设月台。较特殊之处是月台左右分峙两道照墙，形成较为封闭但无轩顶的祭典空间。这两面照墙平行，不同于山门外的八字墙。宝光殿内供奉三世佛，中央大理石莲花瓣须弥佛座为永乐帝布施之物，造型浑厚，雕刻精致。殿堂左右两侧亦配置独立小配殿，仿佛拱卫着雄伟的宝光殿。

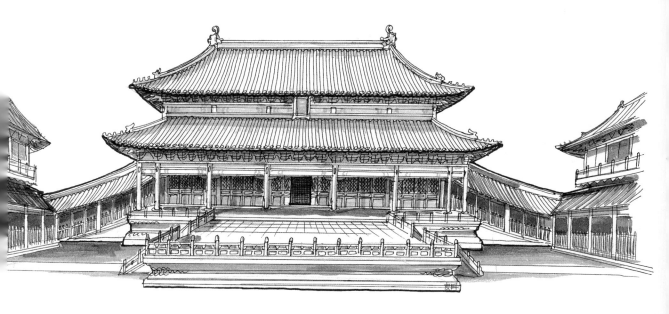

瞿昙寺隆国殿外观透视图
明代瞿昙寺隆国殿左右连接朵殿,斜廊式朵殿盛行于唐代

殿宇高大宏伟的后院

过了中院地势突然拔高,宣德二年(1427)创建的隆国殿耸立于最后的高台上,是全寺最壮观的殿宇,殿名得自祈祝国运昌隆。其面宽七间,采用宫殿常见的重檐庑殿顶,形制与北京紫禁城中的太和殿颇为相似,殿内供奉巨大的金刚镏金铜佛。殿之左右衔接斜廊式朵殿,似爬山廊一般的回廊犹如殿之双肩,此种做法后世少见。而在后院左右回廊之上,可见庑殿顶的大钟鼓楼。

环绕寺院的回廊(走水廊)为瞿昙寺的一大特色,因拥有大量精致的壁画,所以又称"壁画廊"。檐柱之间设置遮阳用的"障日板",使得建筑显得格外低矮厚重,但也发挥了保护壁画的作用。

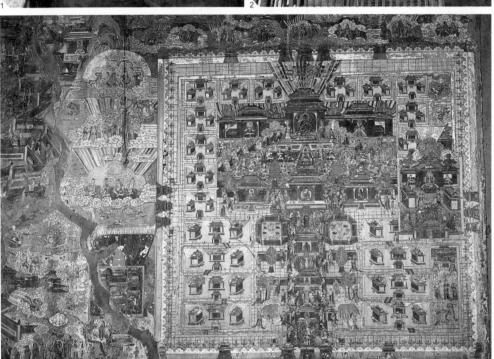

5

1 回廊壁画因有障日板保护，颜色保存良好　　2 瞿昙寺殿壁画面积很大，且保存完整　　3 瞿昙寺殿内墙壁画，以佛寺平面布局为题材，十分少见

4 回廊壁画用笔设色极为精细典雅　　5 瞿昙寺殿内墙壁画之内容包括宗喀巴及汉式楼阁殿堂

延伸阅读

现存面积最大的明代壁画

瞿昙寺在建造之时，即腾出许多墙面留给画师描绘佛教故事。这些壁画总面积在400平方米以上，史料记载绘制年代涵盖自明初至清代，是中国目前保存面积最大的明代壁画。

沿着回廊壁画观览，可见到内容充满佛从降生到涅槃的故事，其用笔设色鲜明，构图缜密，气势磅礴，虽历经五六百年，至今保存完好。每一画面都有佛经及诗词落款，其最大的特色是人物众多，背景亭台楼阁及山水环境描写细腻，甚至连家具、兵器、车辆、日常用品、各式器物都随处可见，是研究中国壁画美术史的重要材料，也是对明代民间社会及僧侣生活的重要图像记录。

27 塔尔寺密宗学院

汉藏融合为一体的黄教寺院

地点：青海省西宁市湟中区鲁沙尔镇

塔尔寺为格鲁派（黄教）的圣地，多采用汉藏混合风格建筑

藏传佛教格鲁派创始人宗喀巴像

塔尔寺建筑群中的密宗学院

始建于清初，供僧人在此修习佛法，

并在春、夏、秋三季举行盛大的法会。

主殿建筑采用藏式"都纲式"平面，

经堂居中，用六十根巨柱，

四周为佛堂、经书库与库房等。

　　青海塔尔寺在藏传佛教中声誉卓著，乃因它是通晓显密义理的格鲁派创始人宗喀巴（1357—1419）之诞生地。藏传佛教（俗称喇嘛教）历经唐、宋、元、明的发展，出现若干宗派，但以15世纪初创立的格鲁派最为兴盛。此派僧人头戴黄色僧帽，故又称"黄教"。格鲁派发扬了藏传佛教于13世纪末出现的活佛转世制度，创立达赖、班禅两个影响力最大的活佛系统，并成为西藏政教合一的统治者。塔尔寺与拉萨的甘丹寺、哲蚌寺、色拉寺，日喀则的扎什伦布寺，以及甘肃夏河的拉卜楞寺，并称格鲁派六大寺院。

塔尔寺密宗学院鸟瞰透视图

1 经幡杆

2 入口的歇山顶轩亭，融合了汉、藏建筑风格

3 梯形外框的深色窗套呈现藏式色彩

4 把柽柳（藏语称为"边玛"）枝捆成束，加泥垒叠成墙，涂以赭红，称为"边玛墙"，这是藏式佛教殿宇的特殊做法

5 平顶中央高起歇山顶楼阁

6 柱头上安置曲形大托木，雕刻精美并饰以红绿色彩

7 门窗及墙壁出现红、黄、绿及白等鲜明色彩的装饰，题材及图案皆依循古代佛教四部造像典籍"三经一疏"之规范

8 藏传佛教喜用镏金法轮、佛八宝及金鹿，色彩辉煌而灿烂

9 天井中央立汉式四坡攒尖金顶建筑，尖顶饰喇嘛式小塔宝顶

10 主殿最后设佛堂与佛龛

年代：清顺治六年（1649）建　　方位：坐西北朝东南

　　塔尔寺之创建源于明洪武十二年（1379），宗喀巴母亲在其诞生处修建了一座莲花塔。至嘉靖、万历年间，当地禅师增修禅房及殿宇，因塔而逐渐形成寺院群，故称"塔尔寺"。对于格鲁派信徒而言，其神圣地位有如麦加之于穆斯林。明代为巩固对边疆的统治，欲联络西藏以抵抗北方的蒙古，因而刻意支持塔尔寺的扩建。其中万历十一年（1583）达赖喇嘛三世前来讲经，对于寺院的扩张发挥了积极的作用。到了清代，更是高度利用宗教来笼络其他少数民族，特于此处设置达赖及班禅的行宫。寺院经过明、清两代至民初数百年的扩建，形成现貌，奠定了它在汉藏交界地区的政教地位，而寺内四大学院完善的教育制度，也为藏传佛教界培养出无数优秀人才。

1 八大如来宝塔立在寺前广场上，自东向西为聚莲塔、菩提塔、四谛塔、神变塔、降凡塔、息诤塔、胜利塔与涅槃塔　　2 塔尔寺全景，众多建筑包括佛殿、讲经堂、宝塔与僧房，依山势布局，形成汉藏混合之建筑群　　3 小金瓦殿（护法神殿）前之时轮塔，塔刹镏金　　4 显宗学院的大经堂　　5 时轮学院

依势而升、配置灵活的宏大寺院

　　塔尔寺由一群复杂的建筑组成，其发展过程如一有机体，包含的类型有佛殿、讲经堂、实塔、印经院、活佛宅第、众喇嘛住宅及仓库等，据统计房屋多达3900多间。它们分布在山区河谷地，依地形顺势而升布局，虽无严密的中轴对称关系，但仍有主从之分，其错落广布、自由配置的情况，仿佛反映了佛教须弥山的缥缈世界。

　　寺院入口以成排的八大如来宝塔起始，西北边分置有菩提塔及门洞塔，东南角又有一太平塔，形成一个以喇嘛塔为主题的入口区。接着向南进入类似合院的宅第区，包括达赖、班禅的行宫，诸活佛的府第，以及众多喇嘛居住的僧舍。其次是寺院核心区，以宗喀巴纪念塔殿（又称大金瓦殿）为中心，其镏金的汉式歇山顶相当醒目，周围有释迦佛殿、弥勒佛殿、医明学院、显宗学院的大经堂、三世达赖喇嘛的灵塔殿、时轮（天文）学院等，接着南侧又间杂着活佛府第及僧舍，最后是密宗学院。藏传佛教一般有显、密二宗之分，"显"指容易在外相传的浅近义理，"密"则是视贴身弟子优秀资质而传授的深奥法门。塔尔寺同时设显宗学院与密宗学院，显示格鲁派两者并重的教育精神。

1

2

1 塔尔寺内典型的"边玛墙"　　2 医明学院入口前竖立幡杆　　3 时轮学院之中庭

融汉式元素于西藏碉房式建筑的密宗学院

密宗学院创建于清顺治六年（1649），是寺僧修学密宗教义的最高学府，亦为塔尔寺密宗道场，在春夏秋三季举行"八真言门三大法会"。其地处山谷上游，地势最高（海拔2750米），相较于显宗学院的大经堂，被称为"小经堂"，两者形式相似。建筑平面呈长方形，左右对称、格局方整，主入口立有汉式单檐歇山顶之轩亭，依附于大门墙上，前面竖立一对幡杆旗。第一进平顶中央高起一座单檐歇山顶的小楼阁。入内可见空间分为前后两段：前段是一个方正的天井，三面都是平顶的廊道，空间开敞；后段则是一个封闭且柱列如林的主殿，面宽七开间，一、二楼均设前廊。进入殿内，前置放佛垫，供僧众念经；中央供有高达7米的文殊菩萨塑像，直通二楼顶；最后设佛堂与佛龛，两旁设经书库及库房等。为应对当地冬天的严寒气候，加上喇嘛弘法规模盛大，因此需要有屋顶遮蔽的礼佛殿堂，当众多喇嘛于高耸的柱间诵经，幽暗而神秘的殿内弥漫着浓郁的酥油味，形成喇嘛寺中特有的宗教气氛。

密宗学院建筑采用具御寒功能的西藏碉房式，外观封闭，有很厚的墙体，墙上开设梯形外框装饰的藏式方窗，内部以木结构为主。因为雨水不多，屋顶结构采用密肋木梁的平顶构造，使用树枝、木片、石头与夯土层层铺筑而成。最醒目者莫过于外墙上端的"边玛墙"，利用牛皮将柽柳（藏语称"边玛"）枝捆成小束，嵌入矮墙，外表拍平，刷涂赭色，一般仅限于藏式佛教建筑使用，成为其外观之特色。主殿平面如"回"字形，角落有楼梯上至二楼；中设天井，天井内立一座三开间的汉式四坡攒尖金顶建筑，尖顶饰以喇嘛式小塔宝顶，充分展现汉藏混合的特殊风格。

1 青海循化文都寺殿内斗拱，柱头斗上托木分上下两层，具藏式寺庙建筑木构特色　　2 文都寺外观，红墙上缘饰以"边玛墙"，在藏式建筑之上覆以汉式镏金瓦顶　　3 文都寺为汉藏混合式，正面层层凸出，与布达拉宫相似　　4 青海互助佑宁寺之屋脊上置金鹿、宝瓶与法轮　　5 佑宁寺殿内之巨大托木，色彩艳丽　　6 青海同仁年都乎寺殿内供奉的佛像　　7 年都乎寺天花板及藻井彩绘，顶心绘唐卡，其余绘佛像　　8 年都乎寺梁架融合汉式建筑特色，梁架斗拱皆饰以彩画　　9 年都乎寺构图雄伟之壁画

延伸议题

藏式寺庙特色

　　除了西藏地区之外，随着藏传佛教格鲁派（黄教）势力的拓展，青海、甘肃、内蒙古、四川甚至北京、承德等地均可见到带有浓厚藏风的寺庙。藏式佛寺同时具备礼佛、教育及行政功能，因此塔尔寺格局包括佛殿、学院（藏语称"扎仓"）、辩经场、喇嘛塔及活佛僧房等。拉萨的布达拉宫是格鲁派重镇，也是达赖喇嘛居住与行政之所。其建筑主要以白宫与红宫结合而成，远观时清楚可见顶部为红墙，四周围以较低的白墙建筑。

　　无论是白宫或红宫，外部皆为明显斜收的厚墙，墙面有许多整齐的窗子，其中有些为装饰性的假窗；内部则为木构造的殿堂。这种外石内木的混合构造，与藏族民居的碉房实为异曲同工。寺庙多依山而建，所以平面较自由，常采用不对称的配置，塔尔寺的布局即具有这样的特色，

而承德的普陀宗乘之庙与须弥福寿之庙亦为典型案例。

　　其次，佛殿常用所谓"都纲式"平面，以回字形平面为基础，中央为主殿，四周围绕二楼或三楼之回廊。藏式建筑引人入胜之处，不仅在于封闭式空间幽暗的神秘感，还有包裹织毯的木柱，常用合数柱为一柱的并合式，外表呈多角状，颇像佛教之坛城图形。柱头有斗，斗上置巨大托木，古称"枅"，分为上下两层，上层形如弓，称为"弓木"，下层形如元宝，称"元宝木"，以支撑楼板密肋梁，用色艳丽。藏式建筑匠师以手指、手掌、手肘之长度作为度量尺，颇符合"人体工学"。走道内墙布满壁画，内容包括佛经故事、历史人物及民间传说。而中央主殿的屋顶最高，常用镏金顶，在阳光下更显得金碧辉煌。

28

喇嘛寺

雍和宫万福阁

飞廊连接左右朵殿，延续唐宋天宫楼阁形制之清
代佛阁

地点：北京市东城区

雍和宫系自王府改建而成，

改变为汉式与喇嘛寺院之混合体后，

从其整体布局仍可窥见王府宫殿之旧制遗规。

它的后殿万福阁伸出飞廊，有如左右双臂搭肩，

这种建筑多见于古画，

但实物传世甚少。

❻

　　雍和宫是北京知名的喇嘛寺院，原是清雍正皇帝即位前居住多年的贝勒府及亲王府，也是乾隆帝的出生处。雍正登基后将此处改为帝王行宫，并更名为雍和宫。之后乾隆九年（1744），再将此处改为西藏格鲁派的藏传佛教寺庙，来纪念笃信佛教的雍正。在清皇室的重视下，雍和宫逐渐成为全国藏传佛教活动的中心。

　　雍和宫的建筑原创建于明代，为内务府太监的官房，至清康熙年间修建为宅第时，基本上仍是汉式传统合院的格局。改为喇嘛寺后，为了宗教活动上的需要，增添藏传佛教元素，成为汉藏混合式风格的建筑。其平面规模庞大，并按照格鲁派规制分为四大僧院，包括法相僧院、密宗僧院、时轮僧院及医药僧院等。而整体配置中的压轴之作万福阁，其建筑两侧延伸出悬空飞廊，宛如佛画中天宫楼阁再现，乃现存古建筑中罕见之例。

雍和宫万福阁外观透视图

1 万福阁面宽七开间，楼高二层却用三重檐，由下往上渐次缩小

2 一、二楼皆设走马廊，朱红柱列疏密有致，搭配多彩的梁枋雀替、格扇菱花窗与黄澄澄的琉璃瓦顶，与紫禁城雄伟的宫殿建筑不相上下

3 一楼檐下悬挂以满、汉、蒙、藏四种文字书写的"万福阁"匾

4 凌空飞廊位于万福阁二楼两翼，与左右较低之永康阁及延绥阁相连。廊面宽三间，呈向两侧倾斜之悬空状，有如飞虹天桥

5 永康阁位于万福阁东侧，面宽三开间，楼高二层且具二重檐，歇山顶，二楼外环回廊；红色的格扇及柱身，与蓝色彩绘的横梁枋形成强烈对比

6 延绥阁位于万福阁西侧，形制大小与永康阁一般无异。万福阁与永康阁内皆设有一座描金彩绘的木作转轮藏，各面供奉法相庄严的坐佛，礼佛时可以转动之

年代：清乾隆十五年（1750）建成　　方位：坐北朝南

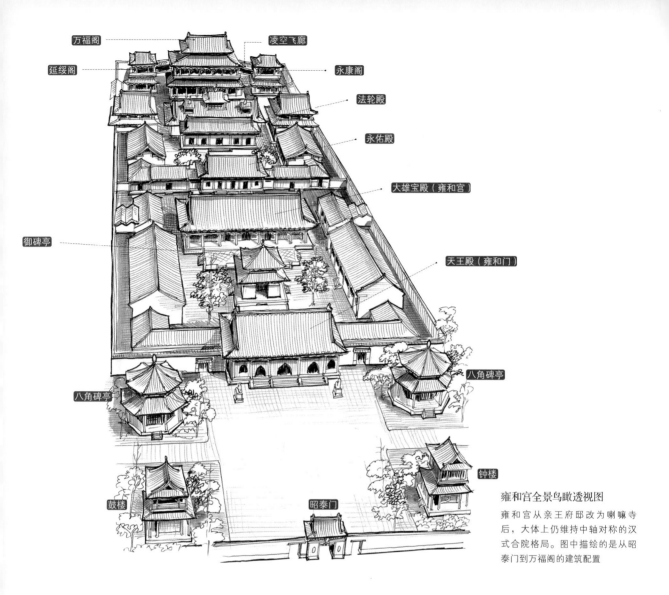

万福阁　凌空飞廊　延绥阁　永康阁　法轮殿　永佑殿　大雄宝殿（雍和宫）　御碑亭　天王殿（雍和门）　八角碑亭　八角碑亭　钟楼　鼓楼　昭泰门

雍和宫全景鸟瞰透视图

雍和宫从亲王府邸改为喇嘛寺
后，大体上仍维持中轴对称的汉
式合院格局。图中描绘的是从昭
泰门到万福阁的建筑配置

从皇子府邸到喇嘛寺

　　清康熙三十三年（1694），将原明代太监官房拨予四皇子胤禛使用，改称"禛贝勒府"。至康熙四十八年（1709）胤禛晋升为和硕雍亲王后，再改称"雍亲王府"。这段时间，西侧宅院与东附庭园的布局逐渐形成。至康熙六十一年（1722），康熙驾崩，胤禛继承皇位为雍正皇帝，虽然迁出这座府邸，但将之赐名为"雍和宫"，作为自己的行宫；除建设庄严的主殿建筑院落之外，亦对富园林之胜的东书院进行大规模整修。据史料所载，东书院幽雅清静，颇得雍正喜爱，是他即位前遍览群籍及与亲友赏花观月之处，也是乾隆以后的皇帝前来礼佛的休息场所。可惜，这座具有亭台楼阁、园林胜景及拥有大量珍宝古玩的东书院，在光绪二十六年（1900）八国联军占领北京时遭到焚毁。

　　雍正皇帝逝世后，乾隆将其父棺椁暂置于雍和宫，并将绿色殿宇屋顶改覆黄色琉璃瓦。乾隆九年（1744）起，雍和宫耗时六年正式改建为喇嘛庙，成为肩负与藏、蒙地区维持友好关系的皇家第一寺院。雍和宫规模宏大，布局分为六大殿三大院，前面是有三座四柱三间大牌楼的牌楼院，穿越昭泰门只见左右分列钟楼、鼓楼及东西两座八角碑亭，接着是原为亲王府门的雍和门，改为佛寺后成了天王殿，门内为宫内主要的建筑物，依序是御碑亭、大雄宝殿（昔称雍和宫）、曾为雍正寝宫的永佑殿，最后一组院落则为风格鲜明的法轮殿及高耸的万福阁。

1 御碑亭采用重檐攒尖顶，碑文汉、满、藏、蒙文并列　　2 八角碑亭采用重檐攒尖顶及八面设廊之形式　　3 雍和宫乾隆年间雕造之青铜狮，脚踩绣球，立在包袱角之须弥座上，造型生动　　4 雍和宫牌楼采用四柱三间七楼之制，共立有三座，围成前院　　5 雍和宫中路之天王殿"雍和门"使用欢门形式

浓厚汉藏混合风格的法轮殿

法轮殿是僧人进行佛事活动的场所，也是整座寺院中汉藏混合风格最浓厚的殿宇。它的屋顶凸出五座天窗，上置铜镏金舍利宝塔，即小喇嘛塔，同时也使殿内产生光影变化，是藏传佛寺模仿须弥山五峰并举、曼荼罗变体的呈现。内部供奉释迦牟尼与黄教大师宗喀巴的铜质镏金像，还以金、银、铜、铁、锡等铸造了一座五百罗汉山，上面布满姿态各异的罗汉；壁上有巨大的佛本生故事主题壁画，深具藏传佛教艺术价值。

象征天宫楼阁的万福阁

万福阁为雍和宫最后一组院落的主体建筑，于乾隆十五年（1750）竣工，高23米，内供奉有小佛像达万尊之多，故名曰"万福（佛）阁"；又因内部供奉一尊高18米、由一棵大白檀香树所雕的弥勒大佛，亦称"大佛楼"，白檀香树乃西藏十一世达赖喇嘛自尼泊尔送来呈给乾隆的贡品。建筑主体面宽五开间，为了容纳大佛，殿内采用竖井式的空间设计，周围环绕多层回廊及立柱，沿着楼梯而上，可于不同高度的回廊看到佛像。这种近距离的瞻望，使得巨佛更显雄伟。设计最特殊处是外部两侧各有一道悬空走廊，分别与永康阁及延绥阁相连。这种三阁并列的建筑形式常见于隋唐壁画及壁龛中，仿若佛界中的天宫楼阁，在敦煌的壁画及宋《营造法式》中可以见到相同做法。万福阁以多变的造型表现出汉藏混合喇嘛寺院的建筑风格。

1 雍和宫大殿原为雍王府宫殿，后改为密宗佛殿，面宽七间，月台左右立幡杆　　2 雍和宫后殿万福阁，内部二层楼，外观用三檐，出平坐。左右接出天桥，与永康阁、延绥阁相通　　3 万福阁内供奉巨大弥勒佛像，四周环以回廊　　4 法轮殿屋顶开辟凸出的天窗，上置镏金喇嘛塔，融入藏式建筑之特色，殿内供奉宗喀巴像

延伸阅读

雍正皇帝与佛教

　　雍正皇帝年少时受到康熙帝严格的教导，奠定了深厚的儒家教育基础，并广阅典籍，兼备儒、道、释学问，是一位博学而用功的帝王。即位前雍正就与僧侣交往甚密，彼此讲论佛学。他在佛理上下了不少功夫，撰写典籍卓然成家。雍正皇帝尊崇藏传佛教为清朝的国策之一，提倡禅宗和念佛，并自号破尘居士，又称圆明居士，表现在家修行之意。

29

喇嘛寺

紫禁城雨花阁

屋顶与柱身布满飞龙装饰的汉藏文化混合式楼阁

地点：北京市东城区故宫内

雪景中的雨花阁，为紫禁城内的天际线增添了变化，冬雪使金黄色屋顶披上薄纱

紫禁城内喇嘛寺雨花阁为汉藏融合之建筑，

底层供奉三座圆形坛城，

顶层的四角攒尖顶骑在马鞍式仙楼之背上。

右图采用局部剖视图，

将坛城的位置表现出来。

　　紫禁城内廷外西路春华门内有一座高耸秀丽、色彩辉煌夺目的雨花阁十分引人注意。清代皇室信奉藏传佛教，初期帝王崇佛尤盛，特别是乾隆皇帝笃信密宗格鲁派，他一生建造许多密宗寺庙，除了弘扬信仰之外，也含有政治意义，用来团结藏、蒙的王公贵族。承德外八庙的普陀宗乘之庙、须弥福寿之庙、普乐寺及普宁寺等皆属汉藏混合式的寺庵，特别是前两者在中央的殿阁屋顶皆铺以镏金铜瓦，屋脊出现行龙装饰，成为造型及色彩极为突出的建筑。

　　雨花阁具备了上述的镏金铜瓦及行龙骑脊的特色，在紫禁城诸多建筑之中是独一无二的。其建于乾隆十四年（1749）前后，据说系模仿西藏札达的托林寺建筑而建。但托林寺已毁，无从比较两者之异同。不过文献所载，托林寺创建于10世纪末，平面遗迹呈现桑耶寺的特色，即中央高大，象征世界中心须弥山，南北拱卫太阳殿与月亮殿，外围高度渐降低，象征四大部洲及八小部洲，此空间布局以承德普宁寺表现得最明显。

1 喇嘛塔式的宝顶

2 四角攒尖顶

3 铜制镏金行龙骑在脊上，似是天
龙八部护法之化身

4 柱头飞龙

5 四面走马廊

6 仙楼

7 重檐圆形攒尖顶

8 立体坛城

9 金黄色剪边琉璃瓦

10 卷棚顶

年代：约清乾隆十四年（1749）建　　　方位：坐北朝南

1

平面工整，散发神秘气息

　　雨花阁的平面近于正方形，柱位安排采九宫格，正面三开间，进深亦三间，四周围以回廊，前面的抱厦为后来增建，可增加祭祀法会的空间。每年特定的日子选派喇嘛在阁内诵经，举行礼佛法会。这样的平面工整而严密。殿内光线较暗，散发出神秘的气息。

　　雨花阁最突出的特色是它的外观，阁外观三层，但内部实为四层，其中有暗层。第一层供奉三座圆形的坛城，坛城为立体式，以掐丝珐琅制造，色彩明亮，供在重檐圆形攒尖阁内；其下则为汉白玉石所雕的圆形须弥座。

1 雨花阁南面一景，其底层为满足佛事功能，凸出抱厦亭　2 雨花阁的顶层攒尖式屋顶宝顶用喇嘛塔，四条垂脊之上有龙奔向四方

供奉三座坛城

雨花阁内部所供的三座坛城，应该是藏传佛教的重要标志，又称为"曼荼罗"，原意为诸佛安住之净土，象征宇宙之真理，中心即为佛性，格鲁派佛寺即可见到曼荼罗的图形。一般绘在天花板或墙面，以立体造型表现是较高级的做法。承德外八庙的普乐寺内有一座，而雨花阁作为紫禁城内清帝的修行之所，出现三座立体的坛城，以标准的外圆内方表现，属于极为隆重之规格。

外汉式、内藏式的楼阁

虽然雨花阁为汉藏混合式，但外观主要仍为汉式，包括顶层的四角攒尖顶，三层的歇山顶以及一层的卷棚顶。这些屋顶仍根基于中原的汉式建筑，推测只有这样的设计才能与广大的紫禁城诸殿堂相容。在同中求异，表现出喇嘛式建筑的特质。最高的宝顶为一座喇嘛小塔，四条垂脊上各有一只铜镏金行龙装饰。龙身呈弓状，昂首翘尾，四脚跨骑在脊侧，造型与承德普陀宗乘之庙的铜镏金龙相同。上层与中层的金黄色琉璃瓦均做蓝瓦剪边，下层为绿瓦做黄剪边，瓦当与滴水瓦皆为铜镏金，色彩更加绚丽夺目。

飞龙自柱头奔出

雨花阁外观装饰主要集中在檐柱飞龙雕刻上，上层及中层的两圈檐柱皆伸出张牙舞爪的飞龙，龙身弯曲扭转，似乎象征着挣脱出雨花阁的束缚。这些雕刻飞龙与屋脊上的铜镏金龙上下呼应，数十只龙齐向天空奔腾，似有升华羽化成佛的象征。这在中国建筑中是极为罕见的！

30 普宁寺大乘阁

象征佛教宇宙部洲的布局，须弥山大乘阁居中，供奉世界最高大的木雕佛像

地点：河北省承德市避暑山庄北侧

普宁寺大雄宝殿为重檐歇山顶，覆以黄绿二色琉璃瓦

普宁寺后段建筑群
乃师法西藏桑鸢寺所建，最高为
大乘阁，象征须弥山或吉祥山，
四周分布着代表四大部洲
与八小部洲的中小型建筑，
形成佛教的曼荼罗世界。
这是以汉、藏混合式建筑表现
密宗境界之作。

　　清朝皇帝在承德避暑山庄的周围山谷中，建造了规模宏伟的喇嘛寺院群，一般称为"外八庙"。这些寺庙的建筑颇具特色，不采用纯粹的汉式或藏式，而是寻求一种以模仿藏族、蒙古族等少数民族地区著名大寺庙并融入汉式而成的建筑风格。外八庙反映着清代中国文化包容力的扩大，以及建筑与宗教艺术综合创造之成果。从康熙皇帝开始尝试，至乾隆时期，一方面吸取西藏与新疆寺院建筑的特点，同时融入传统汉式做法而达到高峰。其中以建于乾隆二十年（1755）的普宁寺为典型代表，它的建筑群尽收各族式样，并且结合得非常和谐，有浑然天成之感。

普宁寺大乘阁解构式剖视图

1 大乘阁的金黄色宝顶共有五座，象征佛的须弥山

2 供奉榆木所雕的千手千眼观音菩萨像，高逾22米，神容庄严，姿态巍峨，为中国佛像史上之伟构

3 善财神像

4 龙女神像

5 殿内以十六根巨大木柱支撑主要屋顶，木柱并非整根原木，而是以拼料方式合成，这是先进的技术

6 上下层的柱子对齐，不做斗拱交接，使建筑物结构具稳定性

7 阁高五层，内第二层及第三层设回廊环绕

8 外墙的三层出檐差异小，反而凸显厚墙，反映藏式建筑风格

9 青石月台

10 日殿

11 月殿

12 东胜神洲殿

13 西牛贺洲殿

14 八小部洲之一的白台

15 仿西藏桑鸢寺之喇嘛塔

年代：清乾隆二十年（1755）建　　方位：坐北朝南

1 大乘阁近景,可见左右坚实的红墙,墙上以盲窗装饰,正面则为汉式琉璃瓦屋顶　　2 大乘阁东侧之日殿　　3 自大乘阁东侧回首可见远方的大雄宝殿与南瞻部洲殿,中间是六角形的白台,图右则为大乘阁月台　　4 象征四大部洲之一的西牛贺洲殿位于大乘阁西侧　　5 大乘阁兼有藏式与汉式建筑之特色,上面有五座尖顶

　　普宁寺是乾隆皇帝为了纪念平定准噶尔部的军事胜利而建,御碑中谓"臣庶咸愿安其居乐其业,永永普宁"。寺坐北朝南,总体布局采用中轴对称,其中前段从山门至大雄宝殿采用汉式建筑,而后段以大乘阁为中心的建筑群,则采用藏汉混合风格。据寺中碑文记载,后段部分仿自西藏桑鸢寺的布局特征,并巧妙运用地势,将大乘阁坐落在山腰,不仅凸显主体,也增加整体设计的趣味。

208208 喇嘛寺

河北承德普宁寺全景鸟瞰透视图
前面平地为汉式，山坡上建藏式佛殿，亦可称"先显后密"

依藏传佛教教义设计之大乘阁建筑群

西藏桑鸢寺亦称三摩耶庙，始建于8世纪，至清初由达赖六世重建，普宁寺大乘阁建筑群和它一样是根据藏传佛教教义来构图设计的，中央的大乘阁象征须弥山；日殿、月殿分列两侧，寓意日月升降；四周分布着代表四大部洲与八小部洲等的小型建筑物。四大部洲分置大乘阁正东、正西、正南、正北处，其建筑平面东胜神洲殿呈半月形，西牛贺洲殿呈圆形，南瞻部洲殿呈梯形，北俱卢洲殿平面为方形。八小部洲则以八座六角形及方形之白台建筑为代表，穿插环绕于大乘阁周遭。此外，它于东北、西北、东南、西南四隅设置了黑、绿、红、白四座喇嘛塔，每座喇嘛塔皆设基座、塔身及相轮。塔身尺寸相仿，但造型各异，并饰以法轮、宝杵、莲花等佛教纹样，显得庄严瑰丽。这些环绕主阁之小型建筑，均以盲窗厚墙的典型藏式建筑作为底座，上部搭配汉式曲线优美的屋顶，结合成为完美的汉藏混合风格建筑。

位居中央核心的大乘阁，外观正面为六重檐，高五层楼；背面倚山，只有四重檐。正面一楼及东西侧皆设抱厦。侧面山墙有梯形盲窗，视觉上有如高楼，系仿西藏碉楼做法。正面仿汉式常见楼阁，檐下可见梁枋及成排的斗拱。屋顶采用五座攒尖顶的组合，保有桑鸢寺原型，居中央者最高大突出，四隅尖顶较小。

大乘阁高大雄伟的造型，予人以庄严神圣之感。阁面宽七间，进深六间，通高逾37米。内部为置大佛而做成空筒式，贯通三层。殿内巨柱林立，直达四层天花板。二层及三层设廊，可自殿内角落木梯登上环绕。而和煦的光线自上层窗棂射入，照映在22米高的千手千眼观音容颜上，不禁令人感受到佛自心中起的神圣温暖气氛。这尊榆木所雕的立佛法相庄严，体态雄伟，袈裟衣饰细节雕琢精美，实为中国佛像艺术之珍宝。

1 大乘阁背面倚山，充分因地制宜而建　　2 大乘阁内部供奉中国最大的木雕佛像　　3 白色喇嘛塔位于西南角，与另外红、绿及黑色喇嘛塔共同拱护大乘阁　　4 红色喇嘛塔位于东南角，塔刹有十三层相轮，象征十三天

31 喇嘛寺

普陀宗乘之庙

> **外藏式而内汉式，仿西藏布达拉宫之宏伟喇嘛寺**
> 地点：河北省承德市避暑山庄北侧

普陀宗乘之庙的大红台内院，为典型的"都纲式"布局

普陀宗乘之庙为承德外八庙中
规模最大的一座，在高台上筑殿堂，
大胆采用不对称布局。其中的主要建筑
大红台为巨大的高台式结构，
下方以较低的白台衬托，这是
藏式佛寺的特色，
模仿自拉萨布达拉宫。
右图剖开一角，可见"都纲式"特色。

　　清初，康熙皇帝为了维持满族人秋天狩猎的风俗，
于北京通往内蒙古的要道上设立"木兰围场"，每年率
众北巡；此活动是八旗军队的操练演习，亦具有拉拢蒙古
王公贵族、掌控边疆的政治意涵。如此大规模的阵仗，促成
了围场附近"热河行宫"（后称"避暑山庄"）的建造。当时康熙
帝常有半年在此坐镇，对于清初军政的稳定起了很大的作用，其
重要性不亚于北京紫禁城。

普陀宗乘之庙解构式剖视图

1 主入口

2 白台

3 向外伸出约1米的铜制排水槽

4 文殊圣境，为面宽五间进深三间之白台

5 蹬道，位于大红台前的长阶梯，呈左右折梯而上，下段以两边封闭的墙面包护，上段则为开放式，具有戏剧性的引导效果，一步步领人进入大红台内

6 大红台

7 琉璃佛龛

8 盲窗

9 四角重檐攒尖顶的千佛阁

10 回字形封闭式碉楼包围核心殿堂，称为"都纲殿楼式"布局

11 围绕"万法归一殿"的佛堂，供奉许多佛像

12 万法归一殿，为四角重檐攒尖顶，铺镏金鱼鳞形铜瓦，金光闪烁，至为尊贵

13 慈航普度殿，为六角重檐攒尖顶殿阁

14 单檐歇山顶的洛迦胜境殿

15 八角重檐攒尖顶的权衡三界亭

16 戏台

17 圆台为上下两层的圆筒形碉楼

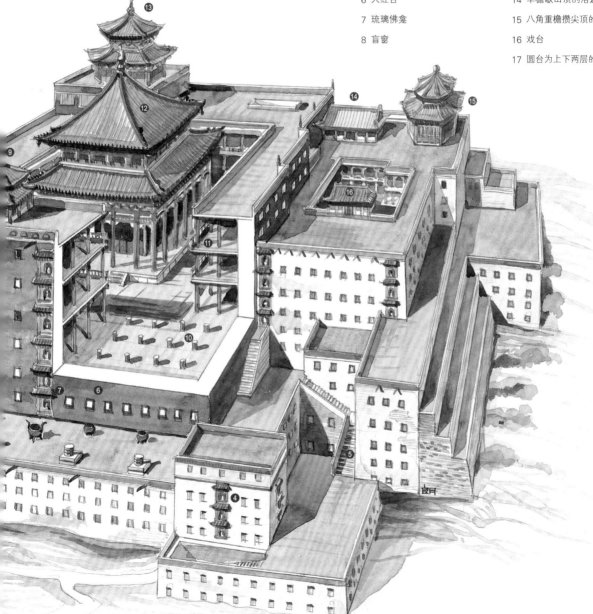

年代：清乾隆三十二年（1767）建　　　方位：坐北朝南

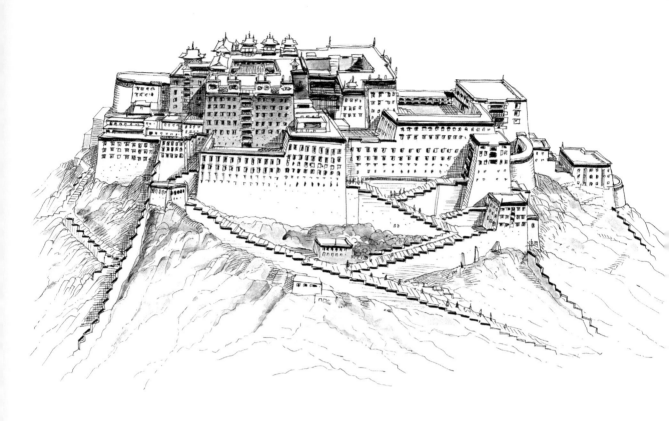

西藏拉萨布达拉宫鸟瞰透视图

布达拉宫17世纪时由五世达赖喇嘛重建，位于拉萨红山之上，设之字形蹬道。其主体包括白宫与红宫，前者作为行政之所，后者为历代达赖喇嘛灵塔，反映政教相结合。建筑因地制宜，高低错落，组合许多藏式殿宇，屋顶上竖立汉式镏金顶，是世界上现存海拔最高的宫殿

　　行宫城墙外围，基于政治需要，历经康、乾两朝修建了庞大的喇嘛寺院群。清朝皇帝笃信佛教，希望皇家获得庇佑，同时也借此与信奉藏传佛教的藏族、蒙古族联盟，以维系良好关系、巩固中央政权。寺院群共有十二座，分属朝廷直接派驻喇嘛及发放饷银的其中八座寺庙管辖，因远在京城之外，所以一般统称"外八庙"。其中位于热河行宫北侧的普陀宗乘之庙，建筑规模最为宏伟，素有"小布达拉宫"之称。

1 石象蹲踞在包袱角之须弥座上，立在普陀宗乘之庙前，这是藏式建筑之传统　　2 五塔门，五座喇嘛塔立在白台之上，墙上饰以盲窗　　3 琉璃牌坊
盛行于清代，四柱三间七楼为最常见之形式，以色泽明朗的琉璃砖装饰，檐枋下且有"龙凤牌"

以布达拉宫为蓝本所建的宏伟寺院

　　"普陀宗乘"是藏语布达拉的汉译，乃观音菩萨道场及佛教圣地之意，乾隆年间的《普陀宗乘之庙碑》中亦记其建造"仿西藏非仿南海也"。其建筑虽不免受到汉文化的影响，但仍与拉萨布达拉宫一样，具有很浓的藏味。当时是为了庆祝乾隆六十寿辰和皇太后八十寿辰而建，并作为接待西藏或蒙古喇嘛、王公之所。

　　整体布局从山脚下的解脱门（即山门）为起始，为汉式单檐庑殿顶的城门楼形式；然后是重檐歇山顶的巨大碑亭，内有满、汉、蒙、藏四种文字镌刻的重要石碑；再进去有五塔门，在藏式白台上立五塔，人们必须穿越下面三洞门而过，故称过街塔，是藏传佛教礼佛拜塔仪式的具体呈现。接着穿过汉式的四柱三间七楼式琉璃大牌坊后，左右出现高度各异的小型白台式建筑二十余座，沿着山坡盘旋而上。此处的做法不同于一般汉式的对称布局，而是因袭着西藏布达拉宫的技巧，顺应山势自然分置，高低错落，守护着背后的主体建筑——大红台。

1

2

外实内虚、汉藏交融的大红台

　　立在大型白台之上的大红台，位于山巅最高处，俯视普陀宗乘寺院全区并面向避暑山庄。远远观之，其上露出一个金光熠熠的攒尖屋顶，颇为神秘。整体而言，它采用外实内虚的构造：外部看来有如雄伟密实的碉堡建筑，为求稳固，外壁略呈梯形；但进入内部却令人感到意外，台内中空，沿四壁环设三层楼高的楼阁，拱卫着伫立其中的万法归一殿，完全看不到厚重石材，而是以木结构成列，梁柱涂上朱漆。不论是金顶殿宇还是楼阁，举凡柱子、屋梁、楼板、楼梯都是木料，里外的结构材料予人截然不同的感觉。台上另分散配置不同造型的汉式楼阁，有方形、六角形、八角形，增加了天际线的变化。

　　大红台外壁墙面开窗甚小，并设许多不具开口采光功能的盲窗；正面中央嵌饰以六层相叠的琉璃佛龛，以黄绿两色为主，每一个皆有如独立的小寺，屋脊正吻、屋顶、琉璃瓦、椽条、斗拱、梁枋、格扇、布幔一应俱全，坐佛居于寺内坛上，表现相当精细。

　　大红台的内院，为典型的回字形"都纲式"布局（"都纲"即梵语所谓之大经堂）。核心殿宇万法归一殿面宽七间，受四周楼阁严密保护，采用高贵的重檐四角攒尖金顶，中间置塔刹，藏传佛教喜以镏金铜瓦的屋顶表现其神圣性，益显金碧辉煌之感。高敞的殿堂内可见四角转八角之金色藻井，以及乾隆皇帝亲笔所书的匾额。

1 入口阶梯左右皆有高墙，模仿西藏布达拉宫之设计　　2 大红台近景，尺度巨大，极为慑人，墙上有许多盲窗，中央部分则为琉璃佛龛　　3 万法归
一殿屋顶为镏金铜瓦的四角攒尖顶，宝顶为钟形　　4 万法归一殿内景，殿堂高敞，中央有镏金藻井，匾额为乾隆帝所书　　5 大红台西侧的圆形碉
楼，具有守卫之象征意义

延伸实例

承德外八庙

外八庙沿着避暑山庄北、东两侧山麓均匀分布，与避暑山庄形成若即若离的环伺关系，守卫护佑着皇家，寺院群由北至南顺时而立的有：位于北侧的罗汉堂、广安寺、殊像寺、普陀宗乘之庙、须弥福寿之庙、普宁寺、普佑寺、广缘寺等，以及武烈河东侧的安远庙、普乐寺、溥善寺、溥仁寺等。除了早期兴建的溥仁、溥善两寺是与行宫主要建筑一样，建于河岸平坦地势上，采用坐北朝南设置，其他寺院均运用河谷阶地的向阳坡，背山面水朝向避暑山庄。

外八庙以康熙年间蒙古王公为庆贺康熙六十大寿所捐建的溥仁寺、溥善寺为始，至乾隆七十寿辰为迎接西藏六世班禅所建的须弥福寿之庙为终，前后历经近七十年的时间（1713—1780），才完成群寺环绕避暑山庄的态势。这些寺庙的形式、规制甚至庙名，都由皇帝决定，其浓厚的政治目的及崇高地位，非一般寺庙所能相比，寻常百姓亦不得任意参拜。

仿扎什伦布寺的须弥福寿之庙　建于乾隆四十五年（1780）的须弥福寿之庙，是外八庙中最晚兴建的一座寺院，位于普陀宗乘之庙东侧。其面积虽较小，但布局亦见

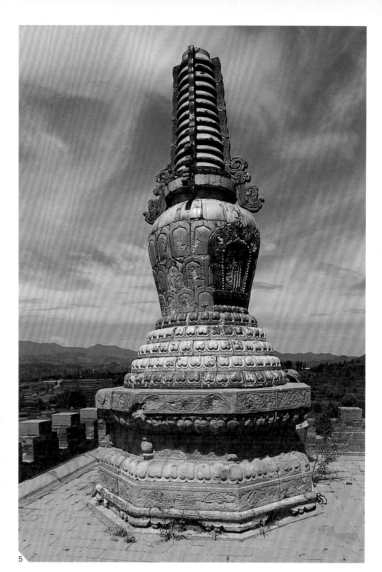

1 须弥福寿之庙亦采用"都纲式"格局，四面廊屋环绕中央核心殿堂。它曾为六世班禅居住与讲经之所　　2 安远庙普度殿为外观三檐，内部实为四楼之巨大建筑，它融合汉式与维吾尔族建筑之风格　　3 从普陀宗乘之庙的大红台远望，可见须弥福寿之庙及避暑山庄景致　　4 普乐寺旭光阁内的立体坛城与华丽藻井，这是仿布达拉宫时轮殿内所供奉之"密集金刚"坛城　　5 普乐寺之琉璃喇嘛塔，十三天塔刹上又有琉璃卷草装饰

巧妙，堪为藏传佛寺的代表之一。须弥福寿之庙为仿西藏黄教六大寺之一的扎什伦布寺而建，"须弥福寿"是藏语扎什伦布的汉译，表吉祥之地多福多寿的意思。其布局的最大特色，是主体建筑的大红台并未如普陀宗乘之庙那样因势利导，随山自由布局，而是居于全寺正中位置，所以通过山门、碑亭、琉璃牌坊之后，直接逼入眼帘的就是巨大的红台。大红台之后是呈口字形平面的金贺堂及万法宗源殿，最后在陡起的山巅竖起八角形的七层黄绿琉璃宝塔，为全寺画下完美句点。

大红台内的妙高庄严殿楼高三层，重檐攒尖金顶整个浮于台面，上檐每脊置仰望及俯视之金色双龙，龙身借四爪有力地攀附于屋脊，撑起弯曲有劲的身躯，造型勇猛为他处罕见，也更凸显了大红台的华丽庄严气势。殿宇为正方形平面，宽七开间，室内格局如回字形，中央一至三楼挑高成空筒状，三层各置佛尊，周围为回廊。外观封闭，内庭开敞，其对比颇具戏剧效果。

32 喇嘛寺

北海小西天

方形佛殿竖立于水池岛上，象征南海普陀胜境

地点：北京市西城区北海公园内

北海小西天主殿为中国最大的攒尖顶殿宇，正方形平面与四角的亭阁构成
强烈几何形布局

北京西苑位于紫禁城之西，是明清宫廷的御苑，
包括北海、中海及南海，元代原称为太液池。
除了园林胜景外，帝王们也在此建造寺庙。
乾隆皇帝为庆祝皇太后七十寿辰，
于西苑内建造了"小西天"。
这是一座根据曼荼罗形式所建造的佛寺，属于坛城，
右图可见到殿内设置有象征须弥山的假山。

8世纪初，印度佛教僧人进入西藏传播密法，融合当地信仰，
形成了所谓"藏密"，也开始藏传佛教的流传。后来随着西藏与
蒙古的交流，藏传佛教逐渐传布到蒙古。蒙古人建立元朝，藏传佛教
也受到皇室的尊崇，元世祖忽必烈及皇后甚至皈依了密宗萨迦派八思巴大
师。明朝虽有好几位皇帝特别崇信道教，但是藏传佛教并没有因此而衰微，朝廷
赐予许多藏传佛教领袖"王""法王"等封号，除了宗教意义，亦赋予其行政权
力。明清之际，蒙古信奉格鲁派，在中国东北的满族受其影响，亦崇奉藏传佛教。
清朝入关以前，对藏传佛教的基本政策是优遇，意在怀柔汉族以外的边疆民族。入
关后，借由册封活佛及宗教领袖，从而确立清王朝的宗主权。建于清初、位于北京
宫廷御苑的北海小西天，即是在这样的时代背景下产生的独特喇嘛寺建筑。

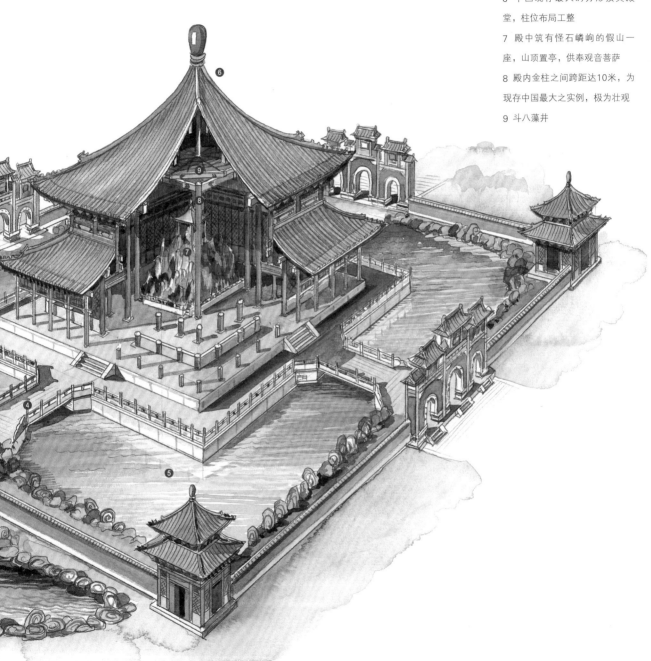

北海小西天解构式剖视图

1 正门之前凿半月池，并架拱桥

2 角殿共有四座，守护四隅，象征四大部洲

3 四柱三间琉璃牌楼

4 石桥跨水而过

5 池水环抱

6 中国现存最大的方形攒尖殿堂，柱位布局工整

7 殿中筑有怪石嶙峋的假山一座，山顶置亭，供奉观音菩萨

8 殿内金柱之间跨距达10米，为现存中国最大之实例，极为壮观

9 斗八藻井

年代：清乾隆三十三年至三十五年（1768—1770）建　　方位：坐北朝南

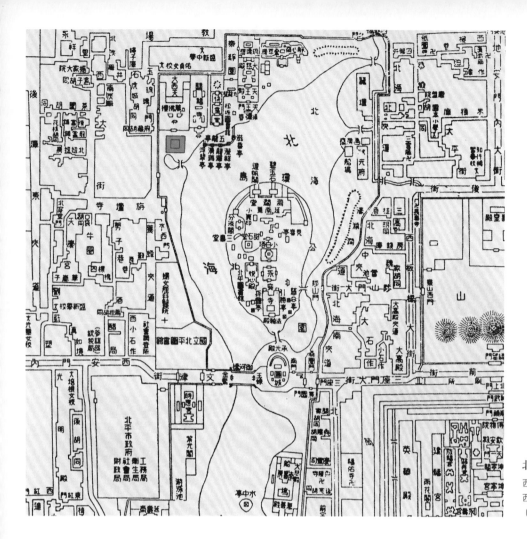

北京北海一带平面图

西北方可见回字形平面之小
西天。取自《旧都文物略》
（1935，北平市政府印）

立体化的极乐世界

清代北海北岸共有六组主要建筑，由东向西包括静心斋（原名镜清斋）、须弥春、快雪堂、阐福寺、万佛楼与最西面的小西天。小西天建于乾隆三十三年至三十五年（1768—1770），是乾隆皇帝的母亲孝圣皇太后七十大寿时，乾隆为其祝寿祈福所建。因大殿内有一座泥塑假山，象征佛教极乐世界，故俗称"小西天"。又因主祀观音菩萨，所以又称"观音殿"。殿内曾经供奉珍贵的玄奘法师灵骨舍利。

小西天空间布局严谨，以汉式建筑为基础，结合藏传佛教的曼荼罗，成为一座盛大的立体化极乐世界。它采用中轴对称布局，中央的观音殿象征须弥山，四面环水，四方各有一座小桥向外联络，并各自竖立一座四柱三间的琉璃牌楼，外周砌红墙围绕，以别内外。四隅各建造一座重檐攒尖角亭拱卫，则象征佛教的四大部洲。南方正门牌楼外造一半圆池，上架白石拱桥联通圣域内外。整体建筑气势磅礴，雄伟壮观。

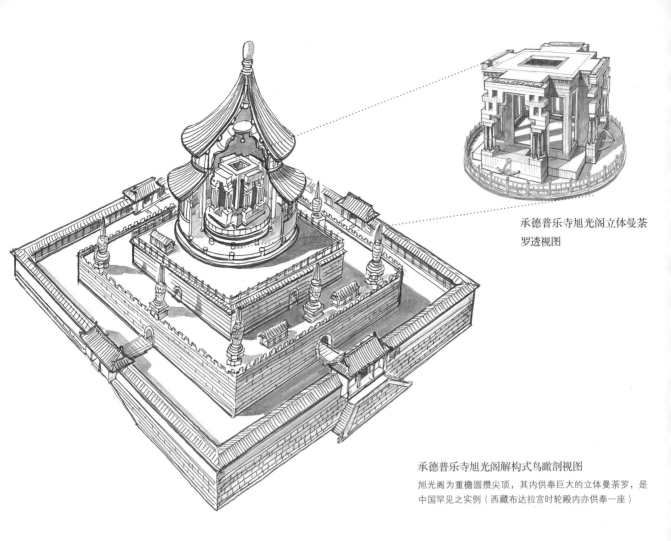

承德普乐寺旭光阁立体曼荼罗透视图

承德普乐寺旭光阁解构式鸟瞰剖视图
旭光阁为重檐圆攒尖顶，其内供奉巨大的立体曼荼罗，是中国罕见之实例（西藏布达拉宫时轮殿内亦供奉一座）

延伸阅读

曼荼罗

　　曼荼罗（Mandala），也译作曼陀罗，意译成坛城、坛场，表"轮圆具足"意。曼陀罗可分为大曼荼罗、三昧耶曼荼罗、法曼荼罗、羯磨曼荼罗等四大类，主要是指佛教在修行时所观想的境界，可以用立体的坛城或平面的图画来表现。其图多以方形或圆形的构图显现，对称排列许多庄严优美的佛菩萨像、法器或古代的梵文悉昙字等。密宗认为宇宙万法的当体是大日如来（毗卢遮那佛）的显现，根本教理为代表理、智二德的胎藏界和金刚界两部曼荼罗，"理"者为胎藏界曼荼罗，"智"者为金刚界曼荼罗。

现存最大的单座方形平面木构建筑

　　中央大殿为方形殿，建于白石台基之上，屋顶为四角重檐攒尖顶，上覆黄琉璃瓦绿剪边，顶中间为镏金宝顶。高度达26.8米，每边边长达35米，面宽及进深均为七间，加副阶周匝成为九间，面积约1200平方米，为中国现存最大的单座方形平面木结构建筑。殿内共用五十二根巨柱，其中四点金柱跨度达10米，以巨大木料构造；上有八角穹隆式团龙藻井，内部采用大红柱，与红绿色藻井相映，神圣而庄严，具有天盖的象征。殿内高悬乾隆御笔书"极乐世界"金匾。

　　大殿每边开三门，共十二门，四面皆设格扇。殿中央设木制彩塑的须弥山，外加上大大小小五百多尊罗汉，观音菩萨坐像屹立于山顶，乃模仿自南海普陀山胜境。在中国佛寺史上，北海小西天可视为以建筑形式表现极乐世界之空间情境的严谨作品。

1 小西天主殿四面环水，面宽与进深皆为七间，外加回廊一圈，建筑造型简洁大方　　2 小西天南向入口石拱桥及琉璃牌楼　　3 小西天殿内结构，用三圈柱网，呈正方形布局，光线自拱眼壁进入，塑造出宁静庄严的殿堂气氛　　4 小西天藻井以抹角梁框成八角形，再出井口天花，至中心处再转为斗八藻井，用色华丽夺目　　5 小西天殿内在藻井下方安置一座巨大假山，象征九山八海中心的须弥山，山顶供奉观音菩萨像，山中又供奉许多菩萨

33

道观

晋祠圣母殿

中国现存"副阶周匝"最古实例，并在殿前设水架桥

地点：山西省太原市晋源区

圣母殿面宽七间，进深六间，是"副阶周匝"的最早实例

晋祠山泉园林围绕，环境清幽，

显现道教庙观所讲求的神仙意境。

圣母殿深藏不露，

经过小桥、牌坊与献殿之后，

正殿飞檐如凤凰展翅，

终于映入眼帘。殿前清池上双桥相交，

为中国仅存之孤例。

右页图剖开桥身，可见使用斗拱结构的飞梁。

　　晋祠位于山西太原城西南方，背倚悬瓮山，是一座历史悠久的祠庙，主祀周武王次子唐叔虞，又称"唐叔虞祠"。后来，其中祭祀水神（叔虞之母邑姜）的圣母殿反而逐渐发展扩大，殿、堂、楼、阁、亭、台、桥、坊错落配置，成为晋祠内最大的一组建筑群。园中水道纵横，古木参天，颇得深邃幽静之胜，正符合道教建筑讲求风水、以水聚气的环境观念。

晋祠圣母殿解构式剖视图

1 鱼沼

2 鱼沼中共有三十四根石柱，上架梁枋与斗拱，称为"飞梁"

3 殿前平台与十字形桥面合为一体

4 角柱生起明显，使翼角起翘，形成曲线优美的屋顶

5 殿身四周设回廊，为宋《营造法式》所谓之"副阶周匝"实例

6 殿身使用宋《营造法式》所定之"五等材"，除了柱头斗拱，也用补间斗拱

7 圣母殿为重檐歇山顶，共有十三脊

年代：北宋太平兴国四年（979）建　　方位：坐西朝东

晋祠圣母殿　225

山西太原晋祠全景鸟瞰透视图

晋祠布局紧凑，深具园林之胜

晋祠圣母殿是现存北宋木构建筑的代表作，它巧妙运用减柱手法，创造了高敞的前廊。木结构不但可见唐代雄奇的遗风，亦拥有细腻的斗拱技巧，雄大的昂在晋祠圣母殿上开始转化，摆脱单纯力学的角色，而兼具美学上的意义。此外，它也是宋《营造法式》中提及的"副阶周匝"目前所发现之最早实例。殿前还筑有如大鹏展翅的鱼沼飞梁，殿身桥影映于水中，设计独特。殿内栩栩如生的侍女塑像群，则是中国雕塑史上的瑰宝。

具园林之胜的晋祠布局

早在北魏年间，晋祠就已经是当地的风景名胜。至宋代，增建的圣母殿一跃而为晋祠规模最大的建筑物。经多次修葺和扩建，一组以圣母殿为核心的建筑群，包括水镜台、会仙桥、金人台、对越坊、钟鼓楼、献殿及鱼沼飞梁，加上圣母殿，由东向西排列，成为晋祠的主体。园中有水道智伯渠，有善利、鱼沼、难老三泉，有周柏、隋槐等参天古木，与北侧的唐叔虞祠、水母楼、关帝庙、公输子祠等，一起构成一座布局紧凑严密、深具园林之胜的祠庙。

1 金人台上置四尊铁铸武士，以符合"金水相生"之说　2 晋祠牌楼"对越坊"，竖立在献殿之前　3 圣母殿前廊为减柱造，成为无柱空间
4 圣母殿前廊进深两间，以大梁支撑上檐重量

北宋木构建筑代表作

圣母殿采用重檐歇山顶，整体造型舒展庄重。檐下斗拱硕大，屋檐翼角飞扬，上下檐出檐适中，屋顶举折平缓，曲线柔和流畅；屋脊则相对平直，两端设大吻，正中立脊刹。山尖可以看到外露的屋架，并施博风板。圣母殿虽然位处中国北方，外观却优美轻巧，柱子生起与侧脚明显，更使体量稳定，高耸庄严，带有南方建筑的神韵。

殿平面接近正方形，总面宽八柱七间，进深七柱六间，副阶周匝，殿身宽五间、深三间。前廊采用减柱法而特别宽敞，深有两间。这一奇特的布局，推测是因古代祭典进行时需比较宽敞的空间所致。所谓"减柱"，是指应有柱子的地方不放柱子，是因应空间的特殊需求而产生的技术。圣母殿将前廊减柱，改用停在梁上不落到地上的侏儒柱来支撑屋顶，从而在前廊为祭祀腾出了宽阔的空间。进入殿内空间，前廊的明亮在此转为幽暗，使敬拜者心境也转为沉静内敛。

前檐柱上有蜿蜒盘旋的木雕盘龙。龙身细瘦，昂首张牙舞爪，正面龙颈盘成之字形，龙首或向中上，或向内看，不一而足。中间两龙身形较大，龙身皆分数段组合而成，盘绕固定在檐柱之上。这些木雕龙柱乃宋代遗物，也是中国现存

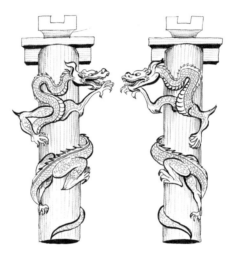

晋祠圣母殿蟠龙柱局部特写

最早的木龙柱。

　　圣母殿的斗拱铺作可以简单地区分为柱头铺作、两柱之间的补间铺作，以及转角铺作。两柱之间用补间铺作一朵，侧面只在梢间加补间铺作一朵，其余侧墙及后墙只用扶壁拱。下檐柱头斗拱平出双昂，转角铺作出三下昂，补间出单杪单下昂。"昂"这一结构材在圣母殿有着不同以往的面貌。下檐柱头上伸出琴面形昂嘴与地面平行，补间铺作却向下伸出斜置的批竹昂，昂嘴上下参差不齐，却形成一定的韵律。这些都表明中国建筑在唐代结构发展已臻圆熟，宋代以后开始驾驭结构而不为其所役。

　　另外，柱头阑额上加普拍枋，使断面呈T形，大增抗压应力——此法多见于唐末和宋以后。殿内采用彻上明造，殿身前后共八椽，梁架采用二椽栿对六椽栿，前后共享三柱。副阶周匝各二椽，因为前廊减柱，大梁延长，成为不对称布局。各梁之间施驼峰、大斗以承托上一层屋梁，每椽之间有托脚，平梁上立侏儒柱及叉手支撑脊槫。

1 圣母殿副阶周匝，可见明显的"侧脚"与"生起"　　2 木雕龙柱造型勇猛生动，为中国现存之最早实例　　3 殿内圣母塑像端坐于宝座之上（郑碧英摄）

晋祠圣母殿宝座及屏风透视图
皆以凤凰作为主题

延伸阅读

副阶周匝

　　副的意思是"低附"，阶是"台陛"，"周匝"是绕四周一圈。宋《营造法式》称独立式大殿四周可以绕行一圈的回廊为"副阶周匝"，闽南则称"四面走马廊"。圣母殿是现存中国早期木结构建筑采用这种做法的最早实例。

宋代彩塑艺术的精品

　　圣母殿内中央偏后置神龛，龛内竖立屏风；圣母端坐在一张凤头大椅之上，墙边侍女、女官及宦官环绕。这些生动逼真的塑像是宋代彩塑艺术中的杰作。

　　圣母头戴凤冠，衣饰华丽，盘膝端坐，下摆顺椅垫垂落，衣褶线条处理自然细腻。左右有侍女及宦官共六人服侍，其余塑像分别沿神龛两边、大殿侧墙及后墙站立。塑像大部分为宋初原物，明清重新彩绘。侍女容颜形貌依据当时宫廷嫔妃妇女而塑，弱骨丰肌，秾纤合度，神态各异，栩栩如生。其服饰大都为圆形窄领上衣，缠绕披巾，裙系于胸部以下，色泽鲜艳，皱褶流畅富于变化。至于发型，则有双螺髻、裹巾的包髻及戴朱冠髻等。这些都是真实的人物写照，反映宋代艺术崇尚写实的特点，是研究宋代彩塑艺术的珍贵史料，也是了解当时宫闱生活和衣冠服饰的重要实例。

　　供奉圣母的神龛置于一砖砌台座之上，台座正立面采用黄、绿色琉璃装饰。神龛采用宋代佛道帐式做法，面宽三间，两侧做格扇，并施两层飞罩，龛顶设斗拱并微微斜出。

　　圣母座后立三折屏风，彰显圣母的威严。圣母座椅底部设须弥座，其束腰处立七根短柱，柱间设壶门，皆为唐宋构架之特征。座椅背面尚留存宋元祐二年（1087）之墨迹题记，殊为难得。座椅搭脑与扶手饰以凤首造型，与后方屏风顶部凤首呼应，显示其为成套特制的家具，对于中国古代家具史的研究具有重要价值。

1 献殿即是一种享殿，为供奉祭品之所，站在殿内向外望，光线明亮，视野通透，本图为自内向外望出一景　　2 献殿除柱子外，四面无墙，只以木栅分别内外，举行祭典时可令视野无碍　　3 献殿的木构做法颇具特色，面宽三间，进深亦三间。本图可见到柱头及补间皆用五铺作，柱头昂的角度平缓，称为平出昂　　4 献殿的匾额悬挂于殿内，图中可见四椽栿伸入斗拱内，驼峰上承平梁及叉手　　5 献殿转角斗拱后尾为偷心造，但第二跳有横向双头尖的小拱以强化稳定

延伸阅读

献殿与鱼沼飞梁

　　因圣母殿前并无月台，祭拜空间不足，所以增加献殿一座，置放牲礼。献殿为金代建筑，面宽三间，进深三间，单檐歇山顶，檐角起翘，造型简洁。殿身无墙，只在槛墙上立栏杆以别内外，出入门扇也采直棂，立于殿前就可以远望圣母殿，视线非常通透。

　　献殿斗拱做法简洁，与圣母殿类似。柱头阑额上施普拍枋，正面每柱间用补间铺作一朵，山面仅在正中施补间铺作一朵。柱头上平出双昂，昂嘴平置，补间昂嘴向下，后尾向内挑起抵住上平槫，将山尖的重量传递出去，取得一个平衡点，此即早期的溜金斗拱。梁架采用简单轻巧的四椽栿以及平梁，平梁上用大叉手及侏儒柱。脊槫上有"金大定八年"（1168）之题记。

晋祠献殿为金代建筑，

具有举行祭典之功能，

为求视野通透，不用厚墙，四面围以栅栏。

本图将屋顶提高，裸露木结构，

可见角梁、侏儒柱及叉手之关系。

晋祠献殿解构式掀顶剖视图

1 四面栅栏

2 普拍枋出头

3 假昂的后尾很短，为较早之例

4 角梁的后尾伸长

5 襻间的作用是把四个屋架联络

为一个整体

6 叉手

7 侏儒柱

8 悬鱼为博风板顶部垂下的装饰

晋祠圣母殿、鱼沼飞梁与献殿
解构式鸟瞰剖视图

1 献殿

2 鱼沼飞梁

3 圣母殿前廊减柱，拓宽了祭祀空间

鱼沼飞梁位于圣母殿前，是通往圣母殿的主要通道。鱼沼是晋水的源头之一，因池中充满游鱼而得名。十字形的桥梁跨越水上，从四边通达至中央方形平台，前后平缓，左右较陡，犹如大鹏展翅。桥之创建年代已不可考，推测是和圣母殿同时的宋代桥梁。飞梁一词引自西汉扬雄所作的《甘泉赋》"历倒景而绝飞梁兮"，此桥遂与鱼沼合称为"鱼沼飞梁"。从水中立起三十四根石柱，水枯时可看到池底的覆皿式柱础，柱子之间以梁枋连接，栌斗上有简单的斗拱构造，承担桥面，做法如同屋宇——位于水上的建筑物，中国山水画中可见，敦煌经变图中亦可见，但现存中国古建筑中仅有这一例实物，故弥足珍贵。

殿前水池上的鱼沼飞梁在20世纪50年代由古建筑专家刘敦桢负责大修，当时参照南京栖霞寺的五代塔之栏杆造型及日本法隆寺，把砖砌栏杆换成了石质栏杆。

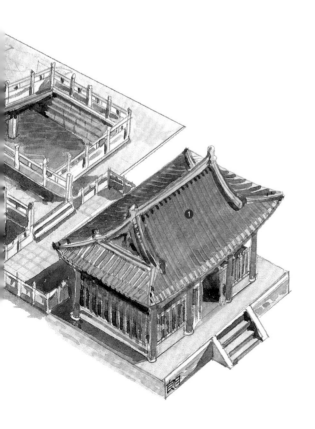

鱼沼飞梁以石柱与梁枋支撑，皆宋代原物

34 武当山南岩宫

建于崇山峻岭之巅，恍如现实世界中的天宫楼阁，为中国道观建筑之典型

地点：湖北省十堰市丹江口市

武当山南岩宫建于峻岭之巅，相传为仙人修炼之地

南岩宫是武当山诸多道观中
地形最为险峻的一座，它因势布局，
被徐霞客誉为"三十六岩之最"。
进入小天门可见一碑亭，
迂回曲折久行，始见另一碑亭。
登阶而上，最高处为大殿，
左右奇峰拱卫。

　　武当山位于湖北省北部，自古即是道教的洞天福地之一，传说是道教神灵真武大帝（又称玄天上帝，即北极星，传说他原为净乐国太子）得道飞升之处，元朝受封为"福地"，明代则封为"治世玄岳"，比拟为治世仙山，更为永乐帝封为"大岳太和山"。其山势峥嵘险峻，气势磅礴，共有七十二峰、三十六岩；主峰天柱峰海拔高度1612米，山峰耸立，溪谷幽深，树木繁茂，峰上盛产药材。

　　武当山道观的兴建始于唐贞观年间（627—649），历经宋、元，至明代达到巅峰。据传，明永乐帝宣称在"靖难之役"出兵夺位时得真武大帝庇佑，于是登基后大力提倡真武信仰，故围绕着净乐国太子受点化、修炼、得道飞升而受册封的过程，在武当山大兴土木，利用山形和地势巧妙兴建了大批宫观庵堂，前后共耗时十三年，成就了武当山建筑群目前的基

1 山门称为小天门

2 赑屃御赐碑亭：两座碑亭左右
呼应，但并不对称。亭中造型浑
厚的赑屃背上驮有镌刻永乐皇帝
圣旨的御碑

3 崇福岩

4 焚帛炉：设于石质台座上，为
祭祀时烧纸钱之处

5 古神道

6 龙虎殿为前殿

7 大殿之前有一口井，称为甘露泉

8 配殿

9 玄武殿，即大殿

年代：明永乐十年（1412）重建　　方位：坐南朝北

本布局。唐宋时期武当山的发展以西神道为主，明代则另辟东神道登山，东、西二神道在南岩宫附近会合，持续向上到达太和宫、紫金城与金殿。金殿金光熠熠，屹立于群峰之巅，据说殿内真武大帝的容貌便是仿永乐帝朱棣而塑成。

在这些错落于峰峦、岩洞和幽谷的道观建筑群中，位于东、西二神道交会处附近的南岩宫，被明代地理学家徐霞客誉为"三十六岩之最"。其形势险峻，景致奇绝，令人叹为观止。

依山营建、布局巧妙

南岩宫，正如其名，建在武当山南方的悬崖峭壁之上，靠近东、西神道交会处。史载其创建于唐，唐、宋两代皆有道士在此修炼；元代大肆兴修宫观，元武宗赐额"天乙真庆万寿宫"，元末毁于火，仅留存石殿；明永乐十年（1412）敕建，赐额"大圣南岩宫"，嘉靖三十一年（1552）又予扩建；清同治年间亦曾大修。民国时期大火，许多建筑遭到焚毁，目前仅存元代石殿、明代南天门、御碑亭、两仪殿和配殿，近年陆续修缮复原中。

南岩宫整体建筑融入峭壁及岩洞天然地形之中，以因地制宜之手法，利用山势巧妙布局，浑然天成。行走其中犹如探险，每一转折皆有"柳暗花明又一村"之妙。

迂回的前导

虽然远眺即可看到岩壁边的南岩宫建筑群，欲身临之，却必须先在山中上下绕行，且因山势阻隔，行进中看不到其他建筑的踪影。经石塔，过山门，首先出现永乐年间所建、四方开券门的御碑亭，碑亭右侧下方平台则有一供道士炼丹制药的水池。继续前行，绕过一个小坡，看到焚帛炉后，才抵达前殿——龙虎殿，结束迂回的绕行。面向前殿，右侧是另一座三层台的御碑亭，限于地形，未与前一座御碑亭对称布设，正符合永乐皇帝所颁布之"审度其地，相其广狭，定其规制"圣旨的精神。

1 武当山紫金城旁的太和宫，依山而建，以石墙围成，并辟东西南北四门，本图右即为南天门　　2 武当山金殿，位于天柱峰之顶，殿身为铜铸镏金

3 南岩宫山门拱券　　4 御碑亭之勾栏及抱鼓石　　5 御碑亭四出陛阶　　6 御碑亭原有琉璃瓦屋顶，惜已塌毁

奇峰拱卫的主轴

　　宫殿布局在地形允许时尽可能遵循左右对称布设的原则，各建筑由前到后分布于数座高低不同的平台上。拾级上龙虎殿，殿后又一方平台，左边有楼阁配殿，平台当中有一六角形的甘露井，井口尚设石质勾栏台座，颇为少见。楼梯分置于两侧，向上可达大殿（玄武殿）——殿内主祀真武上帝。

1 南岩宫龙虎殿为中轴建筑之入口胆量（郑碧英摄）　　2 龙虎殿前有焚帛炉，外墙饰以琉璃砖　　3 前临深渊的龙头香，朝向天柱峰金殿，它考验上香者的诚心与胆量

下临深渊的最后高潮

从大殿右后方转至山背，沿悬崖峭壁前行，经过碑刻，拾级登上两仪殿。殿外峭壁有一龙形石梁向外悬挑，龙首顶香炉，对准远方的天柱峰金顶，下临深渊，考验信徒遥拜真武大帝的诚心，称为"龙头香"。穿越藏经楼后，可见元代所建石殿——天乙真庆宫，采用歇山顶，室内做抬梁式构造，其门柱、斗拱皆为石造仿木构建筑。

1 紫霄宫御碑亭内之龟趺　　2 南岩宫之焚帛炉

延伸阅读

武当山的御碑亭与焚帛炉

　　放置雕有圣旨石碑的亭子，称为御碑亭，见于武当山中明代皇室所建的道观，南岩宫及紫霄宫（见240页）即各有两座。亭子四面开券，重檐歇山琉璃瓦顶。亭中龟趺驮负御碑，龟座碑身硕大，上多刻有"御制大岳太和山道宫之碑"的圣旨内容。相传因武当山势属火，而龟为水神（真武）象征，水火相济，天下太和。按有些说法，龟又称霸下或赑屃，属龙生九子之一；按另一些说法，霸下、赑屃不同，霸下善负重，赑屃则好文。宋《营造法式》石作制度中有"赑屃鳌坐碑"，称"其首为赑屃盘龙，下施鳌坐"，将碑分为碑首、碑身、鳌坐及土衬。

　　焚帛炉是祭祀时用来烧纸钱处，祠庙及陵墓大都可见。炉膛镶铸铁炉壁。武当山所见焚帛炉都设于石质台座上，四周围以栏杆。炉基为琉璃须弥座，炉身用黄、绿琉璃组成，正面开炉口，仿木构格扇、额枋、斗拱等，做工细致，一应俱全。

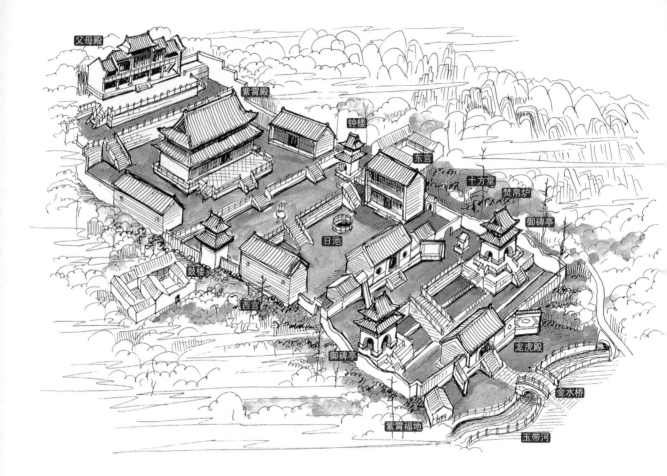

武当山紫霄宫全景鸟瞰透视图

紫霄宫建筑群依山筑台而建，层层上升，主从分明

延伸实例

武当山紫霄宫

紫霄宫在武当山现存道观中也是一组规模宏大、保存较完整的建筑群，同时也坐落于东、西神道交会处附近。它初创于北宋，元代曾重建，目前的规模为明永乐十一年（1413）扩建而成。古人认为其风水格局极佳，将其作为武当山打醮、求雨等重要法会的道场。紫霄宫背倚"坐山"展旗峰，面朝"案山"赐剑台，远对"朝山"诸峰，左右又有"青龙山、白虎山"围护，不仅四面冈峦环绕，宫前还有"抱水"玉带河蜿蜒流过，为一处浑然天成、形势幽深的聚气之所，完全具备"风水宝地"的基本要件，素有"紫霄福地"之称。

山势陡峭、层次分明

依照道教风水理论布置的紫霄宫，巧妙运用了特殊地貌展开建筑。在横向宽敞但纵向陡峭的地形上，殿宇遵循中轴对称的原则，随山势筑台而建，层层上升，从最低的玉带河、金水桥到最后的父母殿月台，高低相差近40米，可说是为"审度其地，相其广狭，定其规制"做了最佳诠释。自龙虎殿进入，经左右御碑亭，登上十方堂，到供奉真武大帝的紫霄殿，再至两层楼阁的父母殿，一组主从层次分明的巍峨殿宇即现其全貌，极具皇家道场的威严气派。

1 紫霄宫大殿，面宽五间，重檐歇山顶，以后面展旗峰为屏障，负阴抱阳　　2 武当山紫霄宫建于明代，地势陡峭，殿宇高低错落　　3 紫霄宫之龙虎殿、金水桥与玉带河

宫观堂皇、法会重地

龙虎殿面宽三间，两侧有琉璃装饰的八字墙，红墙绿瓦，外观沉稳厚实。正面两侧无窗，使得殿内光线幽暗。中间供奉披甲执鞭的道教护法神王灵官——灵官殿即相当于佛寺的天王殿。其两侧为青龙、白虎塑像，皆高大威武，栩栩如生，望之俨然。

十方堂据说为游方道人挂单之处。堂中供奉真武神像，两侧供奉吕洞宾和张三丰像。堂前左右亦出八字墙。

紫霄殿面宽五间，重檐歇山顶，壮观地屹立于高台之上，为紫霄宫主殿。大殿前的坛台早期供道士举行法会科仪，如同孔庙的丹墀台一般。殿内供奉明代泥塑彩绘真武大帝像。大殿后方有一方形水池，上有玄武，即龟蛇石雕；泉水涌出，终年不涸，称为"天乙真庆泉"。

父母殿是清代重建的二层三檐木造楼阁，造型别致，主要供奉真武大帝的父母。高台腹地狭窄，其后即为展旗峰。

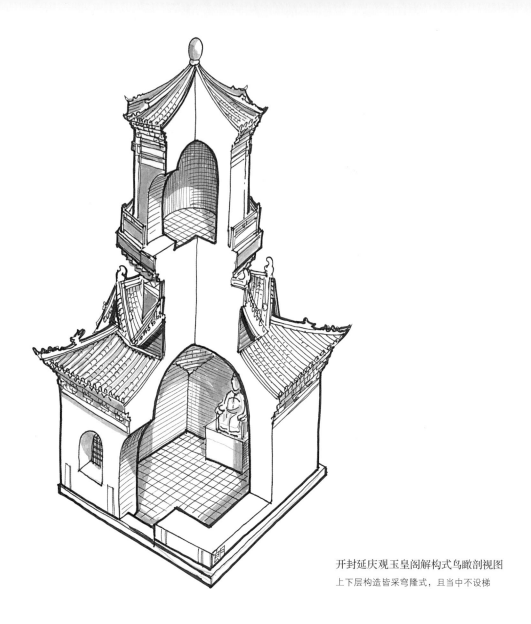

开封延庆观玉皇阁解构式鸟瞰剖视图

上下层构造皆采穹隆式，且当中不设梯

延伸实例

开封延庆观玉皇阁

　　延庆观位于开封城西南，始建于元，为明初重建之道观，当时规模颇为宏大。其中一座造型特殊的楼观"玉皇阁"，结构坚固，数百年来虽屡遭黄河泛滥之灾，仍完整地保存下来，这主要归功于其砖砌穹隆构造。道观喜筑于山林，得其灵气；若建在城市，则以高阙楼台取胜。玉皇阁楼高三层，底层平面为正方形，二、三层转为八角形。其屋顶变化繁多，造型奇特，顶层为八角攒尖，中层围以八座山墙，分向八方，似暗喻道教喜用的八卦；各层皆铺以琉璃瓦，色彩夺目。玉皇阁外观三层，并有平坐，但内部实为两层，皆采用砖砌穹隆顶构造，算是一座无梁楼阁。

开封延庆观玉皇阁，为明代道教楼阁，下层方形，上层转为八角顶，中层各面出厦

35 解州关帝庙

在关羽的故里所建的中国最宏伟的关帝庙，布局深远，有气盖山河之势。其中之楼阁，尤值一观

地点：山西省运城市盐湖区解州镇

刀楼的屋顶呼应正方形平面，最上檐使用十字脊，四面歇山

解州关帝庙的刀楼外观为三层檐，

但内部实为两层楼。

二楼楼板以八角井贯通上下，并且引入天光，

照亮所供奉的关刀，寓意天长地久。

右页图特意掀高屋顶，解开厚墙，

可窥探檐牙高啄构造之奥秘。

　　解州为三国名将关羽故里，解州关帝庙是中国最大的关帝庙。关羽凭借忠义诚信、无畏精神，被后世封为"武圣""关圣帝君"，被佛教及道教皆尊为神，对中国人的精神文化有着深远影响，各地普遍兴建关帝庙。山西解州的关帝庙初创于隋代，宋代祥符年间大事扩建。明代关羽被加封为"帝"，民间尊称为"协天上帝"，乃又扩大规模，逐渐完成今日所见的格局，现存庙中主要殿宇多为明清重修之建筑。关帝庙坐北朝南，共有三路建筑群，前后园林围绕，纵深长700多米，中轴的庙宇主体亦长500多米，有气盖山河之势，极为壮观！

　　庙前有结义园，后亦有园林及山丘，形势雄伟。殿宇之分布呈现前朝后寝格局，四周围以高墙，前半部为午门、石坊、御书楼及崇宁殿，后半部为刀楼、印楼与春秋楼。其中崇宁殿与春秋楼两座最为巨大。在春秋楼之前，左为印楼，右为刀楼。

解州关帝庙刀楼解构式掀顶剖视图

1 龛内供奉关刀

2 二楼辟出八角井，并围以勾栏

3 以抹角梁层层上叠，形成藻井

4 每边两朵补间铺作

5 山花内留出空隙可引入光线

6 屋顶采用四向歇山式，并形成十字脊，造型华丽

年代：隋开皇九年（589）建，清康熙四十一年（1702）后重建

方位：坐东朝西

1 御书楼正面，匾额悬挂在二楼檐下，底层凸出牌楼作为入口，檐下密布如意斗拱　　2 御书楼在关帝庙中轴线上，外观为三重檐，前面凸出牌楼

3 御书楼入口额枋的补间铺作出现交叉式的斜拱，具有装饰作用　　4 御书楼内部二楼留出八角井，可令人瞻仰三楼的藻井，这是空间引导视线的设计技术

楼阁供奉御书

御书楼因清康熙皇帝赐御书"义炳乾坤"而得名，民间又称为"八卦楼"，象征关羽有八个方向之神威。御书楼曾遭祝融之灾，乾隆及道光年间又重修。它的平面为正方形，楼内有两层，但外观用三重檐。屋顶为歇山式，有趣的是在厚墙四周不但设回廊，象征八方，正面凸出牌楼，背后也凸出卷棚抱厦亭，形制特殊。御书楼的象征意义较浓厚，楼内不设房间，进入后透过二楼空井，可直望屋顶的八角藻井。

御书楼外观三重檐，

内部为二层楼，楼板辟八角井，

使上下声气相通。

楼前用奇数桁木牌楼，

背面用偶数桁木抱厦，

正背阴阳有别。

解州关帝庙御书楼剖面透视图

1 正面牌楼入口

2 平坐

3 原供置皇帝御书的空间

4 八角勾栏

5 藻井

6 侏儒柱，亦称脊瓜柱

7 七架梁

8 清式称为挑尖梁

9 背面卷棚抱厦亭

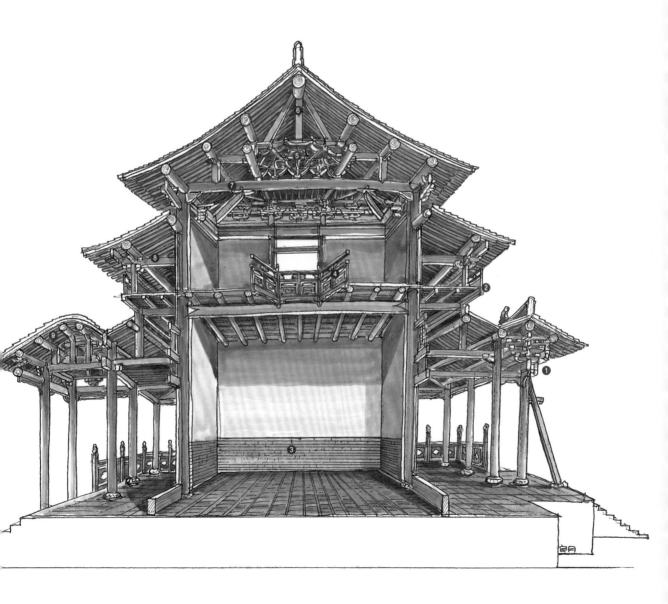

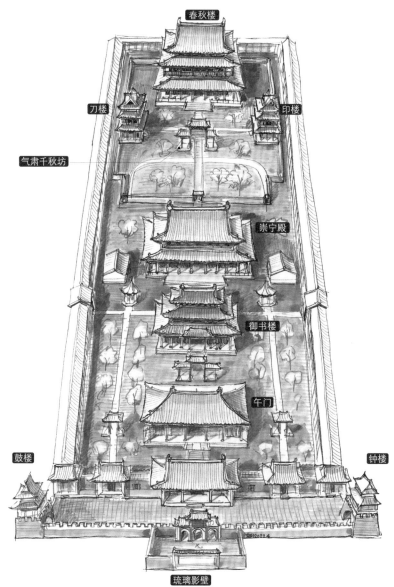

春秋楼

刀楼　印楼

气肃千秋坊

崇宁殿

御书楼

午门

鼓楼　钟楼

琉璃影壁

解州关帝庙中轴建筑配置图

楼阁供奉关刀

据罗贯中小说《三国演义》记载，关羽擅用大刀，过五关斩六将。因此他所用的"青龙偃月刀"在人们心目中不单代表关羽形象，也象征忠义精神，为后世所敬畏。在春秋楼之前，左右耸立两座三重檐楼阁拱卫，即印楼与刀楼，其构造合理，空间巧妙，值得细加欣赏。刀楼平面呈正方形，面宽、进深均为三间，四面厚墙。外观虽为三重檐，内部实为两层楼。入口不设门扇，通风无碍。楼阁内部为空筒式，上下连为一气，似表现天外有天之意境。屋顶采用十字脊，四向皆出厦；檐下斗拱成列，除四隅外，每边还有补间铺作两朵；内部则以抹角梁层层上叠成为藻井。二楼空出八角井令视线穿透，光线可自藻井空隙洒下来。刀楼内供奉后世复制的关刀。

1 解州关帝庙中轴线牌楼后方左右分峙印楼与刀楼，刀楼内供奉传说中的"青龙偃月刀"，带给人们对于关羽无限的想象

2 从中轴线仰望刀楼，外观为三重檐，每边宽三开间，自下而上逐渐缩小，形式稳定，且屋顶上扬，如翚斯飞   3 刀楼的十字脊歇山屋顶，可见到博风板内不密封，四向皆可通风透气   4 从刀楼内部仰望，可见到八角井与屋顶下的藻井，斗拱疏朗，光线明亮

36 阿帕克和卓麻扎

阿帕克和卓墓祠，外墙贴以许多瓷砖，中央为大圆顶，四隅为宣礼塔

中国现存最大且保存良好的麻扎建筑之一，

建于明末，清康熙年间扩建。

主体圆顶墓祠中央穹隆直径16米，顶高26.5米，

室内空间高敞。

右页图剖开四分之一，可欣赏

许多尖拱之构造关系。

中国的伊斯兰建筑主要包括清真寺及麻扎，前者以进行宗教仪式的礼拜堂为中心，后者则是教中重要人物的家族墓地。位于新疆的阿帕克和卓麻扎堪称新疆地区规模最大的伊斯兰墓，其建筑群相当完整，以巍峨的圆顶墓祠为中心，周边配置礼拜寺、教经堂、阿訇住宅、浴室、食堂等建筑，另有水池、庭园和户外广阔的墓群，在一片黄土地上宛如清幽的绿洲。它是由喀什地区伊斯兰教白山派首领阿帕克和卓家族所建造，除了阿帕克和卓，其父玛木特玉素甫及其宗族皆葬于此。历来还传说清朝乾隆皇帝的宠妃香妃亦葬于此，故又以"香妃墓"闻名。但据史实考证，这一说法并不正确，香妃实葬于清东陵，不过此传说却给这座圣墓增添了不少浪漫色彩。

1 尖拱形之主入口

2 四角隅凸出金黄色塔顶之宣礼塔

3 外壁镶嵌青色、绿色及黄色琉璃砖，色彩典
雅，造型优美

4 圆筒墙以球面小屋顶平衡外推力

5 大穹隆结构骑在四面尖拱之上

6 室内高台上排列五十七座棺

7 阶梯置于宣礼塔之内

8 一、二楼皆有廊道环绕一周，但仅二楼辟窗

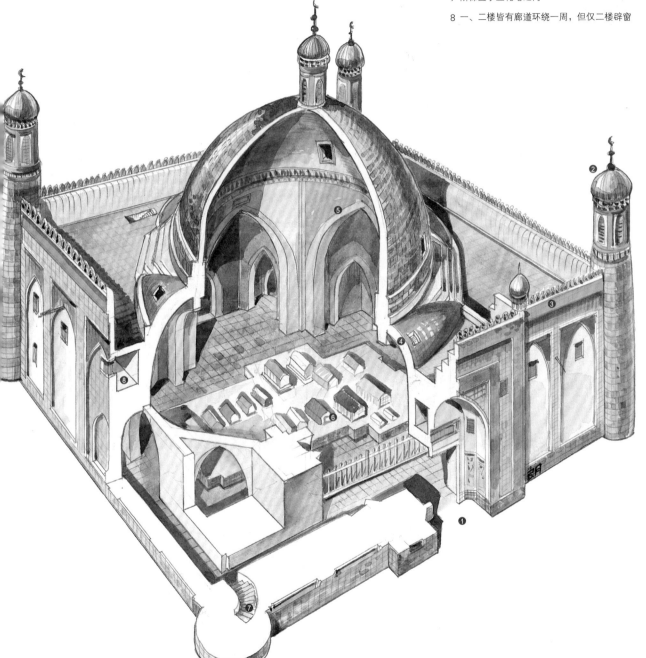

年代：清康熙九年（1670）建　　方位：坐北朝南

以墓祠为中心的自由布局

　　阿帕克和卓麻扎的范围极大，陵墓正面朝南，表面贴附琉璃砖，两侧瘦高的宣礼塔（亦称宣礼楼）护卫着中央尖拱形入口，外观显得高耸气派。进入其内，圆顶墓祠映入眼帘，它是整个墓区内的中心建筑，规模宏伟，傲视广阔的墓群。墓祠西侧为礼拜寺区，配置有四座大小不一的礼拜寺，作为穆斯林聚集礼拜的场所。其中绿顶礼拜寺与墓祠同时建造，因其圆形拱顶被覆绿色琉璃瓦而得名。大礼拜寺面宽十七间，中央为开敞式木造长型殿堂，两端及后殿则为砖拱结构，二者结合为一，极为稳固。另外两座礼拜寺与教经堂连接一起，称为高低礼拜堂，低礼拜堂亦采用与墓祠相同的构造。这些礼拜寺有一共同特色，即顺应新疆地区气候，皆分设内外殿，外殿开敞通风为夏天使用，内殿封闭温暖供冬天礼拜。除了大小礼拜堂、教经堂外，南侧还有食堂、水房、水池与独立设置的阿訇住宅，这些建筑与墓祠并无特定明显的轴线关系。整体而言，阿帕克和卓麻扎是一种以墓祠为中心、自由配置的圣墓建筑群。

1 阿帕克和卓麻扎，是新疆现存最大的麻扎。本图为墓祠正面　　2 墓祠主入口门额及左右墙面之彩色石膏花饰　　3 阿帕克和卓大礼拜寺运用了平顶及拱顶两种构造　　4 大礼拜寺天花板以密肋梁构成，中央形成藻井，几何形构图与边框彩画极为精美　　5 绿顶礼拜寺之柱头及梁枋皆以木雕装饰，并施以彩绘　　6 绿顶礼拜寺装饰柱充满伊斯兰教常用的花草及几何图样，柱裙施雕，而柱头以木雕尖拱层层扩大而成，支撑梁木　　7 墓祠内部平台上放置圣墓　　8 墓祠的大穹隆架在四座尖拱之上，辟小窗引进光线

1 凸出于角隅的宣礼塔，呈圆筒状　　2 宣礼塔外贴彩瓷，有青花、翡翠绿及黄色，色调高雅。顶层设高窗

延伸阅读

建筑形式探源

　　阿帕克和卓麻扎吸收了中亚乃至印度与土耳其一带的建筑形式，可由以下两方面来了解其源起。

　　穹隆顶的构造：今天在新疆城市喀什，还有一百多座清真寺，大部分都取法中亚或阿拉伯式的圆顶构造。这种建筑形式的来源，由土耳其伊斯坦布尔建于16世纪的几座清真寺约可看出端倪。以著名的蓝色清真寺及圣索菲亚大教堂为例，其构造与阿帕克和卓麻扎一样，以四座尖拱为支柱，中央再架一个半圆球体，这种构造普遍出现于中亚至土耳其一带的伊斯兰建筑中。

　　四隅的宣礼塔：在正方形的四个角，凸出四座宣礼塔，造型跟它比较接近的是印度的阿克巴陵。

墓祠由数个尖拱构成圆顶

延伸阅读

何谓"和卓""麻扎"与"拱北"？

"和卓"或译为"霍加""和加"，"麻扎"或译为"玛札"，都是阿拉伯文的音译，和卓是圣人，麻扎是圣墓之意。麻扎为一种陵墓建筑群，早在元朝即见诸记载，在新疆地区数量庞大。海上丝路方面，福建泉州也有麻扎。麻扎多为具有圆顶的建筑，圆顶被称为"拱北"，所以有时拱北也专指麻扎。

伊斯兰陵墓建筑的典型

被称为大麻扎的墓祠是一栋醒目的正方形圆顶建筑，是阿帕克和卓家族的墓，家族以外的人则葬于户外的坟地。建筑平面宽七开间，进深五间，其主体构造是在四个弧形尖拱之上架起一个顶高26.5米、直径16米的穹隆顶。从屋顶看，中间立一座主要的半圆球体，四面各起一个球面小屋顶，四隅则竖立高耸的宣礼塔。

墓祠墙体极厚，共筑两道墙体，两道墙间夹有可绕建筑物一圈的廊道。二楼走廊设窗，一楼则无，形成上明下暗的特色。角隅宣礼塔设置回旋梯，可登上屋顶。主入口朝南，上面有巨大的尖拱，室内也有大小不等的许多尖拱。从力学上讲，尖拱较圆拱更不易开裂。为了强化结构，拱下方还拉设水平钢梁。建筑内部中央设置大平台，平台上依序安放数十座墓棺，所有墓棺亦呈长形尖拱体，表面披着色彩鲜丽的布巾，这是伊斯兰建筑特有的墓葬形式。

建筑外观，包括入口左右墙上、室内穹隆顶环形装饰带及窗棂花，皆遵循伊斯兰建筑不用动物或偶像图像之禁忌，多以植物纹样、几何图案及经文装饰。大圆顶及壁面多镶嵌大小不一的琉璃砖，主要釉色有绿、蓝、紫、黄及褐色等。主入口门框还可见到一些细致的马赛克与石膏花，这种技巧继承的是中亚古代建筑瓷砖艺术的悠久传统。

1

2

3

延伸实例

库车加满清真寺

　　库车加满清真寺又称"库车大寺"，位于库车旧城区的高台上，是全城最明显的地标，规模仅次于喀什的艾提尕尔清真寺，为新疆第二大清真寺。初建于明代，清代续有修建，1931年遭祝融之灾，之后由当地有名望的阿訇募集资金重建完成，成今日所见之规模，外观气派宏伟。主要建筑包括礼拜殿、宣礼塔、学经房、宗教法庭、办公室与麻扎墓园。

　　其入口与宣礼塔高达7米，合为一座高耸入云的建筑。建筑底部平面为正方形，以黄色土砖砌成，至上部逐渐转为八角形，再转为造型极优美的半圆形穹隆顶，直径达7米，圆周环列通气窗。建筑之厚墙内辟两座旋梯可登宣礼塔，较特别的是，屋顶只有三个角隅凸出设宣礼塔。

大门则为新疆地区典型的阿拉伯式尖拱，逐层向内凹入，体现崇高之感。

　　礼拜殿设在西边，坐西向东，平面近正方形，三面砖墙，一面开口，西墙分设内殿并供圣龛，背朝麦加方向。其正面宽九开间，逾41米；进深十二间，达50米。室内空间高敞宽广，共有88根木柱支撑屋顶。柱身皆为维吾尔族常用的八角形，下段雕以柱裙装饰。但木栅及门窗却采用汉式格扇做法，横梁木雕则带有藏式大雀替之趣味。屋顶中央三开间平顶升高，四周设高窗，即所谓维吾尔族建筑的阿以旺式高窗，兼具通风与采光之用。这座清真寺巧妙地结合维吾尔族、汉式与藏式建筑特色，设计技巧极为成熟。

1 库车加满清真寺之宣礼塔与入口合为一体　2 库车加满清真寺礼拜殿使用汉式木栅与镂空花窗，呈现细致瑰丽的一面　3 库车加满清真寺之内院及廊道　4 库车加满清真寺入口门楼之穹隆，直径达7米，周围辟小窗引进顶光　5 新疆最大的清真寺——艾提尔清真寺入口大门为巨大尖拱，墙面饰以十五个假窗

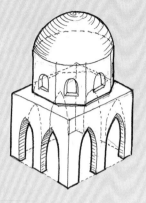

库车加满清真寺礼拜殿，
圆顶立在八角筒状体之上

苏公塔礼拜寺，圆顶立在
八边形平面之上

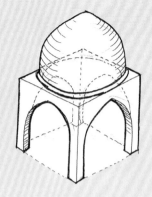

阿帕克和卓麻扎，圆顶立在
四角形平面之上

延伸议题

穹隆

中国伊斯兰教的礼拜堂依各地风土条件而有很大差异，新疆地区的建筑较接近中亚；而甘肃、陕西、四川、北京一带则常与汉式融合；泉州因航海之便，伊斯兰教经由海上丝路辗转传入，其建于宋代的清净寺则完全采用阿拉伯式样。不过，无论何种建筑式样，其大殿龛必背向麦加（西方），方符合教义。为了覆盖较大面积的室内空间，伊斯兰教建筑如果采用汉式，常用所谓"勾连搭"，即三座或五座歇山顶前后相连；如果采用中亚形式，穹隆顶就是最具特色的构造。

西洋建筑的穹隆顶始于公元前的罗马，著名的万神殿跨度直径逾40米，拱顶离地面也有40米，被认为是人类建筑史上的伟大之作。后经拜占庭及文艺复兴建筑的发展，穹隆构造技术水准达到一个高峰。意大利佛罗伦萨大教堂及罗马圣彼得教堂的大圆顶，皆属建筑史上的里程碑。广泛采用的穹隆构造是：在正方形墙体转角处先砌出尖拱，使正方形转为正八角形，再由券脚层层内收，逐渐变成圆筒形（圆筒墙体可开采光小窗，引进光线），最后在圆筒墙之上筑出圆顶或弧形尖顶，有如一顶帽子。

喀什阿帕克和卓麻扎的圆顶，则是先在正方形平面四边起尖拱，再起圆筒墙，墙上辟小窗，最上再起直径达16米的大穹隆顶，这是新疆最常见的圆顶结构模式。另外，也曾出现一种较简单的构造，如阿帕克和卓麻扎的教经堂，它的圆顶骑在正方形的厚墙之上，厚墙本身平衡了拱顶的外推力。相同的做法亦可见于泉州清净寺入口的石造穹隆。

1 土耳其伊斯坦布尔清真寺穹隆，图中可见许多窗子及烛光　　2 福建泉州清净寺入口的石造穹隆架在方形厚墙之上　　3 新疆喀什玉素甫麻扎，使用成列的圆顶　　4 喀什玉素甫麻扎室内，光线透过拱窗的美丽花格投射至墓台青瓷上

37

清真寺

苏公塔礼拜寺

极富南疆地方特色的大型清真寺，有中国伊斯兰建筑中最高的宣礼塔，而且造型独特

地点：新疆维吾尔自治区吐鲁番市高昌区葡萄镇木纳尔村

苏公塔礼拜寺以土坯砖砌筑，外观呈现质朴的土黄色调，可见精细的拼砖图案

苏公塔礼拜寺是一座
用土坯砖所建的清真寺。
屋顶布满数十座圆顶，而在角落的
宣礼塔展现优美的砌砖图案，
其圆锥体造型为中国罕见之例。

在吐鲁番东郊的大戈壁黄土地上，约44米高的苏公塔显得相当醒目，俨然是吐鲁番的地标。这里在15—16世纪时，曾经是吐鲁番王国的政治中心"安乐城"所在。"苏公"指的是出资七千两建塔的吐鲁番郡王苏莱曼，他建造此塔的主要目的有二：一是为了纪念逝去的父亲额敏和卓（因此该塔又称"额敏塔"），依当地风俗如此能够让其父升上天堂；二是为了彰显清廷对其家族的恩泽，借此表示其效忠朝廷之意。苏公塔除了是吐鲁番郡王的象征，亦是中国境内最高的伊斯兰教宣礼塔，其浑厚的造型也属孤例。塔旁的礼拜寺建造年代较晚，据说是出自清代著名的维吾尔族建筑工匠伊布拉之手。建筑采用当地生土砌黄砖，色调质朴，与阿帕克和卓麻扎鲜艳的琉璃砖外观相比，风貌各异其趣。

苏公塔礼拜寺解构式鸟瞰剖视图

1 高44米的苏公塔实为一座宣礼塔，外壁以砖砌成各种锦纹、菱形及璎珞式图案，砖工精细，为伊斯兰教阿訇登高召唤附近居民每日做礼拜之所

2 礼拜寺入口大门为立体尖拱，四平八稳。墙高三层，立面分隔成格状，顶层设尖拱窗供人登高望远，其他尖拱则是具装饰意味的盲拱

3 门厅、后窑殿及两侧小室安置了大大小小众多圆顶，其中最大的是门厅圆顶，直径达5.7米，侧边辟开口以采光

4 中央礼拜殿采用平顶，属木柱密肋式结构

5 后窑殿为礼拜殿最后侧缩小为单间的部分，通常在西墙正中有阿訇领拜的窑龛，俗称"窑窝"，这里以圆顶凸显其重要性

6 礼拜殿两侧隔成多间小室，作为布道小室或住宿之用，每个单元又分为前后两室

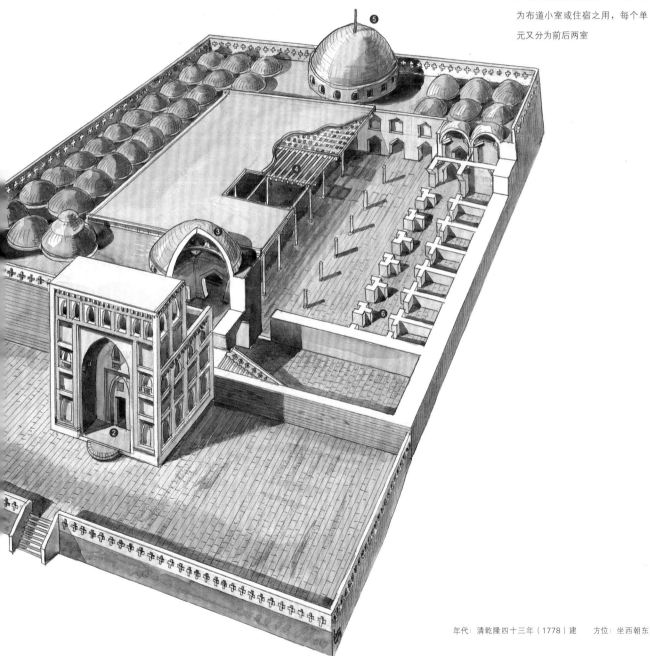

年代：清乾隆四十三年（1778）建　　方位：坐西朝东

1

2

3

展现精细砖工的巍峨宣礼塔

宣礼塔也称唤拜塔、宣教楼、唤醒楼或邦克楼。穆斯林每日于特定时间要做五功，因此由阿訇上塔呼唤附近居民朝麦加方向做礼拜。苏公塔矗立在平地之上，浑圆的外观与中原所见重檐楼阁式或球顶筒式宣礼塔有所不同，底部直径约14米，顶端直径约2.8米，形成自下而上急速收缩的圆锥体，顶端以穹隆造型收头。苏公塔在结构上的表现相当特殊，由于当地缺少木材，因此主要以土坯砖砌筑；且为了达到稳固性，采用塔心柱式的构造，即塔内用砖砌筑粗大的中心柱，借以巩固高耸的塔身，而登塔的楼梯则环绕柱子盘旋而上。塔之内壁仅在不同高度辟出少数狭长的开口，塔内气氛因而幽暗神秘，直到登上顶端的穹隆小屋，墙上较大的尖拱窗才让视线豁然开朗起来，从这里环观远眺，周围景致尽收眼底。细观苏公塔灰黄色的外表，可发现其并非一成不变。自塔身三分之一以上起，伊斯兰建筑独有的装饰即以精细的砖工表现出来，图案以菱形组合而成的几何式为主，呈现出阴刻或阳刻的纹理。不同高度有不同纹样，腰部有团花点缀，整座塔身仿佛由一圈织物所包覆。

1 苏公塔高44米，底部直径达14米，塔身呈圆锥形，自下向上收缩　　2 苏公塔顶部为圆顶式，表面以砖砌出多种几何图案，富于节奏美感，令人百看不厌

3 入口侧面以黄砖砌出十个巨大尖拱窗，其中只有两个为真窗，其余皆为装饰性盲窗　　4 屋顶凸出四十多座土坯建成的圆顶，覆盖四周小室

延伸阅读

额敏和卓与苏公塔

　　额敏和卓（1694—1777）为吐鲁番大阿訇之子。当时的吐鲁番属准噶尔的统治区，康熙年间清廷派兵征讨时，额敏和卓趁势归附清朝。此后他历经康雍乾三朝，均效忠于清廷，与清兵并肩抗敌。因英勇善战，额敏和卓在清前期新疆地区各部落的平定中功勋卓越，屡获晋封，并于乾隆年间受封为第一代的吐鲁番郡王，获赐王位世袭之权。额敏和卓病故后，因长子早逝，次子苏莱曼承袭王爵，并于来年为父亲起造了这座纪念塔。

1
2

南疆维吾尔族清真寺的代表作

　　苏公塔礼拜寺主要包括苏公塔及礼拜寺两部分，二者的起造时间虽有先后，但浑然一体，形成一座完整的维吾尔族清真寺。平面配置有两大特色：首先只有一座宣礼塔，设于礼拜寺右侧，这与常见于一般伊斯兰寺院的左右对称双宣礼塔不同，此种做法亦可见于早期兴建的广州怀圣寺与泉州清净寺；另一特色是将礼拜殿、后窑殿、宣礼塔、讲堂甚至住宅等等，全部合为一座建筑，内部功能虽多，外观却为一体。

　　可容纳千人同时做礼拜的礼拜寺，前为具有10米高穹隆顶的入口门厅，后为后窑殿，两侧分成格状小间，可供三四十位礼拜者住宿。礼拜寺的外圈建筑为砖拱构造，但中间的广大空间则利用木柱支撑，并以密肋梁交织成平屋顶构架，上面再以木皮编成网状结构，然后于屋顶上覆土。这种生土结构自古即盛行于干燥少雨的吐鲁番地区，是一种历史悠久的施工法。礼拜殿四壁以双层尖拱式壁龛装饰，中央留有采光天窗，幽暗的殿中因而得以透进几许天光。

1 入口用尖拱穹隆，外墙亦以许多尖拱装饰，黄土坯外表再粉刷白灰 ／ 2 穹隆顶以砖砌成，基座为方形，至上部转为八角形及圆顶，光线可自留设之小窗引入 ／ 3 院内围出宁静的小天地，有台阶可登屋顶 ／ 4 内部空间使用连续之尖拱 ／ 5 礼拜殿以木柱支撑屋顶，天窗引入光线，内部可容千人礼拜 ／ 6 阶梯可达屋顶，扶手做十字镂空砖砌

38

清真寺

西安化觉巷清真寺

汉式清真寺建筑的经典杰作，院落深远且空间层
次分明

地点：陕西省西安市莲湖区

—真亭系结合牌楼与亭阁之建筑

化觉巷清真寺为明初洪武年间敕建，

它是汉式殿堂式的伊斯兰教建筑，

照壁、牌楼、省心楼及大殿皆采用汉式。

右图中—真亭采用六角形亭附左右三柱小亭，

建筑形式特殊，为中国之孤例，

亦被称为凤凰亭。

　　在中国，清真寺的建筑形式受到地域及族群的影响，形成两种风格：一种较接近中亚传统建筑，以新疆维吾尔族的清真寺为代表，如吐鲁番苏公塔礼拜寺、喀什阿帕克和卓麻扎；一种是在河西走廊、西安、北京，甚至西南的广西、四川等地，出现的许多汉化的清真寺。所谓"汉化"，是指其采用了汉族建筑的院落式平面配置，并充分运用木斗拱结构、飞檐起翘的琉璃瓦顶等汉族传统建筑元素。这种结合了中国传统建筑特征与伊斯兰教义的清真寺，以明初洪武年间建造的西安化觉巷清真寺最具代表性。

　　西安是出入河西走廊的主要门户，因此信奉伊斯兰教的人较多，早在唐天宝元年（742）即于化觉巷创建神圣庄严的清真寺；之后历经宋、元等朝的修建，如今所见大多为明代建筑。据说明成祖永乐年间（1403—1424），三保太监郑和在一次下西洋的出使任务准备工作中，为寻得精通阿拉伯语的部属，曾至西安招考贤才，地点就选在化觉巷清真寺的大殿。

西安化觉巷清真寺一真亭鸟瞰透视图

1 匾额题"一真"，意指唯一真神，即伊斯兰教的"阿拉"，反映出不同于佛道建筑中多神奉祀的思想

2 利用汉式复杂的屋顶技巧，结合中间六角形、两旁四角形顶，构成有三个攒尖屋顶相连的建筑物，充满造型的趣味。虽是单檐，但屋檐起翘高耸，曲线流畅，有如凤凰展翅高飞，所以又有"凤凰亭"之称

3 四边形屋顶，但只立三柱

年代：明洪武二十五年（1392）建　　方位：坐西朝东

1 西安化觉巷清真寺为汉式建筑，中央的省心楼做楼阁式，具有宣礼塔的功能　2 化觉巷清真寺内之碑亭造型修长，砖雕精致　3 化觉巷清真寺礼拜堂后殿廊道全为汉式格扇装修

对称式布局与园林的气氛

化觉巷清真寺被认为是中国纵深最长的清真寺，面宽 50 余米，进深约 250 米，布局上大致分为前、中、后三段，有五个院落。前段两个院落如引人入胜的前奏，有照壁、木牌楼、大门、石牌坊、碑亭、二门等。其中额题"敕赐礼拜寺"的巨大木牌楼，采四柱三间，檐下用如意斗拱，并有斜撑柱撑起巨大的琉璃瓦顶。左右殿面积虽不大，但采用一种多重的组合屋顶，入口处凸出类似藻井的特别屋架，形成优美而丰富的天际线。大门两旁有八字墙，这也是汉式传统的做法。

中段以八角形省心楼为中心，左右设讲堂、教长室及会客室，后设两座碑亭。后段穿越石坊门之后，呈现眼前的为一真亭及大殿，左右则有客房、浴室及碑亭等。大殿空间广大，殿前还有宽阔的月台，可容纳数百人同时礼拜及做五功。

寺院中的建筑物大体上采用对称布局，但用墙、门楼、亭、牌坊来界定前后左右的空间。这些穿插其间的小品建筑及扶疏的树木，营造出类似传统园林的气氛。

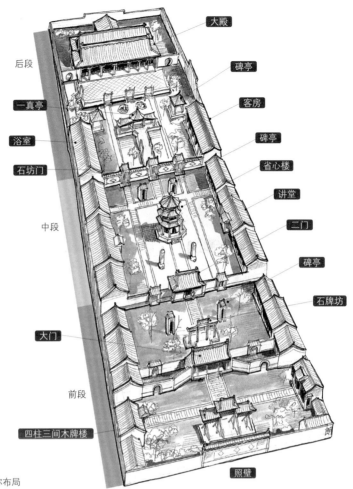

大殿

碑亭

客房

碑亭

省心楼

讲堂

二门

碑亭

石牌坊

后段

一真亭

浴室

石坊门

中段

大门

前段

四柱三间木牌楼

照壁

西安化觉巷清真寺全景鸟瞰透视图
化觉巷清真寺纵深极长，建筑大致采用中轴对称布局

伊斯兰教思想的呈现

综观化觉巷清真寺，虽是汉化的传统建筑，但仍保有清真寺的宗教精神，例如建筑物的朝向，因为穆斯林礼拜时必须面向西方麦加圣地，所以采坐西向东的方位。

就装饰特色来说，伊斯兰教禁止偶像崇拜，建筑中一般以植物纹样装饰。此建筑虽受汉化影响而出现少数龙、狮子等动物图案，但大部分仍以花草图案为主。如入口的大照壁，饰以植物纹样的砖雕；碑亭内巨大的皇帝敕令碑，并未按传统设计骑在大赑屃上，而是与精致的砖刻屋顶结合在一起；礼拜大殿内的雕刻纹饰则主要取材自蔓草花纹及阿拉伯文。

以建筑类型而论，虽采用传统汉式的建筑，但为了符合清真寺的需要，创造出了特殊的建筑。例如省心楼为一座三重檐两层楼的汉式八角形楼阁，其意义相当于宣礼塔。不过中亚式清真寺的宣礼塔位于寺院边，较能发挥实质功能，这座楼阁名为"省心"，又位于寺院中央，则有唤醒人心的劝世意味。"一真亭"本是一个前后空间过渡的亭台，未见于中亚式清真寺，但是位于大殿之前，额题"一真"代表真主阿拉，正是点出伊斯兰教义真髓的关键性建筑。

大殿即清真寺中最重要的礼拜殿，配置在西端的高台上，前设宽广月台。建筑面宽七间，屋顶为单檐歇山式，与中亚式配置相同，由前廊、主殿及后殿三个部分组成。殿内空间广大，仅左后侧有供阿訇讲述教义的宣谕台及罗列的柱子，此一开阔幽暗的空间足以容纳众多穆斯林一齐朝西跪拜。

1 大学习巷清真寺的省心阁外观，外三重檐，内部实为二层，是中国古代楼阁常用的设计　　2 仰望省心阁内部，透过八角井可见到顶层的藻井，传达天地相通之境界

延伸实例

西安大学习巷清真寺省心阁

陕西回民较多，清真寺也较普遍，西安市区内的化觉巷与大学习巷有明代建造的清真寺两座，规模皆极壮观。依规制，清真寺内都建高耸的宣礼塔楼，作为号召穆斯林每日定时做五功之用。大学习巷清真寺初建于明洪武十七年（1384），建筑布局中轴对称，坐西朝东。寺中心有一座省心阁，即宣礼塔，其结构精巧，外形优美，我们以剖视图来欣赏其构造。

省心阁平面为正方形，阁身单开间，四周围以檐廊。虽只有两层楼，但作三层檐，歇山式十字脊屋顶。屋顶为正方形，所以顺理成章可以安置一座八角形藻井。省心阁在南侧走廊设置木梯可登上二楼，但因为楼板中央空出八角井，在底层抬头可以看到屋顶下的藻井，中空藻井的设计与山西解州关帝庙刀楼（见229页）如出一辙，可视为中国古代小型楼阁设计的典型模式。

汉式建筑的清真寺用十字脊顶，

四面皆见歇山，益增秀丽之形象。

前门直通后门，谓之穿心楼。

本图以较复杂的剖视图

将各层屋顶、藻井、八角井、回廊、

楼梯及抱鼓石表现出来。

西安大学习巷清真寺省心阁
解构式掀顶剖视图

1 角梁
2 八角勾栏
3 抹角梁
4 雷公柱立在中心
5 十字脊顶

地点：陕西省西安市西大街大学习巷

年代：明洪武十七年（1384）建　　方位：坐西朝东

帝
王
的
国
度

39

南京城聚宝门

中国现存最巨之城门，由三道瓮城与二十七座藏兵洞构成，固若金汤

地点：江苏省南京市秦淮区

聚宝门全景

南京城被誉为"龙盘虎踞石头城"，

其城墙之高大冠于全中国。

它的设计考虑周延，除了

三道瓮城外，厚墙内留设藏兵洞，

需要时可驻扎数千人，

宛如一座军营要塞，

而此设计亦可减少施工时的用砖量。

　　中国古代基于"城以盛民"的观点，在城市周围筑城，认为高大坚实的城墙可以保护老百姓的生命财产。早在春秋战国时期，筑城即被视为安家保国的具体象征，有十朝古都之称的南京，当时即建有城墙。至三国时期，东吴孙权在其址筑建业城，以石头砌造城墙，后世乃有"龙盘虎踞石头城"之称。明初，朱元璋大兴土木，由内而外建造宫城、皇城、京城及外郭四重城墙。而今只有京城仍保存下来，即我们所见到的南京城墙。

　　南京城墙坚固宏伟，施工精良，在世界各国城墙史上极为罕见，被视为人类有史以来最伟大的城池工程。而在其众多城门中，又以俗称"聚宝门"（民国时期更名为中华门）的正南门规模最大。它设计周密，雄伟险要，以多重瓮城扼守南向的军事、交通要道。

1 护城河

2 重檐庑殿顶城楼，20世纪30年代
被毁

3 城门内设有二十七个藏兵洞，战时
可藏三千人以上

4 城门洞内设千斤闸，为加强防御之
设施

5 聚宝门共有三道瓮城，并且设在城
内，为极罕见之例

6 斜坡蹬道可让人马及炮车易于上下

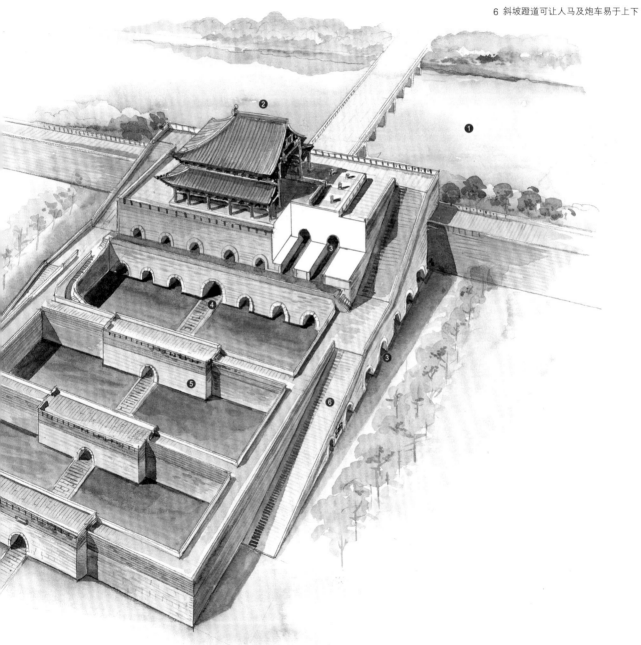

年代：明洪武十九年（1386）建成　　方位：坐东北朝西南

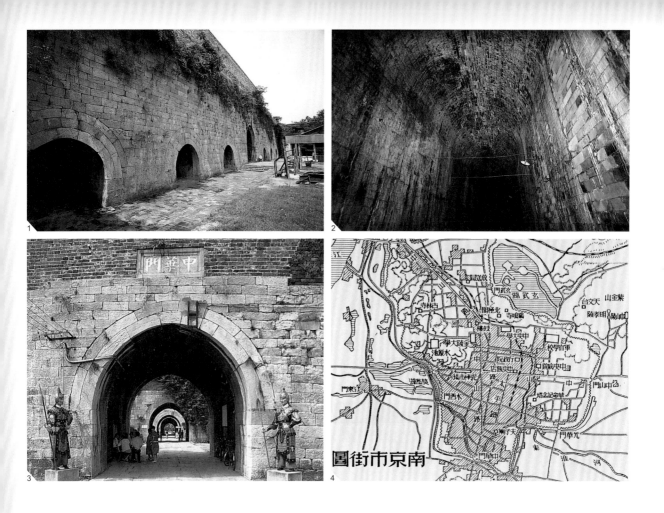

依势构筑、施工精巧的砖石巨城

南京城墙依山傍水，完全顺应钟山及玄武湖、秦淮河、长江等水系天险而定城墙基址。城墙呈南北狭长、东西略窄之不规则状，全长约33公里，高度平均在20米左右，最高之处甚至有60多米。明代共辟筑十三座城门，其中聚宝门、通济门与三山门皆设三道瓮城，以加强防卫能力。城池形式与街道布局，据说反映了风水与星宿理论。

明朝虽在洪武元年（1368）才定都南京，但在“高筑墙，广积粮，缓称王”的政策下，早在朱元璋登基前两年（元至正二十六年，1366）即开始大规模建城，且工期长达二十年，至明洪武十九年（1386）才告完工，其间调集了数十万工匠参加劳动，并动用庞大的财力、物力投入到这场漫长的筑城工事中。明代因烧砖及拱券的技术发展至更高水平，城墙的建造达到又一高峰，较主要的城池，包括城门、城台、城楼、角台、角楼、马面、瓮城及城壕，一应俱全，构成固若金汤的防御系统。南京城墙的主要构造以花岗石与青砖砌成，而且城砖的规格、质量相当统一，加上运用石灰、糯米浆与桐油混合的凝固力很强的灰浆，历经近七百年，至今仍非常坚固，历久不塌。

1 藏兵洞近景，皆为精砌之石拱构造　　2 藏兵洞内部拱券，不设窗，故光线幽暗　　3 聚宝门有三道瓮城作为屏障，虚实明暗相间　　4 从1935年印行的地图可见，南京城依山傍水，呈不规则状；南向的聚宝门当时已改称中华门　　5 藏兵洞分为上下层，内部全为拱券，也可节省用砖量　　6 聚宝门下段为石砌，上段为砖砌　　7 聚宝门内千斤闸沟槽，需要时可降下巨闸　　8 蹬道一边为斜坡，一边为台阶，斜坡为炮车所用

多重屏障、内藏玄机的防御要塞

　　聚宝门近秦淮河岸，今称为"中华门"，是目前南京城保存最完整的一座巍峨城门。引人注意的是，其瓮城不在城门外，反筑在城门内，这是南京城门一项显著特色。聚宝门共有三道瓮城，东西通宽118.5米，南北长128米，近正方形，高逾20米；城门共有四道，拱门内设双扇铁皮包木门及千斤闸。城门内的左右斜坡蹬道，可供骑马登上城墙。瓮城厚实的墙体内以拱券结构留设室内空间，辟出若干藏兵洞。

　　城门上原有一座重檐庑殿顶城楼，惜于1937年对日作战中被毁。其所在的上层城台内侧辟有七个藏兵洞，下层城台内辟有六个藏兵洞，瓮城外侧又设十四个，总计有二十七个藏兵洞，战时可容三千兵力驻守，并贮藏武器弹药。明代在南京曾配置江防及城防数十卫兵力，城防士兵即居住在窝铺（今已不存）及藏兵洞之内。至清代太平军"天京保卫战"时，藏兵洞仍发挥了显著的军事功能。

1

2

延伸议题

城墙与城门

  从游牧社会进入农业社会之后，安全防御成为定居生活的必要条件，而筑城也逐渐发展为人类文明史上长逾五千年的土木工程。中国考古发现的最古城墙为新石器时代龙山文化的藤花落古城，位于今天江苏省连云港附近。商朝的郑州城平面为长方形，城墙以夯土技术完成，至今仍有部分保存下来。春秋战国时期，各国征战剧烈，筑城风气更盛，王城设计思想逐步成熟，如《周礼·考工记》所谓"匠人营国，方九里，旁三门，国中九经九纬，经涂九轨，左祖右社，面朝后市"，而一般城池之规划多少也受到这个模式的影响。不过另一方面，各朝代之都城亦皆因地制宜，具有其独特性；据考古发掘，汉代长安城即为不规则平面，顺应地形与地势而有所调整。

  隋唐时期的长安城，规模进一步扩大，为当时世界上最大的城墙。它南北长8652米，东西长9721米，南辟三座城门，北有九座城门，东西两边各辟三座城门，平面为东西向较长之工整矩形，城内面积达87平方公里。城内以中轴对称原则规划道路，东西大街有十一条，南北大街有十四条，共划分为一百零八个街坊。市场安置于东西二区，而皇城位居中央核心偏北之处，主门为朱雀门。每个里坊四面设坊门，夜间关闭。

  至于明清的北京城，它是在元代大都城的基础上重新建设而成，皇城位居中央，内含景山及三海（具有调整微气候功能），核心区为紫禁城，城内水系完备。它是集几千年筑城经验而成的一座伟大城池，可惜近代由于人为因素而被大量拆除了。

  中国传统城池的防御体系包罗很广，除高大的城墙外，还有城门、城楼、角台、角楼、马面、城壕、壕桥、瓮城（也称为月城）。

  筑城的材料，宋代以前多以夯土为之，长城的玉门关遗址尚可见夯土墙，每隔一层掺入芦苇。宋《营造法式》的壕寨制度规定城墙表面应斜收。明代大量用砖石筑城，通常两侧包砖，内部填土。西安至今仍保存宏伟完整的砖砌城墙与城门楼。南京城则大量用石，俗称"石头城"。县级城池规制虽小，但各地发展出自己的特色，湘西凤凰城的城楼建造成碉堡，只辟几个小孔，门洞仍然车水马龙，令人觉得去古不远。

1 宋开封城模型，可见半圆瓮城及中轴线后方横跨汴河的大虹桥，张择端《清明上河图》即绘此段　　2 湖北荆州城门附瓮城，且瓮城门与主门不相对，而是呈特殊角度　　3 新疆吐鲁番交河故城为汉代西域古城，现仍保存部分遗迹　　4 湖南凤凰古城城门仍在使用中，行人车马络绎不绝，颇为热闹　　5 明代西安城楼，辟无数射击孔，故称箭楼　　6 长城玉门关为汉代夯土遗构

40 长城嘉峪关

内外瓮城环护，衙门与文武庙并置，为明代万里长城西端龙首堡垒

地点：甘肃省嘉峪关市

嘉峪关城内将军府为三进衙署，前为办公之所，后为宅第，反映前朝后寝之制

此"关"是不住百姓的军事堡垒，

有内外两套城墙和三座高耸入云的城楼，

并置数道瓮城加强防御。城内有游击衙门，

城外设文庙、武庙戍守边疆，似有经文纬武之寓意。

万里长城可说是中国最著名的史迹，1987年被列入世界文化遗产。它起自战国七雄秦、楚、燕、齐、韩、赵、魏各国所建的城墙，在秦始皇时串联起来，西起临洮（今甘肃定西岷县），东至辽东（今辽宁丹东江沿台堡），始有"万里长城"之称。此后历代都加以修缮，持续时间前后长达一千五百多年。明代为加强国防，将边疆划分为九边重镇，即九个区域管辖，驱逐蒙古后，为巩固北方边防曾大规模整修长城，展现出极高的制砖与砌筑工艺水平。如今我们所见长城中较完整者即多为明代长城。

现今的万里长城东起河北省山海关，西至甘肃省嘉峪关。嘉峪关地处河西走廊最西之隘口，自古即是军事交通要地，因坐落于祁连山脉文殊山与合黎山脉黑山间峡谷地带的嘉峪塬上而得名。明代征虏大将军冯胜修筑长城期间，于明洪武五年（1372）创建嘉峪关，其后又经一百多年的修建才形成今日之规模，隶属九边重镇之甘肃镇。嘉峪关建筑巍峨壮阔，是长城最大的关隘。外城门楼正中悬挂由清陕甘总督左宗棠所书的"天下第一雄关"匾，与城西门外古驿道旁清嘉庆年间所立"天下雄关"石碑，皆是盛赞嘉峪关"一夫当关，万夫莫敌"之宏伟气势。

长城嘉峪关全景鸟瞰图

1 罗城（外城）

2 罗城城门额题"嘉峪关"，城楼上高悬"天下第一雄关"匾额

3 瓮城

4 西瓮城门偏在一角，更有利于防守

5 柔远门，面对西域

6 内城

7 角楼

8 敌楼

9 井亭

10 游击将军府

11 登城马道

12 光化门在东边，门外有关帝庙与文昌阁

13 关帝庙

14 文昌阁

15 戏台演戏酬神，并可为驻边士兵提供娱乐

16 长城

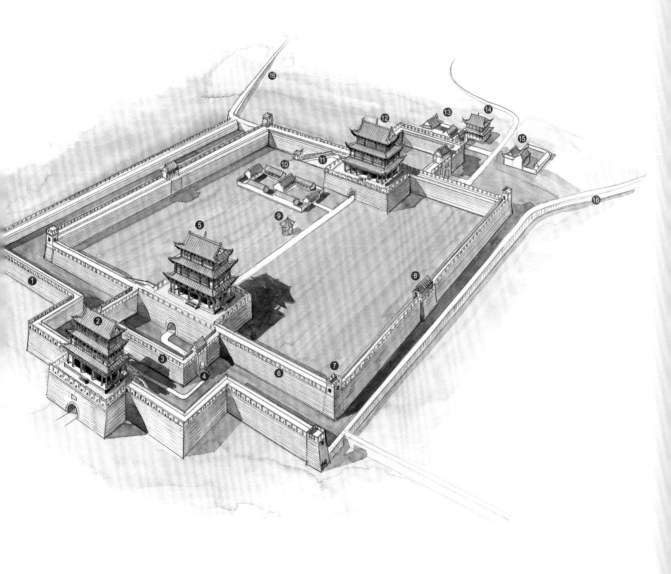

年代：明洪武五年至嘉靖十八年（1372—1539）建　　方位：坐东朝西

雄镇一方的关城

　　嘉峪关关城主要由内、外两周城和瓮城组合而成。西门瓮城外加筑一道凸形城墙,延伸至北面,是为罗城(外城),周长733米,正中开设西门,额题"嘉峪关"。内城周长640米,城高达9米,其平面为近正方形的梯形,南北向城墙不平行,略呈喇叭口,面对西域者比较宽,东边面对中原者则较窄;置东西二门,东为"光化门",西为"柔远门"。城门上皆设三檐三层楼阁,殿身三开间,采用歇山顶,四周置廊。楼高17米,与远处祁连山峰相映,益显恢宏秀丽,登楼眺望,可极目千里。东西城门外还各设置方形瓮城,形成多道防御;东瓮城门额题"朝宗",西瓮城门额则刻有"会极"。内城南北面城墙中部置敌楼,四隅有角楼,城墙上设马道。城内中央置有一口水井,为荒漠中驻军的重要泉源,昔日曾设木亭。城内主要建筑为游击将军府,亦称游击衙门,坐落在内城东侧,坐北朝南,平面为三进,始建于明隆庆二年(1568),由明总督王崇古所建,并有长驻官兵千余人。自明至清,历任军事首领均驻守于此。不过将军府久废,近年才重建复旧。

　　东边光化门外尚有文武并列的两座庙宇。一是文昌阁,或称文昌殿,始建于明代,现今建筑为清道光二年(1822)重建,为歇山顶二层楼建筑,主祀文昌帝君。二是关帝庙,坐北朝南,亦始建于明代,主祀关圣帝君。其前端置戏台,昔日演戏供军旅观看—这种在城门旁设置关帝庙与戏台之实例,亦可见于山西的平遥古城。

1 万里长城第一墩，为汉代遗迹，墩台全为夯土筑成　　2 嘉峪关城内望城楼一景，城楼为三层檐，立在巨大的城门之上，外观巍峨挺立，气势磅礴

3 嘉峪关关内之文昌阁，面宽五间，深四间，二楼设回廊。文武庙设在关城内，亦是中国古老的传统。图中央最高者为东门（光化门）　　4 嘉峪关外

城城楼，楼底层面宽五间，二楼设回廊环绕，三楼缩小为三间　　5 嘉峪关瓮城为长方形，其城门与主城门成90度，有利于防御　　6 嘉峪关帝庙供

奉武神关羽，这是军事衙署供奉的神祇　　7 西瓮城门额题"会极"，图后方为外城门楼

热河长城龙盘虎踞，建在蜿蜒山岭之上

延伸阅读

长城之功能与构造

　　修筑长城主要是为了防御，因北方游牧民族擅长骑射作战，在辽阔的地方纵横驰骋锐不可当，故设计高耸城墙阻挡，以保卫中原。长城平均高度为7.8米，平均宽度底部6.5米，上部5.8米，常故意选择险峻的山势作为屏障而筑，可据险以守，实例可见于北京司马台、承德金山岭长城。为加强防御，许多地方还有复线，即两道以上的长城，所以万里长城实际的长度不止万里。

　　长城城墙的构造，早期多用夯土，亦有三合土。较讲究者，则加入芦苇秆或柳条，以强化构造。明代由于烧砖技术大为进步，多改为砖石构造，今天在北京八达岭所见者，即为明代长城。

1 居庸关城门，门内石板道留下车辙痕迹 　　2 居庸关元代云台，为一种过街塔，惜塔已不存，仅余台座 　　3 阳关烽燧建于小丘之上

延伸阅读

长城的特有建筑

　　明代对于北方边疆的防御始终未敢松懈，在绵延万里的土地上，以较为坚固的砖石构造重修长城，并分地设守，在九个重要的边镇设置九镇，加强军事部署。长城为了以少数兵力据险以守，特别选在地形险要之处建筑各种设施，包括墙台、敌台、登城道、障墙及烽火台等。明成祖永乐帝更在北京以北的长城，加强建设长城的防御功能，材料坚固，且设计巧妙，有些地段充分利用山势及陡坡，形成人工与自然紧密结合的防御工程。

　　长城每隔百米左右建有敌台，又称为"哨楼"，敌台上建楼阁的则称为"敌楼"，以利瞭望敌情。在险要至高之点亦常设置"烽火台"，又叫"烽堠"，汉代称"烽燧"，明代则称为"烟墩"，具有迅速传递军情的功能。传递信息的方法是白天燃烟，夜间举火，所以一旦边疆有事，各个山头的烽堠就点燃烽火，可在极短的时间内将信息传回京师。在山口要塞的地方，还有另一种"关隘"建筑，即在险要处再设置军事要塞，如娘子关、雁门关、山海关、居庸关等。

1 八达岭长城之敌台近景，它使用圆券与梁柱混合的构造　　2 八达岭长城马道有蹬道可供上下　　3 八达岭长城盘山越岭，犹如一条巨龙　　4 八达岭长城可见每隔数百米建造的敌台或烽火台

延伸实例

八达岭长城敌台

　　居庸关是北京以北最近的重要长城关隘，在山谷中央设立数座城堡，从外而内为外边墙、岔道城、居庸外镇、居庸关及南口。其中居庸外镇跨在八达岭山谷，被称为"八达岭长城"。八达岭长城与司马台长城都建造了许多敌台，其中主要为空心敌台，即内部以砖拱构成数个房间，可供住宿兵士及储备粮食武器，周围厚墙辟瞭望口及炮窗。明代首先创设出这种复杂的军事设施，据说灵感得自民宅之防御碉楼。有的上层部分凸出墙面，特称为悬楼，在悬楼四周开箭窗取得制高点，以利射击。敌楼内部有木梁或砖拱构造，顶层原有以砖木混合结构修建的望亭，望亭的屋顶据考证有歇山顶、悬山顶或硬山顶等式样，有如一座城门楼，历经物换星移，现今大都不存，只余残迹供人凭吊。

八达岭长城敌台内部使用砖石构造，
并建造不同方向的穹隆顶，
明代称之为空心敌台。

八达岭长城敌台解构式掀顶鸟瞰剖视图

1 内部使用不同方向的穹隆顶

2 敌台中层设置人孔，可架木梯方便上下

3 敌台上层原有一座砖木结构铺瓦顶的望亭建

筑，但已倒毁，只剩残柱

4 宇墙

5 马道铺砖，顺应坡度也可设阶梯

6 抵御外敌的垛口有小窥孔

地点：北京市延庆区　　　年代：明弘治十七年（1504）建

41

宫殿

紫禁城三大殿

> 明清宫殿建筑的最高典范，结构严谨，造型庄严
> 地点：北京市东城区故宫内

从景山看神武门及紫禁城全景

明成祖永乐帝像

紫禁城三大殿立在三层石台之上，

台上围以汉白玉石"重台勾栏"，

共有1142个"殿阶螭首"散水，

下雨时千龙吐水，非常壮观。

从空中俯瞰工字形三层石台，可见太和殿用重檐庑殿顶，

中和殿用攒尖顶，而保和殿用重檐歇山顶，主从分明。

右图掀开太和殿，可见殿内宽阔空荡，

只在中心设置一个宝座，借以凸显天子之权威。

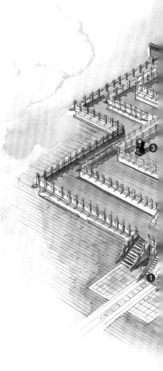

　　北京紫禁城是中国明清两朝帝王的皇宫，在近五百年的岁月中，共有二十四位皇帝在此处理国家大事。"紫"源自紫微垣，象征非常崇高的星；"禁"是禁制，表示戒备森严。

　　明成祖于永乐四年（1406）开始筹建紫禁城，至永乐十八年（1420）落成，其中工程前期的策划与备料占去十年之久，而正式施工仅耗时四年。这是世界上保存最完整、规模最大的宫殿。城长宽分别为961米、753米，城墙高达10米，护城河宽52米，占地约72万平方米，城内建屋9300多间，英国的白金汉宫、法国的凡尔赛宫、俄罗斯的克里姆林宫等，规模皆无法与之相比。1987年，紫禁城被列为世界文化遗产。

　　城中的太和殿、中和殿与保和殿三大殿，被公认为紫禁城的核心建筑，而乾清宫、坤宁宫与午门也都是中国宫殿建筑的典范巨构。

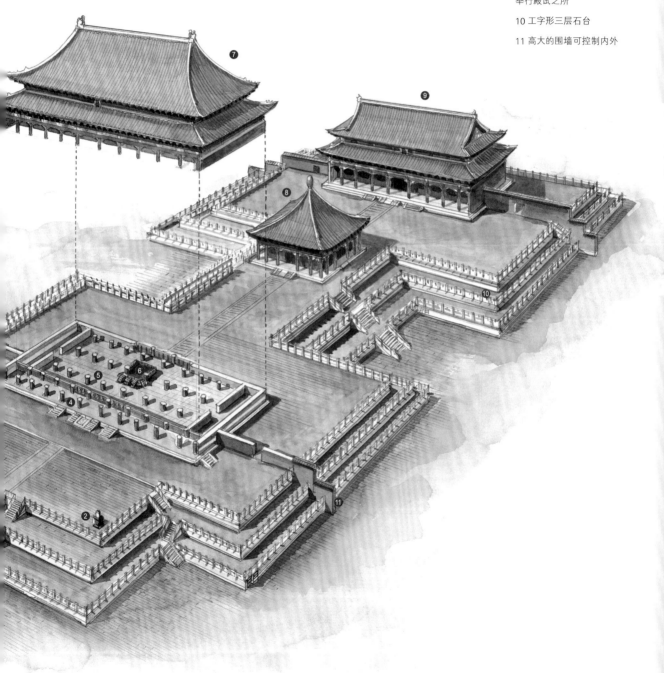

紫禁城三大殿解构式掀顶鸟瞰剖视图

1 汉白玉石御路雕云龙及海中仙山

2 日晷

3 嘉量

4 太和殿面宽原为十三间，清初改为十一间

5 内部共享七十二根巨柱，柱列成林，极为壮观

6 太和殿是举行皇帝即位、大婚、出征等大典之所

7 重檐庑殿顶使用推山法，垂脊略弯曲，使屋顶曲面更显挺拔

8 中和殿为正方形，是太和殿的准备室

9 保和殿为册立皇后之地，也是举行殿试之所

10 工字形三层石台

11 高大的围墙可控制内外

年代：明永乐十八年（1420）建成　　　方位：坐北朝南

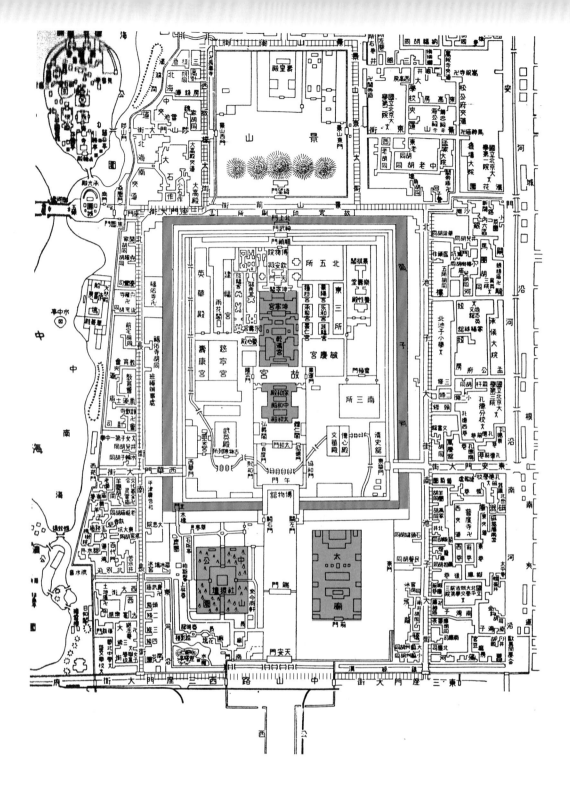

紫禁城平面图

可见外朝内廷、左祖右社之形制。取自《旧都文物略》（1935，北平市政府印）

1 午门内金水桥，呈弯曲玉带形，自西向东而流，具有五行之意义　　2 午门形制源于汉阙，左右凸出高墙及楼观

外朝内廷、左祖右社的布局

紫禁城所在位置原是元大都城内的宫殿，当时宫殿西侧已经有人工开凿而成的太液池，宫殿背后则是利用挖池所得土方填成的万岁山（清代改称景山），紫禁城的大体环境、地貌在当时已见雏形。明成祖在位时，欲将首都由南京迁至北京，于是拆去前朝宫殿，改筑新宫；中央以紫禁城为核心，外围皇城，再往外是北京内城，最外是北京外城，反映了"王者必居天下之中"的思想。我们今天所见的紫禁城，其基本布局与整体规模，都是最初永乐年间建造这座宫城时就已奠定的；此后尽管明、清两朝都曾对宫中建筑予以修葺、加建，但皆只限于局部性的改动。

紫禁城坐北朝南，背山面水，前有玉带形金水河，其河水引自城西太液池—西方在五行属金，金生水，故称为金水；城后有景山拱卫。整体布局着重礼制风水，城内建筑依据周礼宫殿制度"外朝内廷，左祖右社"而设计。外朝是皇帝上朝、举行大典之所，以中路的太和殿、中和殿及保和殿为中心，称为"前三殿"，前三殿两翼又设有文华殿及武英殿。内廷则是皇室生活起居的空间，以乾清宫、交泰殿及坤宁宫为主，称为"后三宫"。左祖是指左边所设太庙，祀先皇列祖；右社指右边所置社稷坛，祭祀土地及五谷神。

作为封建王朝的宫殿，紫禁城表现出中国古代的文化内涵，特别是时间的无穷延展、空间的整体次序、建筑的尊卑关系与审美观。

皇权神圣轴线的起点 —— 午门

无论是前三殿或后三宫，都位于紫禁城内从正门（午门）到后门（神武门）所构成的这条南北中轴线上。作为紫禁城正门的午门，平面呈凹字形，其形式源流可追溯至汉阙；因形似朱雀展翅，又称为"五凤楼"，两侧长形建筑则称"雁翅楼"，整体形成三面环抱的高耸建筑，凸显皇权的尊贵。午门通常为皇帝下诏书宣旨之所。此外，明代的午门还是大臣受刑罚"廷杖"之处。

次序严谨分明的外朝三大殿

　　占据中轴线上最重要位置的外朝前三殿，以太和殿居首，中和殿与保和殿接连在后，三者均立在同一座平面呈工字形的三层石台上。石台使用汉白玉石栏板与望柱，普设螭首散水，大雨时千龙吐水，气势恢宏壮观。太和殿前丹陛立有"日晷"与"嘉量"，表示国家一统时间与空间之标尺。

　　太和殿，明初称为"奉天殿"，清代始改此称，俗称"金銮殿"，是举行皇帝即位、大婚、出征等大典的场所。"太"是伟大的意思，"和"是和谐，普天下和谐，立意深远。明代面阔原为十三间，至清代因遭雷击改为十一间，宽达60米，进深五间达33米，高30.05米，为中国现存最大的宫殿建筑。屋顶采用中国古建筑中最高等级的屋顶形制 —— 重檐庑殿式，以七十二根楠木巨柱支撑，中央六根金柱镏金，室内宝座上方为八角藻井，藻井中央倒悬一颗宝珠，益显华丽而尊贵。中和殿，明初称"华盖殿"，位居三台之中，是一座单檐四角攒尖顶的正方形殿堂，面宽五间，规模明显小于前后两殿。它是皇帝上早朝前的准备殿，殿内备有銮轿。保和殿，明初称"谨身殿"，清初改称"保和殿"，为重檐歇山之殿堂，面宽九间。明代在此举行册立皇子、皇后大典，再至太和殿升座，清代则成为科举殿试场所。保和殿后有一条全紫禁城最大的御路，在一块巨大石板上雕出九条云龙盘踞，构图严谨，姿态极为生动。

1 太和殿屋顶使用推山法，垂脊做成曲线，可增长正脊 / 2 三台之散水螭首，雨天可见千龙张口吐水的壮丽情景

内廷后三宫格局呼应前三殿

同样位于中轴线上的后三宫，布局与前三殿巧妙呼应。居首的乾清宫为面宽九间、进深五间、高20余米之重檐庑殿顶大殿堂，是内廷最高大的宫殿，从明代至清初皆为皇帝居所。但自雍正即位，移居养心殿后，乾清宫即改为接见外国使臣及内廷举行典礼之所。清初在殿内正中悬挂"正大光明"匾，以匾后放置钦定皇位继承者之密函而闻名。居中的交泰殿面宽、进深皆为三间，形制与中和殿相同，亦为单檐四角攒尖顶的正方形殿堂。作为内廷之行礼殿，每逢重大节庆，皇后即在此接受朝贺。坤宁宫为面宽九间、进深三间的重檐庑殿顶殿堂，形制与乾清宫相近，只是规模略小。明代与清初作为皇后寝宫，尔后室内格局在雍正年间仿沈阳清宁宫而更改，置大炕，炕上祭神，门偏东而不置中，以保存满族的风俗。另外，坤宁宫设有东暖阁，作为皇帝大婚之洞房。

明代称为奉天殿的太和殿，

为中国现存最大的宫殿建筑，

面宽十一开间，进深五间，

曾因遭雷击发生火灾而重建数次。

殿内除皇帝可就坐于宝座上的龙椅，

所有觐见者都必须站立。

1 太和门天花为工整的"井口天花"，并出现隔架科斗拱，用色典雅　　2 太和殿内藻井
中心垂下龙珠，称为"龙井"　　3 太和殿内部富丽堂皇，使用井口天花与藻井

紫禁城太和殿解构式剖视图

1 大额枋施以华丽高贵的和玺彩画

2 檐柱

3 檐柱与老檐柱之间为廊道

4 老檐柱

5 挑尖随梁

6 挑尖梁

7 大小相同的斗拱成排，兼有结构与装饰作用

8 中央六根金柱，表面沥粉安金云龙

9 方砖铺地

10 宝座为皇帝座椅，前有三出陛阶，后有雕龙金色屏风

11 隔架科斗拱位于大梁与随梁枋之间

12 八角藻井中央有一条蟠龙，口中衔垂下一颗涂水银的大玻璃球，具有龙吐宝珠之吉祥寓意

13 天花板将上部的梁架遮住

14 七架梁

15 清式宫殿屋顶斜度使用"举架法"，自五举到九举，从下至上逐渐升高斜度

1 太和殿内宝座，设三出陛阶，背面围以木雕屏风　　　2 乾清宫内部高悬 "正大光明" 匾，匾后传说为清帝选立皇储暗藏密函之处　　　3 中和殿为单檐四角攒尖顶，坐落于太和殿与保和殿之间　　　4 保和殿为重檐歇山顶，殿后之汉白玉石御路为紫禁城之杰作　　　5 乾清宫为重檐庑殿顶，比太和殿小一些

5

延伸阅读

良匠上材打造的巍峨宫殿

　　明初紫禁城的营建不但经过十年漫长而周延的计划，而且集结中国各地良工巧匠参与，特别是许多南方匠师纷纷北上，例如石匠陆祥、瓦匠杨青、江苏吴县（今苏州市吴中区）的木匠蒯祥，以及专司规划设计的陈珪、吴中、蔡信，乃至来自越南的太监阮安等。清初紫禁城大修则由良匠梁九督造。

　　建造材料亦精选各地上材，如汉白玉石产自北方，木材则来自长江上游或江浙的山林。运输时，通常将木料投入河中，待雨季洪水涨时，依赖大河运输。石材多采自北京附近的房山与盘山，利用冬天沿途凿井，洒水结冰，让石料在马路的冰道上滑行。琉璃瓦明代烧制于门头沟，因交通不便，加设一琉璃厂于京城附近的海王村。紫禁城建成后，废海王村之窑厂，该处日后成为古董书画店铺群集的文化大街，"琉璃厂"的地名仍延续至今。

1 紫禁城角楼远观，前为宽阔的护城河　　2 角楼的屋顶为十字脊与四座歇山顶之组合

延伸阅读

紫禁城角楼

　　紫禁城角楼共有四座，分别立在东北、西北、东南、西南的转角城墙上。其造型玲珑秀丽，展现了与城内重重殿宇不同的设计趣味。另一个有趣的比较是，北京城墙的四隅一样也建角楼，但规模庞大，墙上留设许多炮口，显得极为严肃；而紫禁城角楼则采用迥然不同的建筑形式，虽是为了登高眺望之防卫功能，却呈现出优雅与气势兼具之外貌。

　　紫禁城角楼之外即是护城河，楼阁耸立在城墙高台之上，可得倒影之趣，远看犹如宋代园林界画之琼楼玉宇。它平面呈十字形，角隅呈折角形，室内光影变化明显，中央为三重檐的双向歇山顶，交会成所谓的十字脊屋顶，中心有一座金色宝顶。面对城外的方向又加重檐歇山顶，山面朝前。面对城墙方向的另外两端则略凸出，使用标准的重檐歇山顶。细算之下，一座角楼共使用八个歇山顶，出现十个山花，共有七十二条屋脊。这座美观而复杂的建筑展现明清建筑的特色，取精用宏，结构严谨，不用辽宋时期的减柱或移柱法。它的梁柱结构非常巧妙，所有屋顶的重量都通过斗拱与水平梁枋，传递到二十根柱子上，而室内不出现任何一根立柱，形成一个无柱的空间。四周不用高墙，只安置格扇门窗，引进自然明亮的光线，极为神奇。总之，这是一座将力学与美学结合无间的建筑杰作。

角楼凸出于紫禁城之城墙拐角处，
为了呼应转角的特性，
运用数座歇山顶相交，形成十字脊，
且室内不出现任何柱子。
一座小建筑拥有七十二条屋脊，
可谓极尽华丽繁复之能事。

紫禁城角楼解构式掀顶剖视图

1 正吻
2 十字脊交叉，中央凸出金色葫芦形宝顶
3 博风
4 山花
5 带重昂的斗拱围成一圈
6 以井字形梁枋重叠构成屋顶骨架，使得室内成为无柱空间
7 檐椽
8 仔角梁
9 老角梁
10 天花板，遮住上面的梁架
11 室内无柱
12 格扇门窗
13 槛墙
14 汉白玉石所雕的勾栏

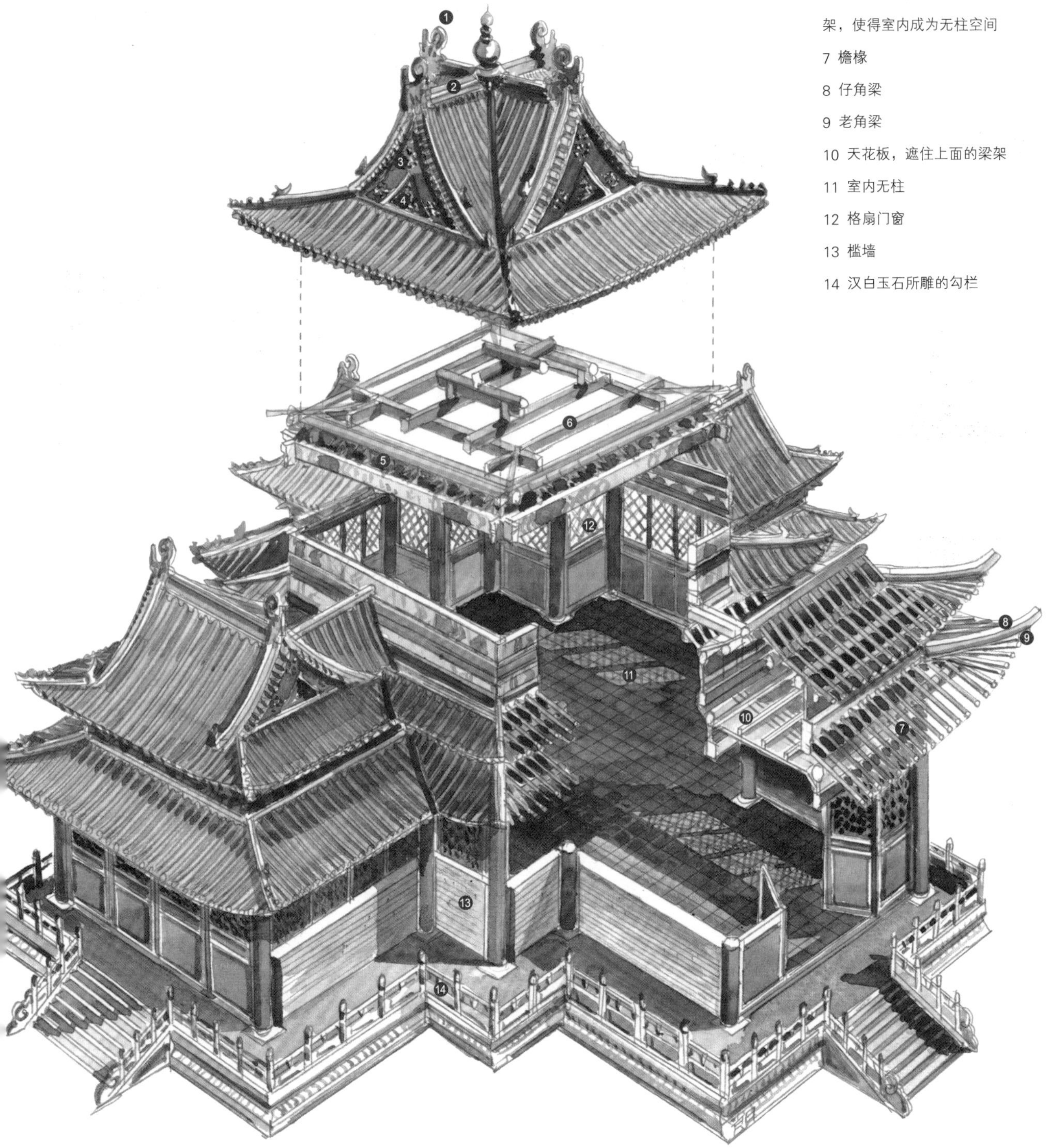

延伸议题

台基与抱鼓石

　　台基犹如一座建筑的脚。先秦时期台基称为堂，汉代画像砖上的建筑已可见之，其形状较简单。佛教艺术传入中土后，受中亚及印度方面的影响，产生了一种称为须弥座的台基形式。须弥座原来多用于佛像基座，后来渐为建筑设计所吸收。唐代五台山佛光寺佛台未做须弥座，但敦煌石窟中的佛龛中却普遍出现。宋辽时期的佛塔广泛采用须弥座。至明清时期，须弥座台基则成为宫殿及重要建筑的标准设计，不但施用于殿堂，连照壁、城墙也可见之。

　　须弥座台基外观上最明显的特征是具有曲线的束腰，即上下凸出莲瓣，向上的莲瓣称为仰莲，向下的称为覆莲或合莲，而中段凹入，有如人腰。另外，最下缘做成脚状，称为圭脚；福建及广东一带的圭脚做成类似家具的柜台脚，称为地牛。而束腰部分出现竹节柱，相信也是经漫长演变，融入地域特色之结果。

　　高等级建筑的台基在明清时出现了"散水螭首"，即在勾栏之下凸出龙首，特别是在台基转角伸出巨大的龙头，雨水可自龙口内流泻而出，极为传神。紫禁城三大殿上千只龙首雨时一起散水，气势磅礴，场面壮观。

　　尊贵的建筑，其台基正前方尚可见御路，它是从"礓磋"演变而来，古时供马车出入的斜坡，后世逐渐转变为较为陡峭的御路，并常制作云龙或海上三仙山等题材的浮雕。紫禁城保和殿后有一座以巨石雕成的御路，长逾16米，宽逾3米，号称为中国现存实例之冠。

　　抱鼓石常见于栏柱或门楹之前，"抱"有贴附之意。其形如圆鼓，古时也称为"石球"，因形如扁圆之玉石。明清时期牌坊、石桥、祠庙及宅第多喜用精雕之抱鼓石。福建地区的抱鼓石常雕螺纹，象征龙生九子之一的椒图，即螺蚌，性好闭，可司门。

1 河北清东陵麒麟形抱鼓石，形如吴带当风　　2 北京定陵台基及散水螭首，鼻头朝天并张口，造型雄伟　　3 洛阳唐代古墓可见须弥座之莲花瓣浮雕　　4 北京碧云寺牌坊抱鼓石造型雄浑，并雕出鼓钉　　5 北京紫禁城保和殿后之汉白玉石雕御路，九只云龙扭转翻覆，极为生动　　6 昆明圆通寺之抱鼓石及望柱顶皆用石狮题材　　7 山西五台山塔院寺抱鼓石出现三个鼓，具动态感　　8 五台山龙泉寺勾栏，其望柱用莲花及莲蓬装饰　　9 福州涌泉寺陶塔之须弥座，壸门内以小狮装饰，其下又有金刚力士　　10 苏州关帝庙抱鼓石下有三角巾　　11 河南少林寺抱鼓石及望柱　　12 河南开封山陕甘会馆之抱鼓石夹住木柱，具结构作用　　13 昆明圆通寺抱鼓石下置莲瓣须弥座，雕工极精　　14 广东番禺余荫山房抱鼓石独立于石柜台上　　15 苏州网师园之抱鼓石，石鼓有向前滚动之势

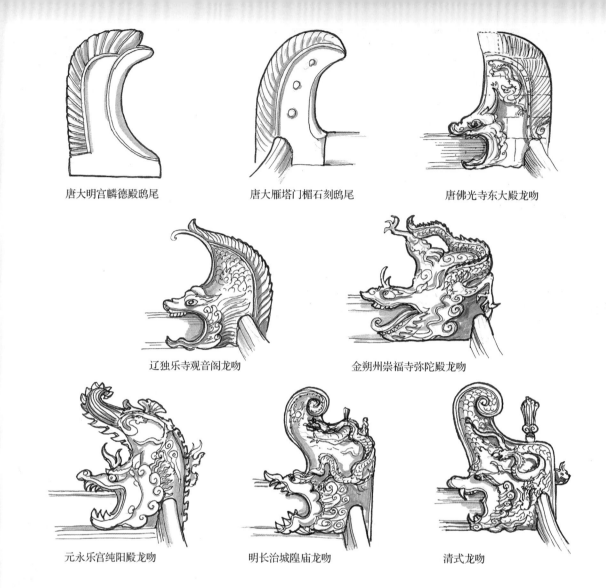

唐大明宫麟德殿鸱尾　　　　唐大雁塔门楣石刻鸱尾　　　　唐佛光寺东大殿龙吻

辽独乐寺观音阁龙吻　　　　金朔州崇福寺弥陀殿龙吻

元永乐宫纯阳殿龙吻　　　　明长治城隍庙龙吻　　　　清式龙吻

延伸议题

脊饰

　　中国建筑中，屋脊装饰虽非重要构造，却因其位于屋顶最高点而成为人们注视的焦点。古人敬天，善飞翔的鸟禽被尊为通天之媒介，汉代画像砖石的门阙屋脊上常见凤凰栖息。云冈石窟的浮雕屋脊可见"鸱尾"，或可推测六朝时期中国建筑脊饰从汉代的巨鸟转变为尾巴。唐大雁塔门楣石刻更清楚描绘出鸱尾的细节，其造型与日本奈良时期实物几乎相同，只有尾部，不做头身。

　　宋画中所见的脊饰已开始转变，除鸱尾外，还出现了龙与螭，张开大口咬住屋脊，因而称为"龙吻"；也偶有龙头朝外的情况。水龙具有压火神祝融之寓意，后世为了防火，

渐盛行龙吻。明清的宫殿已不做鸱尾，大多流行龙吻。在正脊两端称为正吻，在垂脊的称为蹲兽或走兽，通常依等级高低安置数量不等的各种蹲兽，例如龙、凤、狮子、天马、海马、狻猊、押鱼、獬豸、斗牛、行什，最前面为仙人，或俗称"走投无路"。

　　事实上，我们在中国南北各地访察，发现寺庙或民居所采用的脊饰真是琳琅满目，有鳌、螭、鲤等水族，也有燕子、凤凰、哺鸡等飞禽，甚至也用狮、象、虎、豹等走兽。寺庙也常用宝珠、法轮、香炉、宝瓶、葫芦、福禄寿三星、法器、天宫楼阁及天笁，色彩艳丽，充满各种辟邪纳祥的含义。

1 承德外八庙须弥福寿之庙脊上行龙弓背，极为少见　　2 五台山显通寺殿吻背上插一柄宝剑　　3 显通寺铜殿用四只脊兽，不用仙人　　4 广东番禺余荫山房人字脊朝天扬起，颇得书法神韵　　5 北京紫禁城皇极殿脊兽，包括仙人、龙、凤、狮、天马、海马、狻猊、押鱼、獬豸、斗牛与行什等　　6 浙江绍兴禹王庙龙吻，张大口咬脊，状甚有趣　　7 山西芮城永乐宫三清殿正吻，咬住正脊　　8 山西静升文庙之琉璃脊饰，脊上置楼，并供置狮象驮宝瓶　　9 山西洪洞广胜寺脊上置楼阁陶饰，民俗传说为仙阁　　10 浙江龙门民居门楼有铁制寿字形脊饰　　11 杭州岳王庙之正吻为龙头鱼身之鳌　　12 浙江永嘉地区建筑中的龙凤脊，造型灵活

42 紫禁城文渊阁

为庋藏《四库全书》及善本古籍而建的藏书阁

地点：北京市东城区故宫内

文渊阁面宽为较罕见的六开间，象征"天一生水，地六成之"。外观以黑色与绿色为主，具防祝融之灾的寓意

珍藏纸本书籍的场所要避光、避热与避潮气，

文渊阁以架高与多层墙壁来解决。

右页图剖开局部墙体，

一窥内部空间。

　　清代为典藏珍贵书籍，曾建造数座藏书楼，在圆明园建文源阁，热河避暑山庄内有文津阁，东北盛京沈阳有文溯阁，其他还有文宗阁、文汇阁及文澜阁等。但这些于今大都不存，书籍亦散失。

仿宁波天一阁的宫廷藏书阁

　　紫禁城内典藏图书之所有多处，其中以庋藏《四库全书》的文渊阁最为著名。事实上，明代也有一座文渊阁，建于文华殿之前，储存皇室收藏的宋版古籍及明成祖时期编纂的《永乐大典》，但在明末李自成攻陷北京时被毁，清代乃在乾隆四十一年（1776）在文华殿的后面重建文渊阁。

　　文渊阁模仿江南宁波的天一阁建筑而设计，外观为两层，但内部有三层。前面辟水池，池中架石拱桥，水池蓄水以备防火之用。天一阁为明代宁波著名的藏书家范钦所建，庋藏丰富的珍本古书。据说乾隆皇帝命官员到天一阁查访，回北京后依其样式仿建。

紫禁城文渊阁解构式剖视图

1 水池兼为消防备用

2 边间设置防火阶梯

3 石檐挑

4 夹层廊道

5 二楼藏书柜

6 三楼藏书柜

7 博风板

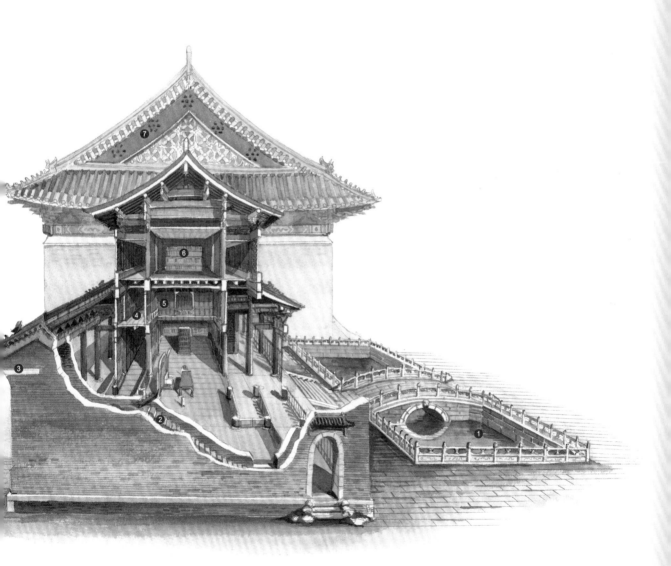

年代：清乾隆四十一年（1776）重建　　方位：坐北朝南

1 文渊阁正面设两层廊道，提高防潮效果   2 文渊阁侧面高大的山墙，设腰檐及圆拱门

天一生水，地六成之

　　文渊阁作为皇家典藏珍贵书籍的建筑，其平面与剖面设计具明显特色。柱子排列方面，前面三排，后面也三排，可能是为了避开阳光直射。正面的格扇门窗装在第三排柱子间，因此前廊特别宽。正面又故意设计为六开间，不用奇数，乃引《易经》的"天一生水，地六成之"理论，以水制火。另外，文渊阁的外观，包括屋瓦用黑色与绿色琉璃瓦，门框栏杆漆成绿色或黑色，雕刻方面多用龙纹，这些象征都是为防火而设计。

　　其次，在剖面设计上，设置暗层，夹在一楼与三楼之间，暗层可连通左右。中央三间形成高敞的广厅，广厅之光线只限于地面的反射光，而夹层的书架不受光害。广厅的功能相当于阅览室，摆上桌椅，提供舒适的阅读空间。

　　楼梯设在西侧，夹在两片厚墙之间，上梯之后可达三楼宽大的藏书室，沿墙壁排列整排巨大的书架，书架之间设小方桌。三楼前后设廊，廊外为窗扇，兼具遮光、防潮及通风之功能。

1 文渊阁左侧的碑亭，屋顶仿江南常见盝顶，富曲线之美　2 北京东岳庙的乾隆御碑亭为正方形平面，上覆重檐歇山顶，四面皆辟门及四出阶是其建筑特色

北京东岳庙乾隆御碑亭解构式掀顶剖视图

1 垂带　　　　　　4 碑首雕六尾盘龙纹，龙
2 四出踏阶　　　　　身互相盘绕，如毛线球
3 赑屃驮负御碑　　　5 平板枋
　　　　　　　　　　6 正吻

延伸阅读

乾隆御碑亭

　　文渊阁除了前面的长方形水池外，东侧有一座小巧的碑亭，内置乾隆皇帝撰写的《文渊阁记》石碑。碑亭为正方形，四面辟门，碑座雕赑屃承托，屋顶做盝顶式攒尖顶，颇有江南建筑之韵味。清代皇帝的御碑非常考究，一般做正方形，四出石阶，屋顶多用重檐歇山式，如北京东岳庙的乾隆御碑亭，而文渊阁的碑亭只用单檐，两者可做比较。

1 近年修建的香云亭，工精艺巧，瓦上的积雪是对冬天的礼赞 　2 千秋亭与万春亭为上圆下方十二角亚字形，平面十字折角，四出抱厦

3 亭内可见四边斗拱出跳以承圆形藻井，四周环列小窗射入天光，增添庄严气氛

延伸实例

紫禁城千秋亭与万春亭

　　紫禁城御花园中有一对小巧玲珑的亭式建筑——千秋亭与万春亭，同样形式与构造的建筑也见于雨花阁北边的香云亭。据史载，千秋亭与万春亭始建于明嘉靖十五年（1536），清代数度重修。其中央主体为上圆下方的重檐亭，下檐四面皆凸出抱厦，扩大了室内面积，同时也创造出折角墙体，兼具造型变化与构造稳定之优点。

　　天圆地方的形象思维一直贯穿着中国古代的设计史，也引发天人感应之思想，早在新石器时代的圆璧与方琮即象征天与地。千秋亭与万春亭的上檐为圆形攒尖顶，天光自檐下导入，下檐转为十二角的方形顶，四出阶，此为空间的缩影；再冠以时间的"千秋"与"万春"之名，实为宇宙的含义。易言之，即天长地久。

紫禁城千秋亭与万春亭解构式掀顶剖视图

1 折角须弥座，汉白玉勾栏

2 方亭平面象征地

3 四向凸出抱厦

4 以由戗（斜角梁）围成锥形木骨屋架

5 雷公柱

6 圆形攒尖屋顶象征天

43 紫禁城宁寿宫禊赏亭

皇家苑囿

> 将山林幽谷意境的兰亭雅集与修禊流觞集约为一
> 座方亭，曲水转为篆文
>
> 地点：北京市东城区故宫内

在空间有限的乾隆花园中，

以浓缩咫尺山林技巧展现兰亭修禊意境，

亭、轩、渠与水源皆安排很紧凑。

右页图将这些空间关系以局部掀开屋顶来说明。

　　紫禁城偏东的地区有一座宁寿宫，始建于清康熙二十八年（1689）。乾隆三十七年至
四十一年（1772—1776）将宁寿宫前殿建为皇极殿，作为在位六十年之后的太上皇宫殿，其
后殿变为现在的宁寿宫。其地虽狭长，却巧妙地配置许多殿堂，并安排小巧紧凑的园林。宁
寿宫花园从南至北分布衍祺门、禊赏亭、古华轩、遂初堂、三友轩、萃赏楼、符望阁及倦勤
斋等建筑。在这些楼阁殿堂之间，穿插一些园林造景、假山与水池，景致变化多端，为紫禁
城中的一颗明珠。

　　位于宁寿宫花园南端的禊赏亭，在有限的空地中，采用高耸秀丽的正方形攒尖顶，面宽
三间，进深亦三间，三面凸出卷棚顶，并且将殿与亭的柱子合用，以减少两根柱子，达到空
间流畅的效果。禊赏亭将广布于自然地形的流杯渠缩小，所谓咫尺山林纳于方亭之内。

年代：清乾隆三十七年至四十一年〔1772—1776〕建　　方位：坐北朝南

宋《营造法式》　　　明《环翠堂园景图》　　　北京潭柘寺猗玕亭　　　清紫禁城禊赏亭

历代流杯渠造型示意图

从宋朝至明清时期几种有如篆书形式的流杯渠，清代似有复杂化现象

1 禊赏亭内的流杯渠，蜿蜒水渠可减缓酒杯的流速，延长在渠道内的时间，参加春禊流觞者之席位分列于四边　　2 北京恭王府内的流杯渠　　3 潭柘寺
流杯渠图案较复杂，本图从南边视之有如龙，上有一对鹿形角

古老的春禊传统

中国的流杯渠可以追溯至很古老的历史典故，"禊"原是古时禳灾祈福的祭祀仪式，通常在春天举行，系以水洗净，象征去除不祥。春秋时代，贵族常在三月举行被禊仪式，尔后逐渐转变为游乐性质。至魏晋南北朝，文人雅士常在三月三日举办春禊，聚集志同道合者修禊吟咏，以文会友，寄情于山水之间。最出名的春禊应属东晋永和九年（353），王羲之邀集友人在会稽兰亭举行文会，事见《兰亭集序》谓"茂林修竹，又有清流急湍，映带左右。引以为流觞曲水"，一面饮酒，一面吟诗文。

宋《营造法式》流杯石渠

后世兴筑园林常有模仿之作，在面积较小的园林里，以缩小尺度设计流杯渠。宋代《营造法式》石作制度谓"造流杯石渠之制，方一丈五尺，其石厚一尺二寸，剜凿渠道，广一尺，深九寸，其渠道盘屈，或作风字，或作国字"。比对宁寿宫禊赏亭，渠道有如篆文之曲折。古有"引水界气"之风水理论，流水如玉带，曲水能引入吉祥之气。被禊习俗本有澄怀心境之寓意，以篆文形的蜿蜒渠道规范曲水，将流杯提升为仪式。不过禊赏亭的水源不足，因此在亭之南侧筑假山，假山上暗藏水缸，当有"曲水流觞"活动时，命人在水缸中充水，令其缓缓流入石渠中。

潭柘寺引自然山泉注入流杯渠，纳在四方亭内，布局较严肃方正

1 流杯渠从南向北看似龙首，从北向南看有如虎头，中央两圆孔为双目

2 山泉自散水螭首流出，经明沟导入流杯渠

3 种植修竹，以符合王羲之《兰亭集序》的描述

4 坐凳兼具栏杆作用

5 抹角梁为斜构件

6 老角梁为翼角主要承重构件

7 仔角梁可将翼角起翘垫高

8 金桁

9 雷公柱立在中心点，有如垂莲

10 由戗，为斜角梁

11 四角攒尖顶

12 宝顶

延伸实例

北京潭柘寺猗玕亭

北京园林中还有数处设有流杯渠，在西郊门头沟潭柘寺猗玕亭中也有一实例，始建年代不明。其水源充沛，泉水自山麓涌出，从一尊汉白玉雕的龙口倾注，流入石渠。石渠为正方形，上覆方亭，亭旁广植竹林，比附《兰亭集序》所写"茂林修竹"。渠道蜿蜒而行，民间传说渠道从南向北看如龙首，从北向南看犹如虎首。亭之边长只有约3.3米，而渠道长达13.3米，可使流杯驻留较久。

地点：北京市门头沟区　　方位：坐北朝南

44 避暑山庄金山岛

清代规模最大的帝王行宫中，引河水而入塑造湖岛，苑囿取法江南名景意境，以水平殿宇、曲形廊与垂直楼阁共构而成胜景

地点：河北省承德市双桥区

金山岛位于澄湖东南岸，山岭为人工堆筑，山顶耸立玉皇阁

避暑山庄金山岛实即模仿

江南镇江金山寺，它以码头为入口，

登岸后可自爬山廊道拾级而上，到达山顶的两座建筑：

其中呈水平开展的是"天宇咸畅"殿，供俯瞰全岛；

若更上一层楼，登上垂直拔地而起的"玉皇阁"，

则四面八方湖光山色尽入眼中。

　　承德避暑山庄是一座融合中国南北园林设计精神的皇家园林，也是中国古代帝王离宫苑囿的代表作。创于康乾盛世时期，至今保存完整，1994年被联合国列为世界文化遗产。

　　17世纪中期清军入关统治中原后，为了避免军心涣散，朝纲不振，每年定期在热河举行狩猎活动，由皇帝率领文武百官参与其事，活动范围极广，狩猎之地时称"木兰围场"，并普设行宫数十处。后来发现承德武烈河畔的行宫山水环境优于他地，遂在此积极规划，扩大建筑。这里除了园林，还有宫殿，夏天暑热时，皇帝常驻承德处理政务，接见西藏、蒙古贵族，故谓之"避暑山庄"。避暑山庄自康熙四十二年（1703）北巡始建行宫，至乾隆五十七年（1792）建成，历经九十年方告竣工。

1 码头

2 半月形爬山廊

3 主要殿堂面宽五间，额题"镜水云岑"

4 山顶主殿额题"天宇咸畅"，与山下
 主殿、苏州亭及爬山廊共同围绕山丘，
 形成虚实相生、高低错落的布局

5 玉皇阁立在山丘上，系模仿镇江金山
 寺宝塔而建。乾隆皇帝下江南，甚喜爱
 镇江金山寺景色，故题匾"金山"

6 苏州亭

年代：清康熙四十二年至乾隆五十七年（1703—1792）建

1 由避暑山庄金山岛上爬山廊望"天宇咸畅"殿一景　／　2 避暑山庄之游廊连接各组建筑，远景隐约可见水心榭三亭，结合南方与北方园林特色　／　3 避暑山庄之假山水池，山石嵯峨，错落有致，与远处的烟雨楼遥遥相望，是一种借景的设计技巧　／　4 山庄之亭榭及假山，石山中有曲径可登高　／　5 避暑山庄的水心榭乃是在水闸桥上所建的三座亭子，中央为长方形歇山顶，两侧为攒尖顶，统一中又有变化

分区布局，层次分明

　　避暑山庄面积辽阔，基于安全考虑，仍以城墙包围山岭、平原及湖沼区。为了造景，引武烈河水进入园区，汇聚成大小湖沼，兼有水库的作用，包括如意湖、澄湖、镜湖、银湖及半月湖等。湖中设岛，为如意洲、青莲岛及金山等，有些刻意取景江南，模仿扬州及苏州名胜。

　　从整体布局来看，避暑山庄东面临河，西北边的广大区域为山岭区，起伏绵延的峰峦成为中部平原区及湖沼区的最佳天然屏障；南部则为宫殿建筑区，提供宴居与理政之所，各区功能分明。另外又在山庄之四周建立八座藏传佛教寺院拱护，称为外八庙，借宗教力量庇佑皇权安全稳固。

　　就各区景观特色来说，山岭区保留了崇山峻岭原貌，仅在山中参差安排了一些较小的建筑物，所以不至于破坏自然山林，人工与自然得到和谐的统一。中部的平原及湖沼区，以水环绕小岛，并筑堤分割湖面，凸出湖面较高者为岛，较低平者为洲，其上亭榭掩映，居高临下可浏览山光水色之美景，其基本构思可能取自古代"一池三山"及"蓬岛瑶台"之传说。南部的宫殿区，与紫禁城相仿，亦属中轴对称之严谨布局，但面貌有别于紫禁城的琉璃黄瓦与金碧辉煌——避暑山庄的宫殿有如老百姓住宅，屋顶铺灰瓦，不尚高大；主殿为楠木殿，殿中悬挂康熙皇帝题额"澹泊敬诚"。这四字为避暑山庄的建筑与园林定调，一切崇尚朴素淡雅，融入自然山水之中。

5

园林意境师法江南

康熙为避暑山庄题写三十六景，乾隆又增加三十六景，园林规划很大程度上出自帝王之意旨。康熙有诗："自然天成地就势，不待人力假虚设……命匠先开芝径堤，随山依水揉福齐。"康熙与乾隆皆曾南巡，他们特别喜爱江南秀丽的景色与园林建筑，避暑山庄的擘建也借镜于江南之经验。湖、堤、桥、亭整体仿自杭州西湖，个别园景如青莲岛"烟雨楼"仿嘉兴烟雨楼，"天宇咸畅"殿仿镇江金山寺，"文津阁"则仿宁波天一阁。乘舟游湖，循序渐进，诸景连缀，仿佛串成一首湖光幻影的组曲。

江苏镇江金山寺雄踞在江边小山上，佛殿依山而建，紧凑地配置在山腰，山顶还有一座塔，远望时金山寺犹如须弥山。而避暑山庄如意洲东边的"金山"一景也是利用湖边小丘，堆土成山，并填以巨石，形成怪石嶙峋之姿。岸边设码头供船只停泊，入口设回廊，可达山下的主殿"镜水云岑"殿。殿外有爬山廊依势起伏蜿蜒，人们沿石阶拾级而上，不同高度取得不同视野，步移景异，最后到达"天宇咸畅"殿与"玉皇阁"（又名上帝阁）。

"天宇咸畅"殿是一座三开间四周围廊的长形建筑，与山脚下的"镜水云岑"殿呼应。而玉皇阁则是一座六角形平面的三层楼阁，凸出于山丘之上，有如镇江金山寺的佛塔，是湖沼区的最高点。所谓"欲穷千里目，更上一层楼"，登楼可远眺避暑山庄湖区的美景。玉皇阁内供奉道教神明，第二层为真武大帝，第三层供奉玉皇大帝。吾人所知，清帝室崇信俗称喇嘛教的藏传佛教，但玉皇阁却是一座矗立在仙山之上的琼楼道观！

儒、释、道思想的融合

清人入关之后，大力接受汉人文化。避暑山庄的园林即运用中国传统园林的设计技巧，并引入江南名胜的构想。除了佛教信仰之外，也不压抑汉人的道教，这是清朝统治者的高明之处。承德避暑山庄的外围分布着八座喇嘛寺，其中数座大庙采用汉藏混合风格建筑；中央湖泊的金山岛，却出现一座道教的仙山楼阁；宫殿区的建筑则依循儒家五伦的思想布局。这一切似乎反映出明清以降，儒释道三家思想逐渐融合的大趋势。

45

颐和园

清代最后完成的皇室苑囿，体现古老神话中"一池三山"之意境

地点：北京市海淀区

颐和园前临昆明湖，背倚万寿山

颐和园是中国现存最大、最完整的皇家园林，

以万寿山与昆明湖构成山水主体，尺度巨大。

南北轴山坡上以对称手法布置殿阁。

从岸边逐步循阶登山，经过大小佛殿，

最后到达统摄全局的佛香阁。

它有如一尊大佛结跏趺坐，俯视芸芸众生。

东西轴沿湖岸设置长廊，串联水边各景。

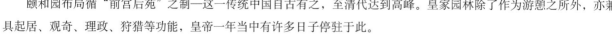

　　颐和园位于北京西北郊玉泉山麓。其址在金代原为"金山行宫"，元明时期为京郊胜地。清代大事整修，成为清皇室离宫的代表作，也是中国最后的皇家苑囿。初称"清漪园"，乾隆十五年（1750）大举扩建。咸丰十年（1860）遭英法联军破坏。至光绪年间，慈禧太后借训练水师之名，挪用海军军费修建成今日所见规模，改称颐和园。它保存良好，值得细加品味。

　　颐和园布局循"前宫后苑"之制——这一传统中国自古有之，至清代达到高峰。皇家园林除了作为游憩之所外，亦兼具起居、观奇、理政、狩猎等功能，皇帝一年当中有许多日子停驻于此。

颐和园全景鸟瞰透视图

1 昆明湖

2 "云辉玉宇"牌楼

3 排云门

4 二宫门

5 延寿寺大雄宝殿。在清末光绪
年间改称"排云殿",为慈禧生
日接受拜寿之殿堂

6 罗汉堂

7 慈福楼

8 德辉殿

9 佛香阁。原欲兴建九级佛塔,
后来只建八角形四重檐的楼阁,
内部供奉佛像

10 宝云阁铜殿

11 转轮藏

12 "万寿山昆明湖"巨大石碑

13 "众香界"琉璃牌楼

14 智慧海,为两层之无梁殿

15 万寿山

16 后山诸殿朝北,皆属藏传佛
教建筑

17 长700多米的弯曲长廊共有
273间,如同彩带环绕于万寿山
之前,形成负阴抱阳之势

年代: 清乾隆十五年(1750)建

山水造景，尺度雄阔

园区东为行宫，北为万寿山，南为昆明湖（仿杭州西湖在其中筑堤设岛，同时也是具有调节功能的水库），整体布局基于"北山南水"之构想。大部分建筑皆背倚山而面朝湖，登上万寿山俯瞰昆明湖，湖光山色，气象万千。水面上的长堤，将整个湖面划分为大小不等的三区，人可在湖中穿梭游览。湖中央的南湖岛（又称蓬莱岛），与万寿山遥遥相对，岛上有一座龙王庙镇守水域。湖中留设数岛的思想，可能源于《山海经》的"蓬莱山在海中"，《史记·秦始皇本纪》亦云"海中有三神山，名曰蓬莱、方丈、瀛洲，仙人居之"。南湖岛与东岸之间以一座十七孔长桥联系，似被一串念珠揽住，并不孤单，与湖、河、堤等一起交织成颐和园的人间仙境。

轴线分明，布局谨严

颐和园中最为引人注目的是矗立在万寿山顶居高临下的佛香阁。佛香阁本欲建为九级佛塔，后因基础不够稳固，改建为高41米的四重檐三层八角殿阁。阁之下方为万寿山南坡最主要的建筑群，从湖岸码头起，中轴线上依次为"云辉玉宇"牌楼、排云门、二宫门、排云殿、德辉殿、佛香阁、众香界、智慧海；主轴两侧则西边列罗汉堂（慈禧时改建为清华轩）、宝云阁铜殿，东边列慈福楼（光绪时改建为介寿堂）、转轮藏。位序随步步升高而显，到达佛香阁时回望昆明湖，更有海天一线的辽阔感受。这组庞大的建筑群采用对称布局，不像是园林的手法，反倒像是一座大佛寺。它共有三进院落。第一进从排云门到二宫门，相当于外朝房，庆典时供一般大臣休息。第二进为二宫门至德辉殿，清末作为慈禧太后休息之所，当中的排云殿整体气势形制犹如宫殿，慈禧生日时即在此接受祝寿。第三进内即是佛香阁。

佛香阁凸出于万寿山的天际线，在空间上具有统摄山水环境的作用。作为主轴的重心，佛香阁与排云殿若非体量大且非常宏伟，则难以匹配皇家苑囿巨大尺度的山水。佛香阁之四重檐八角攒尖顶，铺以金黄色琉璃瓦，极为醒目。阁后则为无梁殿结构的智慧海，外壁镶嵌五彩佛像琉璃砖，色彩绚丽。

1 排云殿全景，远处可见南湖岛，殿阁如在云雾之中，体现仙山之意　　2 万寿山上的佛香阁凸出于山棱线之上，成为山水环境中主宰轴线的一大坐
标　　3 佛香阁高居山顶，犹如仙山楼阁，平面为八角形，阁内有八根巨大木柱。曾遭英法联军焚毁，清末慈禧太后再予重建　　4 万寿山顶的智慧海
为蓝黄绿三色琉璃建筑，全用砖石建造，故也称为无梁殿　　5 万寿山转轮藏，位于佛香阁东畔

形貌多样，胜景荟萃

　　相较于前山的汉式建筑，后山的喇嘛寺则带有浓厚的藏式风格，可谓前汉后藏，泾渭分明。后山的寺庙多朝北，主建筑为立在大红台之上的须弥灵境庙，环绕四周的则为象征四大部洲与八小部洲的大小建筑，符合藏式佛寺须弥山的布局。山脚下有运河及后湖。乾隆南游之后颇为欣赏江南景色，运河两岸即仿苏州街市建筑，另成一区具有民宅性格和市井生活氛围的景点。在苏州街东端尚有一座仿无锡寄畅园的"谐趣园"，尺度缩小，自成一格，可谓园中之园。谐趣园的设计以水池为中心，环岸布置亭阁，运用江南园林常用的借景与框景技巧，意境高妙。

　　万寿山的东南角为离宫区，包括勤政殿（光绪时改建为仁寿殿）、玉澜堂及乐寿堂等建筑。山的西边则另有一番景象，主要为"清晏舫"，以石造画舫停泊于西岸码头边，显扬帆待发之意。船两舷有轮，系仿西洋轮船，而船身有轩棚，又属于中国传统做法。其梁柱易为拱券，橹桨易为轮圈，反映清末光绪年间中西文化科技交融的现象。

1 颐和园长廊全长700多米，共有273间，梁上布满14000多幅彩绘　　2 颐和园长廊各式花窗，人行走其间有如观画　　3 颐和园后山之谐趣园，系模仿无锡寄畅园而建，具有江南园林之韵味　　4 谐趣园内共有十多座亭、台、阁、榭，各以游廊相通　　5 谐趣园中近水亭榭，荷影相映　　6 颐和园东区之宫殿乐寿堂，为皇室燕居之所，殿内设置宝座及御案　　7 乐寿堂前长廊之漏窗，共有十多种不同形状，各异其趣　　8 颐和园西区的"荇桥"，桥墩雕石狮镇守，桥面如弓，桥孔可通船　　9 颐和园西区的石舫"清晏舫"，模仿西洋轮船

1

延伸议题

建筑彩画

　　建筑上布彩，中西皆然，但是中国传统建筑为保护木材，油漆彩画运用甚多，历史发展亦十分久远。《论语》中已有"山节藻棁"的记载，藻棁即指彩绘的梁上短柱；《礼记》则指出"楹，天子丹，诸侯黝，大夫苍，士黈（黄色）"，用色制度成形。实物可自出土的先秦墓室及汉代明器见之，梁枋皆施彩画。六朝之后受佛教艺术影响，彩画更扩及建筑各个部位。敦煌莫高窟之壁画，用色繁丽，美不胜收，其中，织物色彩与图案进入建筑彩画，尤其值得注意。

　　甘肃天水麦积山石窟彩塑可见梁柱上施有彩幔、彩帷或幡旗图案；织物锦纹也画在建筑之上，益增华丽。宋《营造法式》对"彩画作制度"记述极详，"五彩杂华"只是一般花草图案，"五彩琐文"则明显得自织纹的影响，包括"罗地龟文""六出龟文""交脚龟文""四出""六出"等。

至于用色方面，技法更丰富，如最上品的"五彩遍装""碾玉装""青绿叠晕棱间装"等。

　　明清继承唐宋技巧，彩画更趋制度化与图案化，有所谓和玺彩画、旋子彩画，分别施用于不同等级的宫殿寺庙。广大的南方依然保有自由的构图精神，其中苏式彩画流行于江南一带，福建与广东又别有一番风貌。有些"包袱"及"藻头"仍采用锦纹，似乎维系了唐宋幔帷装饰的精神。

　　至于壁画，多存于佛寺与道观内壁，以表现宗教明善恶、兴人伦之教化目的。元代山西永乐宫与明代青海瞿昙寺仍保有面积极大的壁画作品。另外，本为漆器精细工艺的"髹饰"，也被泉州及潮州的建筑、家具所使用，包括贴金、髹涂、描金、扫金及螺钿等，色彩富丽贵气，令人目不暇接。

1 东汉墓室壁画出巡图　　　2 洛阳龙门石窟莲花洞彩色藻井，可见唐代落款　　　3 敦煌莫高窟之壁画经变图显示水上亭阁，栏杆梁柱皆有清楚描写　　　4 莫高窟壁画经变图局部，可见多点透视构图，中央平台上舞乐启动，用色与线条极为生动　　　5 天水麦积山石窟彩绘，注意幔帐支柱的"束莲"彩绘图案　　　6 山西大同善化寺大殿藻井及天花彩绘　　　7 山西平遥双林寺龙戏珠天花彩绘　　　8 北京紫禁城天花彩绘，中央藻井全部镏金，天花用团花图案，有对比的效果与情趣　　　9 紫禁城皇极殿之旋子彩画，藻头用"一整二破加勾丝咬"图案　　　10 清东陵慈禧太后陵墓享殿之镏金彩绘，金碧辉煌　　　11 北京颐和园长廊藻井彩绘，用色明亮华丽　　　12 颐和园长廊之苏式彩绘，以"软烟云"画边框，框内风景画受西洋影响，使用透视法　　　13 皖南黄山呈坎宝纶阁之梁枋包袱彩画，这种图案多盛行于长江以南地区　　　14 宝纶阁之包袱锦纹彩画，推测古代可能包扎以真实锦绣

46

礼制建筑

登封观星台

将测日影仪器放大而成的元代天文台建筑

地点：河南省郑州市登封市告成镇

观星台全景，由方形高台与长形石圭组成

一座砖造的梯形高台，

从对称的阶梯可登上台顶，

以所配置的仪器来观测天文星象，

从四时变化领受天地恩泽。

这是科学实验的建筑，

也是感恩的建筑。

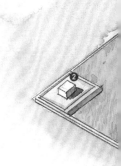

　　河南登封观星台是中国现存最古老的天文台，也是世界上少有的古代天文台。13世纪末，元世祖忽必烈为进行历法改革，授命天文学家郭守敬主持设计27处天文台和观测所，这是其中硕果仅存的一座。当时已测出一年有365天又5小时49分12秒，跟运用现代科技所得出来的数值，相差只有数十秒，足见精确度之高。古代观察天象，具有多种文化意义，不单是为了探索时空关系，了解宇宙奥秘。古人认为天地的运行攸关国祚，历代帝皇自许奉天命治国，所以敬天法祖，重视历法，借以取得合法统治权。

登封观星台全景鸟瞰透视图

1 石圭：由三十六块青石平铺而成，又称"量天尺"，上面有水槽，可校定水平

2 正方案：是郭守敬设计的一种测定方向的仪器

3 仰仪：透过此仪器可观察太阳一年中的位移

4 北向墙面中间有砖砌凹槽

5 横梁：以横梁作"表"，它的日影会投射在地面的石圭上

6 砖石踏道：盘旋而上，可登台顶

7 台顶

8 台顶房舍：建于明代，放置观象仪器，保护仪器不受日晒雨淋

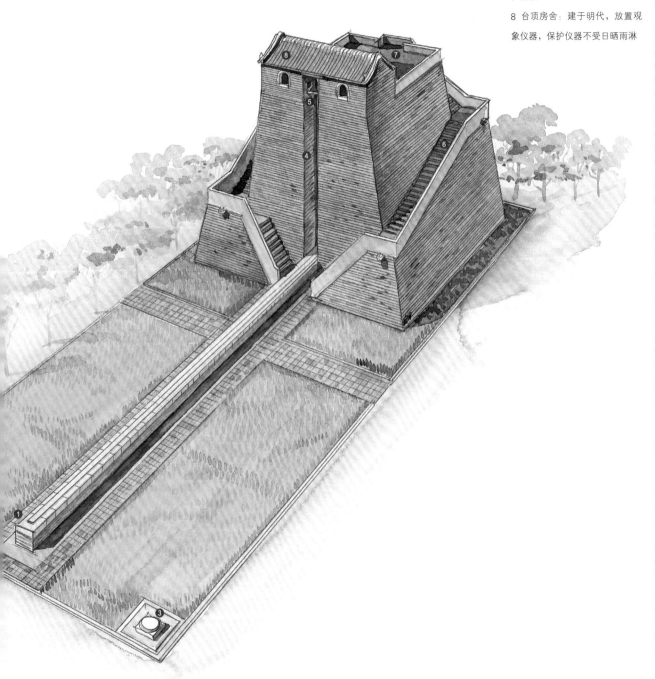

年代：元至元十三年（1276）建　　方位：坐南朝北

1

依照"圭表"放大的建筑

　　所谓"圭表"，是中国一种古老的天文仪器，主要用来测量冬至当天正午时分的日影长度，进而推算回归年的长度。水平的部分是"圭"，垂直的为"表"，表高8尺（约2.67米）。观星台实际上就是此种小型天文仪器放大而成的建筑物，以获得较为精准的测量数据。它由高台和水平的石圭所组成，台高与圭长之比约为一比三。高台平面近正方形，高约10米，由砖石砌成，左右两侧对称，设环形踏道盘绕而上。北向墙面有凹槽，凹槽上方置一横梁。石圭等于水平长尺，长逾30米，上刻有凹槽，供注水以校定水平。高台的砖砌凹槽与石圭等于是直角三角形的两个边，通过长时间观察凹槽横梁的日影落在石圭上的刻度，并记录落点移动的轨迹，即可校定时间，推算春分、夏至、秋分及冬至等四季节气。

台顶：观测星象与计算数据之所在

　　高台台顶有一间小屋，可保护众多观测仪器不受日晒雨淋。按文献及碑刻的记载，观星台上是观测星象和计算数据之所在，原放置有多种天文仪器，惜后代皆已不存。古代仪器在北京的观象台上保存较多，包括浑天仪、简仪、赤道经纬仪、黄道经纬仪、象限仪及漏壶等，紫禁城也有日晷（量时间）、嘉量（量空间）等仪器，当时天下量器皆以此为准，象征皇权控制时间与空间。

1 观星台是元代初年所建的天文台，台体斜收明显，呈覆斗形，左右设阶梯可登顶　　2 观星台上的平台及小屋，原置有天文仪器，后代佚失　　3 观星台的测影横梁架，在台体凹槽上方，横梁之日影投射至石圭上，可得相应刻度

周公测景台

延伸阅读

周公测景台

在观星台旁还有一座历史亦很悠久的"圭表"。据传周公在营建东都洛邑时,以现在的登封告成镇为大地的中心,兴建了一座土圭,以求得正日影,测量日影的四季变化。唐代以石圭替代土圭,即是今天所存之周公测景台。

延伸阅读

天文学家郭守敬与授时历

登封观星台的设计者郭守敬(1231—1316),今河北邢台人。他自幼对科学有浓厚兴趣,年轻时就根据北宋燕肃的莲花漏图拓片制作出精确的铜质莲花漏计时器,后获元世祖忽必烈赏识。初任水利官员,之后奉命改善历法,以大都的太史院为观测中心在全国各地建立观测站。此外他还设计、监制了简仪、仰仪、高表、景符、正方案等多种天文仪器,当中颇多创新。元至元十七年(1280),根据观星台及观测站所提供的大量数据,修订出"授时历",其名出自《尚书》"敬授人时",意为通知农民农耕时间,为当时最先进的历法,其精确度在当世无与伦比。今天世界通行的太阳历法至16世纪末才公布,比授时历足足晚了三百年。登封观星台旁有郭守敬的祠堂,用以纪念这位伟大的科学家。

韩国庆州瞻星台，为外观呈瓶状的石构建筑

延伸实例

韩国庆州瞻星台

位于朝鲜半岛南部的古都庆州，有一座极为古老的天文台，建于公元7世纪新罗善德女王时期。天文台以石条构成的瓶形体，上端架一井字形石梁，对准东西南北四个方位。其下端立在方形台座上，中腹辟一个方形开口，可供进出。整体造型浑厚古拙。这座瞻星台共使用362条石块，代表阴历一年的天数，叠成高达9米的圆筒。筒内下段填土，上段中空，其用法目前尚未解密，古时上面可能置有观测仪器，现已不存。据传可以测定二十四节气，被认为是东亚现存最古老的天文台，被韩国政府指定为国宝。

47 天坛祈年殿

中国最具宇宙象征的古建筑，以三重圆顶、四根巨柱与二十四根环列柱构成的祭天空间

地点：北京市东城区

祈年殿藻井为圆形，从四根金柱与八根瓜柱出斗拱，齐集顶心明镜，焕发华丽色彩

祈年殿的外观为圆形三重攒尖顶，

内部的柱子却用"外圆内方"的系统排列，

反映中国古代的方圆思想及空间观念。

右页图可见到其构造上最复杂之处在于利用

四根弧形梁圈成环形，

再于其上立短柱，

以逐渐过渡到上方的圆形藻井。

    原始时代的人类因为敬畏自然的力量，发展出崇敬天地山川之神的仪式，至周代，逐渐出现中国独特的礼制建筑。发展至明清，官方将敬奉天地日月及风雨雷电等自然现象皆视为国家的重要祭典，与对先圣先贤建造的坛庙一样，设立规制不同的坛台，其中京师所在地的天坛、地坛皆由皇帝亲自主祀，其他府县级城市除了少数结合民间传统信仰设立亲民性小型祠庙外，大部分坛庙都隶属于国家，每年特定时节由地方官员主持祭祀。朝廷皇权凭借执掌这种对自然的祭祀权力以彰显其正当性。北京天坛就是在此历史背景下建造的，作为皇帝祭天、祈雨及祈祷五谷丰收的礼制建筑。

    天坛创建于明永乐十八年（1420），为明成祖决意定都北京后所建，原用以借由天地合祭仪式来表达对自然至高无上的崇敬。至明朝中叶的嘉靖年间，以天是阳、地是阴，而改用分祭，此坛即成为独立祭天的天坛。清代天坛又历经多次修建，形成今日所见之宏伟规模。其中祈年殿为最具象征性的建筑物，曾因雷击而重修，现物为清光绪年间重建之结果。

天坛祈年殿解构式剖视图

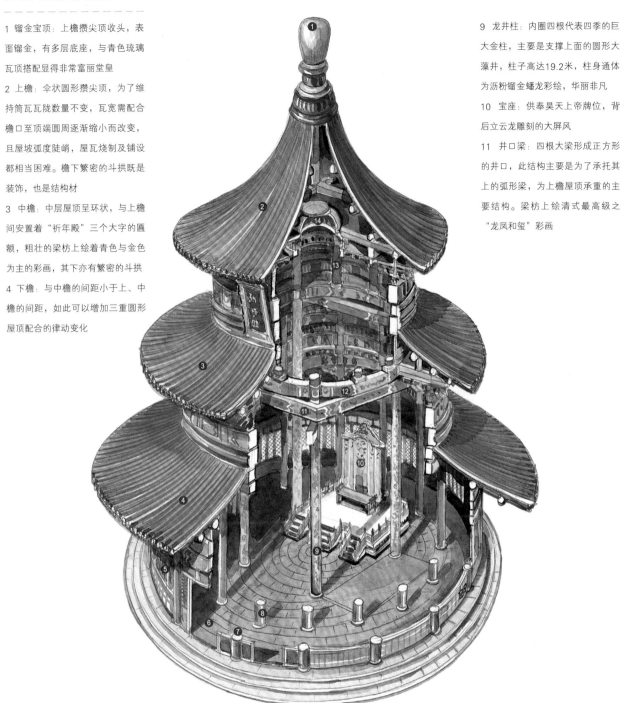

1 镏金宝顶：上檐攒尖顶收头，表面镏金，有多层底座，与青色琉璃瓦顶搭配得非常富丽堂皇

2 上檐：伞状圆形攒尖顶，为了维持筒瓦瓦陇数量不变，瓦宽需配合檐口至顶端圆周逐渐缩小而改变，且屋坡弧度陡峭，屋瓦烧制及铺设都相当困难。檐下繁密的斗拱既是装饰，也是结构材

3 中檐：中层屋顶呈环状，与上檐间安置着"祈年殿"三个大字的匾额，粗壮的梁枋上绘着青色与金色为主的彩画，其下亦有繁密的斗拱

4 下檐：与中檐的间距小于上、中檐的间距，如此可以增加三重圆形屋顶配合的律动变化

9 龙井柱：内圈四根代表四季的巨大金柱，主要是支撑上面的圆形大藻井，柱子高达19.2米，柱身通体为沥粉镏金蟠龙彩绘，华丽非凡

10 宝座：供奉昊天上帝牌位，背后立云龙雕刻的大屏风

11 井口梁：四根大梁形成正方形的井口，此结构主要是为了承托其上的弧形梁，为上檐屋顶承重的主要结构。梁枋上绘制清式最高级之"龙凤和玺"彩画

5 格扇：引进柔和的光线，与殿内金碧辉煌的彩画交相辉映

6 圆形平面，直径达32.7米，地面铺精致的黑色金砖

7 外圈十二根外檐圆柱，象征一天十二个时辰，格扇门窗落在此柱位，不置墙体，外围不设走廊，使得建筑外观底层显得相当厚重

8 中圈十二根圆内柱，代表一年十二个月份，排列成圆形，柱身漆上红色，与外柱间形成环形走廊

12 四根弧形大梁骑在方井之上，梁柱尺寸则以"斗口"为单位，大建筑使用六寸斗口，小建筑使用一寸斗口，此为清式殿堂法则，祈年殿即运用此法而建

13 八根短柱立在弧形梁之上

14 和玺彩画圆形藻井：穹隆形的藻井分上下两层，内以细密繁复的斗拱及天花彩绘装饰，至顶采用不露明做法

年代：明永乐十八年（1420）建　　方位：坐东朝西

1

迥异于宫殿及庙堂的配置

天坛位于北京城东南郊,在内城与外城之间,古时为一片宁静的绿野平畴,占地极广。其平面呈南方北圆的形状,即东北、西北角是圆的,东南、西南角是直的,所谓"乾圆坤方",乾在上,坤在下,具哲学含义。这一设计普遍运用到中国的印章、玉圭、坟墓及古碑,甚至于粤北客家的围龙屋上。

天坛整体平面由两层围墙划分为内、外两个部分,外部西侧有饲养祭祀用牲畜的牺牲所及舞乐人员暂住的神乐署;主要祭祀建筑则配置在内部的中轴线上,由南向北依序为圜丘、皇穹宇及祈年殿,都是中国少见的圆形建筑。圜丘始建于明嘉靖九年(1530),清乾隆十四年(1749)重修,是一个层层内缩的三层露天圆坛,以汉白玉石建成,为皇帝祭天之所,有外方内圆两重墙与东西南北四座门。中国古代以奇数为阳,所以不论台阶、栏杆甚至铺面石块,数量上都采用奇数。皇穹宇为清乾隆八年(1743)改建(一说乾隆十七年,即1752年改建),内部供奉祭祀典礼所需的"昊天上帝"牌位,采用单檐圆攒尖琉璃瓦顶,殿宇由内外两圈八根柱撑起,结构奇巧;其外有一圈环形围墙,与圆形建筑形成特殊回音效果,更为人所乐道。

1 天坛圜丘外围乌头门式棂星门，柱头上饰以文笔，簪头雕云纹　　2 皇穹宇，为天坛建筑群的一部分，采用单檐圆攒尖顶　　3 皇穹宇供奉"昊天上帝"神位，外围为著名的回音壁　　4 皇穹宇入口拱门

延伸阅读

中国坛庙形制之来源

　　"天圆地方"是中国古代的宇宙概念，继而发展出祭天用圆、祭地用方的基本思想。汉代的礼制建筑已有外圆内方之制，而中国重要的发明——罗盘，内层有太极、五行、八卦，外层是天干、地支，俨然就是一个圆形建筑物的平面图。佛教自印度传来时，盛行的曼荼罗代表佛教的须弥山，乃美好境界之缩影；而中国的道教，以无极生太极、太极生两仪、两仪生四象、四象生八卦，基本上是由虚无到丰盛、从无到有的过程。这些宗教理论都成为中国坛庙建筑形式的指导法则。

延伸阅读

北京的坛庙建筑

　　北京乃明清两朝京师，按照礼制于城内配置各种自然神祇的坛庙，其中天、地、日、月四坛分置于南、北、东、西，以规模最大的天坛为首；另外风神庙、云师庙、雷师庙位于紫禁城东西两侧，代表崇敬农作的先农坛位于正阳门外天坛的西侧，代表崇敬蚕桑的先蚕坛在北海的东北角，社稷坛位于午门西边等。这些坛庙分置北京城各处，各司其职，守护着政权的中心。

1 天坛祈年殿立在三重汉白玉石台基之上，屋顶为三重圆形攒尖，象征天圆之形　　2 祈年殿屋顶，在清代全改为青色琉璃瓦，宝顶则为金色，色彩极为高贵　　3 祈年殿梁柱皆施以高等级的"和玺彩画"　　4 祈年殿内部全景，四大金柱支撑上檐，十二根朱色柱子支撑中檐，层次井然

融历法于结构的祈年殿

　　位于北端的祈年殿是天坛最具代表意义且最为高大的建筑，是祈求谷物丰收的祭坛。它建于明永乐年间，原是方形殿宇，于嘉靖二十四年（1545）修建时改为圆形三重檐建筑，建筑形式更具体地呈现了"天圆地方"的思想内涵。在内墙范围之内，还建有皇帝祭天时暂居的斋宫，但为了加强皇帝居所的安全，斋宫四周围以深壕。

　　祈年殿在明嘉靖年间重修时称为泰享殿，圆形攒尖屋顶以上青、中黄、下绿琉璃瓦分别代表天、地、谷，主要作为祈祷五谷丰收之所。清乾隆年间改称祈年殿，以青色代表天，故将三重檐全部改为青色。可惜光绪十五年（1889）受雷火之灾而毁，又因为此建筑事关国运，遂依明朝形制重建。如今祈年殿前设祈年门，后为皇乾殿，左右有配殿，拥有一个独立完整的领域。

　　祈年殿直径26米，高38米，坐落于三层汉白玉石台基之上，与三重檐相呼应，外观如同天和地的联结，非常和谐。顶端终以金黄色宝顶。落雨时，雨水自屋顶层层滴下扩散，仿佛天降甘霖、泽被苍生至神州大地。这座建筑最高明之处在于内部的木结构结合了历法观念，以中央四根巨大金柱象征四季，撑起圆形藻井，而二十四根内外柱则分别代表十二个月与十二个时辰，其总和之数又隐喻着二十四节气，正所谓"天人合一"之作。

延伸阅读

坛庙祭祀如何进行

　　祭典的时间一般来说为春、秋二季，也有春、夏、秋、冬四季者，主要与祭祀内容相关，例如祭农即以播种时节的仲春或季春为主，而厉坛拜鬼，祭典往往就在中元节。按照清代传统，皇帝于每年冬至、正月上旬及孟夏至天坛举行祭祀大典，祭祀的时间为清晨，所以皇帝于前一天即前往，从西门进入，并在斋宫内过一夜。

　　祭祀成员包括主祭官、分献官、同祭官等，京城的祭典由皇帝主祭，地方则由知府、知州或知县负责。在祭祀时要备妥"太牢"，包括牛、羊、猪；较低层级至少有"少牢"，即羊和猪。有些产鹿或产兔的地方，也可用鹿、兔替代之。这些祭品宰杀后，毛、血都被认为是很重要的物品，可用来祭祀神明。

延伸议题

藻井

藻井是一种装饰华丽且富有天盖象征的天花，也称为"绮井"，清式称为"龙井"。中国藻井的起源可能得自中亚穹隆构造的启发。敦煌石窟在室内凿出佛教想象的极乐世界，它的顶部以几何图形描绘成色彩绚丽的藻井，多呈"天圆地方"的构图。最高的核心处常绘以莲花，四周绘抹角梁或织毯的纹样。唐代的木构建筑是否以斗拱造出藻井尚无实物可征，但宋《营造法式》已述及"斗八藻井"，并有类似伞骨的"阳马"式藻井，实物于天津蓟州区独乐寺观音阁及应县木塔即可见之。

宋以后藻井的形式发展甚为多样，有围井、方井、八角井或八角转圆等。所谓"斗八"，是指从梁枋的八面逐渐向中心以层层斗拱围成。事实上各地匠师匠心独运，创造出许多花样。山西应县金代净土寺有三座斗八藻井，其顶心明镜彩绘太阳与双龙，象征"天"；在四边的梁枋上，又搭出四座门楼，尺度虽小，但屋顶、斗拱、梁柱、平坐、台基五脏俱全，"天宫楼阁"即具体而微地实现在藻井之中。

藻井除可表现"天宫阁楼"外，另有呈现"天旋地转"者，可能得自观察星象之启示。藻井本身分成上下两段，下段仅做一般斗拱，上段的斗拱做成螺旋形，瞻望之下觉似有动感。南方的藻井形式似乎比北方更为多样，浙江宁波保国寺的藻井全部用真正的斗拱架成，泉州开元寺甘露戒坛的藻井从四边梁框开始，即真正承力的斗拱层层向中心出跳。另外，也有将"垂花""龙柱"或"卷棚"置入藻井中，令人百看不厌。

圆形平面如北京天坛祈年殿，其藻井顺理成章做成圆井。在厦门南普陀寺有一座八角形的大悲阁，它的八角藻井从殿内向外延伸，蔓延至外廊，内外一体成形，也属佳构。当然，也有少数的砖砌藻井或琉璃藻井，模仿木构非常逼真，例如山西洪洞广胜上寺飞虹塔内的琉璃藻井，五台山显通寺无梁殿的砖砌藻井。

1 北京天坛皇穹宇内之藻井，周围皆为溜金斗拱，集向核心，拱护龙井　　2 北京紫禁城御花园之藻井，在井口海漫天花中央上升斗八藻井，疏密有致，主题突出　　3 山西应县金代净土寺藻井，四面围以天宫楼阁，为最富想象力之藻井　　4 金代净土寺藻井出现天宫楼阁，全以细致的斗拱架成，构造复杂，但梁柱交代清楚，犹如一座缩小版建筑悬浮在空中　　5 金代净土寺的六角藻井，朱、绿与黑色对比明显，华丽至极　　6 山西浑源圆觉寺塔藻井，在八角井上转为圆穹隆，绘有八尊佛像彩画，顶心绘莲花，为一色彩优美之藻井　　7 山西大同善化寺藻井，在井口天花板上框八角井，再转为圆井，顶心绘双龙　　8 杭州胡庆余堂藻井以桷木（方形椽）构成，四周围以弓形轩顶，完全不用斗拱，此为少见之特例　　9 福建古田临水宫戏台藻井，顶心置莲花装饰　　10 山西洪洞广胜上寺飞虹塔内之琉璃藻井　　11 洛阳龙门石窟万佛洞莲花藻井，可见唐代落款　　12 西安化觉巷清真寺之六角形藻井

48 歙县许国石坊

以八柱建构四向牌坊，立于街坊中，既吸引目光，
也可树立良好风气

地点：安徽省黄山市歙县徽州古城内

1 许国石坊为四座坊连成井字形，照片为从井下望上之景观　　2 许国石坊上的石雕斗拱为南方常用的偷心造，石坊可
见包巾浮雕

从四面八方接近这座立体式牌坊，

都可欣赏其高耸挺拔的优雅形象。

当人们穿越石坊时，亦可见天地相通不受阻隔。

它拥有八柱及十座屋顶，

右页图为鸟瞰角度，可以清楚地看到井字形框架结构。

　　安徽歙县城内的明代古街道上竖立着一座非常引人注目的石牌坊，即著名的许国石坊。建于明万历十二年（1584），属于纪功坊，为表扬明代礼部尚书兼东阁大学士许国所立的巨大石牌坊。

　　它之所以特别引人重视，主要是配合十字路口，将牌坊设计为立体式，有如四座牌坊围成口字形，从街道的任何角度都可以看到石坊的屋顶。它赋予传统牌楼新的造型，给人耳目一新的感觉。

四面可观的立体牌坊

　　仔细分析，许国石坊共拥有八柱与四个正面，为现存中国古石坊之孤例。其造型的辨识度高，四根柱子高于屋顶，俗称"冲天式"牌坊。以石构仿木构，柱身及梁枋皆施浅雕，表现古时锦纹彩画之美，亦展现徽州的细致工艺，且以"鲤跃龙门"与"三报（豹）喜（喜鹊）"题材象征许国的功名成就。石额枋雕"大学士""上台元老""先学后臣"横额，相传出自明代大书画家董其昌之手。每层屋顶为三滴水式（即有三层出檐），中高旁低，屋顶并不刻意雕出瓦片，但檐下的斗拱与阑额下的雀替皆巨细无遗地雕出来。方柱之下以蹲踞之姿雕出石狮，兼具巩固作用。

　　石横枋与八根石柱构成井字形框架，强化了构造之稳定性，使许国石坊历经四百多年仍完整。中国古时的纪功石坊除了旌表先贤事迹，还因竖立在闹市街坊，事实上可以潜移默化地教化人伦，为社会提供安定的力量。

1 石狮可强化立柱稳固

2 共八根石柱

3 石雕下檐

4 石雕上檐

5 冲天柱

安徽歙县许国石坊用八柱，为四面
形式之牌坊，竖立在十字路口，为
现存之孤例杰作

年代：明万历十二年（1584）建　方位：坐西朝东

延伸议题

牌坊

　　牌坊也称为牌楼，系自里坊门演变而来，《诗经》谓之"衡门"。唐代城市里坊制度下，每个里或坊围以高墙，辟坊门供出入，《洛阳伽蓝记》中记为"乌头门"，系以二柱之上端贯穿横枋而成。这种简洁的坊门如今在北京天坛圜丘仍可见到。后世牌坊规模逐渐扩大，从"二柱一间一楼"，到"四柱三间三楼"，较大的为"六柱五间

十一楼"，如北京明十三陵石牌坊。

　　牌坊可单独竖立，也可成列，北京雍和宫前、清西陵有三座鼎立。皖南有前后左右四座连在一起的牌坊，极为壮观。南方民居有的在正面墙上浮雕牌坊，属于平面形牌坊。琉璃牌楼系模仿木结构而成，内部为砖砌，外表贴琉璃。

1 甘肃张掖大佛寺之木牌楼，比例匀称，造型浑厚　　2 西安化觉巷清真寺木牌楼，立柱前后左右架斜撑柱　　3 河南开封山陕甘会馆之六柱牌楼，共有五座屋顶，构造奇巧，外观华丽无比　　4 山西五台山龙泉寺四柱三间石牌楼，精雕细琢，不但屋宇梁枋模仿木作，连斗拱垂花皆以石雕表现，令人叹为观止　　5 甘肃张掖大佛寺之木牌楼，屋顶所用斗拱纤巧华丽，注意有铁链加固　　6 北京香山碧云寺石牌楼，全以石雕完成，系模仿木构造之冲天牌楼，柱身有云纹花鸟浮雕，益显高贵　　7 浙江东阳卢宅大方伯石坊，立在巷中，有如唐代之里坊门　　8 皖南黟县西递胡氏胶州刺史石坊，四柱三间五楼，造型挺拔而壮丽　　9 皖南棠樾牌坊群，为冲天式石坊，四柱高于屋顶，檐下石斗拱并列，造型修长，具典雅之美　　10 广东何氏留耕堂内十二柱牌楼，立在祠堂之内　　11 云南昆明圆通寺牌楼，为三座完整庑殿顶组合，飞檐钩心斗角　　12 苏州文庙之棂星门，为冲天柱形式

49

礼制建筑
曲阜孔庙奎文阁

外两层、内三层，为规模宏整壮丽的明代藏书楼阁

地点：山东省济宁市曲阜市

奎文阁外观，面宽七间，为曲阜孔庙中建于明代的巨大建筑

奎文阁为曲阜孔庙中轴线上重要建筑，

它位于大成门之前，比大成殿更为高大。

初建时原始用途无可查考，后来作为藏书楼，

典藏重要书籍文件，并供学者参阅。

其三楼空间宽敞，

四周回廊环绕，通风采光良好，

推测是作为阅览室使用。

　　儒家是中国传统文化的支柱，重视伦理道德和礼制教化，历时两千多年而不衰，深刻影响中国人的生活与行为举止。中国学术向称儒、释、道三家，而儒居首位，汉代曾"罢黜百家，独尊儒术"，儒家对中国人影响之深远，无与伦比。儒学的创始人孔子在中国历史上被尊为至圣先师，西洋人亦认为孔子是中国思想文化的代表人物。而位于孔子故里的曲阜孔庙历史悠久，两千年来备受历代帝王重视，被视为儒家的象征，更是各地孔庙的源头。

　　奎文阁位于曲阜孔庙中轴线上，在大成门前，为曲阜孔庙中最高大的建筑，早期称为"书楼"，是"御书楼"的简称，用来收藏皇帝赏赐的经书。其早在宋真宗时就以收藏宋太宗的御书及九经等书卷闻名天下，明代藏书更见丰富。藏书并非只是束之高阁，而是开放供士子学生阅读观览，具有公共图书馆的性质，可谓中国古代藏书楼之典型。其他著名的藏书楼尚有清乾隆皇帝专为存放七部《四库全书》所建造的文渊阁、文澜阁及文津阁等，不仅以高阁防潮，库前还设水池以防火灾，可见古人保护书籍无微不至的用心。

曲阜孔庙奎文阁解构式剖视图

1 顶楼为彻上明造，没有天花板，梁柱系统可清楚看到，形成高敞的藏书阅览空间

2 四面全用方棂格扇窗，以利通风采光，本层放置书架供藏书之用

3 中间暗层与三楼的木柱为同一根，为高达13米之楠木柱，使整体建筑得到更坚固的结构

4 平坐的重量由暗层的柱子支撑，成为整体结构的一部分，较为坚固

5 暗层的楼板也是底层的天花板

6 虽然楼层面积颇大，却仅在东边角落设简单而陡峭的木折梯，由底层登上暗层之后，可直接接三楼的楼梯

7 底层外圈用二十四根八角形石柱，除正面八根外露，其余皆埋在厚重的墙体里。推测使用石柱可能是基于防火的要求

8 下檐外檐用五踩重昂斗拱。在清式用语中，出一跳称为三踩斗拱，出两跳称为五踩斗拱，出三跳称为七踩斗拱

9 上檐斗拱用七踩单翘重昂。清雍正年间刊行的《工程做法》中，称出斗拱一跳为单翘，两跳则称重翘

年代：明弘治十七年（1504）重建　　方位：坐北朝南

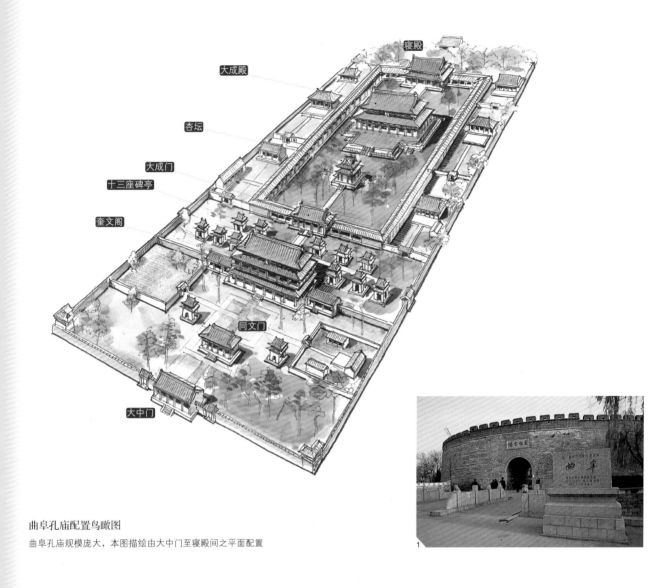

寝殿
大成殿
杏坛
大成门
十三座碑亭
奎文阁
同文门
大中门

曲阜孔庙配置鸟瞰图
曲阜孔庙规模庞大，本图描绘由大中门至寝殿间之平面配置

1

中国规模最大、等级最高的孔庙

　　曲阜孔庙原是孔子故居，早在春秋时代即为表彰孔子修鲁史之功，改孔宅为庙堂；至东汉时正式设官管理；唐代加封孔子为文宣王，层级升高，建筑也越见雄伟。孔庙历经两千多年岁月，时有修缮或重建，现今规模约于宋代定型，建筑物的年代主要涵盖元、明、清三代，但以金代所建的碑亭时间最早。

　　曲阜孔庙位于曲阜城的中轴线上，坐北朝南，规格崇高，前后进深超过 1000 米，空间处理或紧凑或开阔，环环相扣，是中国规模最大、等级最高的孔庙。曲阜的城门也就是孔庙入口，额题为"万仞宫墙"。向北经"金声玉振"坊、棂星门、"太和元气"坊、"至圣庙"坊及圣时门，跨过作为泮宫象征的玉带河，出弘道门，入大中门，过同文门之后，高大的奎文阁终于出现，是前导部分的高潮点。阁后是十三座飏卨大碑亭。最后才是孔庙核心区域，包括大成门、杏坛、大成殿、寝殿及圣迹殿等。

1 曲阜孔庙万仞宫墙为城门外郭，孔庙也是曲阜城中轴线上的主要建筑 / 2 孔庙 "金声玉振" 石坊，采用四柱三间式，柱头上饰以蹲兽 / 3 棂星门，为四柱三间石坊，采用冲天柱式，柱上簪头雕云纹，造型秀丽 / 4 孔府的重光门，是一座独立院中的垂花门，造型厚重而有威仪，明代皇帝赐 "恩赐重光" 匾额

延伸阅读

冲天牌坊

　　曲阜孔庙的 "金声玉振" 坊、"太和元气" 坊、棂星门及 "至圣庙" 坊等，都是四柱三间的冲天式石坊，也就是石柱比横枋还高，凸出于空中。通常柱顶装饰有石狮、云龙，或做成望柱形式，柱上插云板，枋板上雕刻精细的图案，苍劲古朴。另外也有木牌楼，如中轴线东侧的 "德侔天地" 及西侧的 "道冠古今" 坊等。

延伸阅读

曲阜孔子相关古迹

　　曲阜孔庙位于曲阜的中轴线上，曲阜古城可说是为了孔庙而存在。曲阜孔子相关古迹可以概分为三区，一是孔庙，为祀奉孔子之庙堂，由孔子故居演变发展而成；二是孔林，为包括孔子陵墓在内的孔家坟墓群；三是孔府，为孔家后代子孙所居宅第。

1 杏坛，相传为孔子讲学之处，坛上建重檐方亭，因环植杏树而得名 　 2 大成殿正面，前有月台，可供跳八佾舞之用 　 3 大成殿蟠龙柱，每一柱身雕两条蟠龙，象征天地交泰 　 4 大成殿，面宽九间，进深五间，重檐歇山顶，气势庄严而磅礴 　 5 大成殿神龛内供奉孔子塑像 　 6 奎文阁，外两层而内三层，早期作为藏书楼

　　大成殿正是当年孔子的居室所在，曾因被落雷击中而失火，于清雍正二年 (1724) 重建。其宽九间，深五间，重檐歇山顶，位于双层台基上。前设广阔的月台，为祭孔大典时跳八佾舞及礼生、乐生进行仪式之所。大殿正面有一排石雕龙柱，一柱二龙，飞腾盘绕于行云波涛间，造型雄浑，线条犀利，为清代蟠龙柱之杰作。大成殿前设杏坛，此乃曲阜孔庙另一特色，相传杏坛是孔子旧宅的教授堂，四周环植杏树，故称为杏坛。金代始于坛上建亭。

6

混合厅堂与殿堂结构的明代楼阁

　　奎文阁创建于宋初，当时宽五间，为三重檐带平坐楼阁，历经多次重建。现存建筑为明代弘治十七年（1504）重建，面宽七间，进深五间，采用黄色琉璃瓦歇山顶。外观两层三檐，内有夹层，实际为三层楼，两明一暗。底层四十六根柱子高度齐一，所有斗拱从柱头往上叠放，再加置平棋，故属于殿堂造；顶层则使用厅堂造，依柱子所在位置定出柱高，因而内外柱并不等高。底层正面带廊，顶层平面向内缩小约半个柱径，且四面做回廊，形成上小下大的稳定结构。梁柱用材颇大，虽是明代建筑物，但带有宋风。据载，奎文阁一楼可能是举行祭孔大典之前皇帝演练的场所，可惜家具陈设俱已不存；另有一说是作为孔庙中轴之一殿门。上下层斗拱不同，下层内外皆出五踩斗拱，平坐及上层只有檐口设置斗拱，斗拱占柱高的七分之二，显现出明代建筑之结构风格。

"剔地起突缠柱云龙"望柱

图样引自宋《营造法式》

1

延伸议题

蟠龙柱

　　"蟠龙"指未升天的龙，蟠龙柱即龙柱，多出现在高等级的建筑中。龙的造型虽也用于屋脊、斗拱或御路，但似都不及缠绕在笔直柱身上来得雄劲有力，正所谓"龙盘虎踞"，象征据险镇守。南北朝的石窟寺尚未见有蟠龙柱，现存最古之例为北宋晋祠圣母殿的木雕龙柱，其龙身分段雕制后，再组合在圆柱之上，龙身虽瘦，头爪向外伸出，矫健有力，与石龙柱形象大相径庭。宋《营造法式》所示之望柱有"剔地起突缠柱云龙"，成为后代龙柱之基本形式。"云从龙"的典故使龙柱上布满了飞云与海浪，

表现了蟠龙呼风唤雨与兴风作浪的狂野雄姿。分析比较宋以后的龙柱发展，道观多用而佛寺少用，显示出道教的中国特质。明清时期文武庙亦喜用蟠龙柱，曲阜孔庙与解州关帝庙皆出现成行成列的石雕龙柱。

　　就材料而言，除了木柱和石柱外，也有铜铸龙柱，但仍以石雕龙柱数量最多，大都为整石雕制，其中福建所产石材质地优异。寺庙使用龙柱最盛，线条流畅，造型栩栩如生。除寺庙外，连象征科举功名的华表旗杆也缠绕云龙，显示"云蒸霞蔚"之气。

1 福建塔下村之功名华表布满蟠龙　　2 太原晋祠圣母殿之木雕蟠龙　　3 泉州开元寺之青石雕蟠龙柱，造型流畅　　4 泉州开元寺蟠龙柱

5 昆明圆通寺大殿内的巨大木雕蟠龙　　6 肇庆龙母庙之石雕蟠龙柱

1 哈尔滨文庙大成殿正面，建筑比例显出大气之象　　2 哈尔滨文庙建于 20 世纪，为中国较晚期的孔庙，其大成殿仿自曲阜孔庙，但正面列柱不施石雕蟠龙　　3 棂星门为四柱三间式木构

延伸实例

哈尔滨文庙

　　清代之前，中国南北各地的府、县或厅级城市大多依据祀典礼制建造儒学，包含文庙与书院。20 世纪之后因教育制度变革，文庙渐少设立。但在 1929 年，东北的哈尔滨却新建一座规模宏伟壮丽的孔子庙。它在南岗区，坐北朝南，殿宇众多，沿中轴线左右对称，反映了儒家中庸和谐之精神。因建造年代较晚，故撷取了中国各地文庙之精华。

　　入口竖立东西辕门，皆采用四柱三间木牌楼形制，东额题"德配天地"，西额题"道冠古今"，而位居正中的棂星门亦采用四柱三间牌楼式。在这三座大小形制相同的牌楼与八字照壁所围合的空间中央辟泮池，古时入泮指入学，泮池中架石拱桥，民间称之为"状元桥"。

　　每逢祭孔释奠礼，正献官可沿拱桥迎神及送神。这组由牌楼、万仞宫墙照壁及泮池所组成的建筑群，均衡对称，尊卑有别，中心显示承天受命之意境，空间释放出以建筑载道之理想。

哈尔滨文庙万仞宫墙照壁、
东西辕门、棂星门分列在泮池四周，
体现伦序与儒家"和而不同"之仪式化空间。

哈尔滨文庙鸟瞰图

1 万仞宫墙八字照壁
2 半月形泮池，象征入泮
3 石拱桥
4 主入口东辕门
5 西辕门
6 四柱三间棂星门
7 大成殿

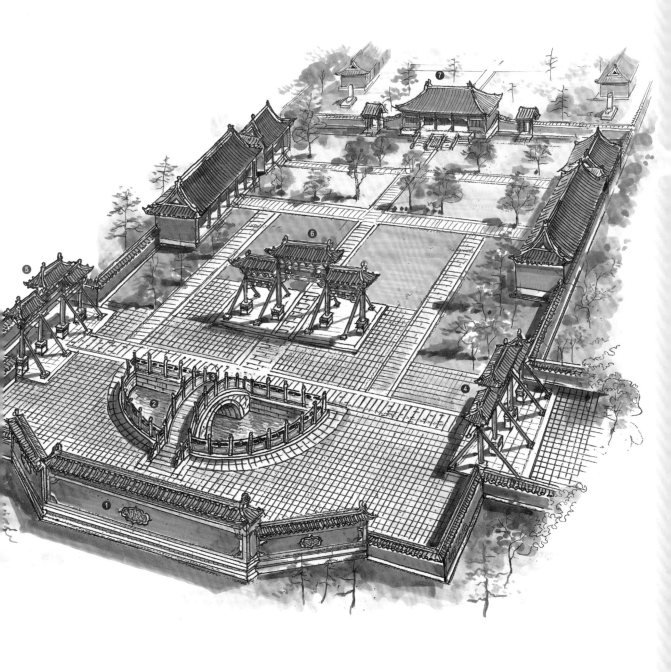

地点：黑龙江省哈尔滨市　　年代：1926—1929年建　　方位：坐北朝南

50 国子监辟雍

正方形重檐攒尖殿堂立于圆池之中，为清代想象复原之周朝天子讲学明堂建筑

地点：北京市东城区

北京国子监辟雍系想象复原周代的明堂，作为天子讲学之所，
为重檐攒尖顶的巨大建筑

清高宗乾隆皇帝像

古代天子之学，谓之"辟雍"，
历代并无实物保存下来。
清乾隆皇帝依据明堂礼制文献，
于北京国子监内起造一座，
将正方形重檐攒尖殿立于圆池之内，
四面以桥衔接，构成"外圆内方"之布局。

　　国子监为中国古代教育体系的最高行政机构与最高学府，创立于晋代，时称"国子学"，至隋炀帝时改立为"国子监"，此后自唐迄清历代皆沿袭这一制度，直至清末光绪年间设立学部，国子监才丧失功能而遭废除。国子监内学生通称为"监生"。在古代，国子监专供天子诸侯公卿之子弟就学，至明代，各地可选拔优秀生员贡送入学；清代监生中有蒙古族、回族、藏族、满族等各族学子，更有来自南方交趾和北方高丽等国的留学生，可谓培育人才及人文荟萃之处。

　　北京国子监与孔庙毗邻而立，谓之"左庙右学"，占地约2.7万平方米，始建于元大德十年（1306），为元、明、清三代最高学府所在地。国子监坐北朝南，平面有三进院落，前置琉璃牌坊，后设彝伦堂、敬一亭；左右的东西庑称"六堂"，为监生的教室；中央主体建筑则名曰"辟雍"，于清乾隆四十八年（1783）建造，翌年竣工。

　　辟雍可说是中国古代的官方大学，也作为皇帝讲学之所，但清代以前已久无实物留存下来，北京国子监内这座按远古典章所修建的建筑，因此成为现存唯一可见其完整形制的孤例。

乾隆御书"辟雍"匾额

1 圆池

2 汉白玉石勾栏

3 四周回廊环绕，除檐柱外又设
一圈檐口小柱

4 讲学者之宝座，通常由皇帝主
讲，也可聘鸿儒高士来讲学

5 四面设高大的格扇窗，可引入
明亮的光线

6 巨大的抹角梁结构，将殿内造
就为无柱空间

7 "井口天花"布满正方形格
子，并施以龙凤和玺彩画

8 散水螭首

9 石板桥

年代：乾隆四十九年（1784）建成 　方位：坐北朝南

依儒学典章修筑的天子讲学之所

　　《周礼集说》之卷五："盖辟，明也；雍，和也。所以明和天下。"而《诗经·大雅·灵台》已见"于论鼓钟，于乐辟雍"的诗句，可知辟雍是远古时期即有的礼制建筑。其形式规制与明堂、灵台等有着密切关系——明堂乃古代帝王施政的场所，《周礼·冬官·考工记》中即已出现"明堂"，据西安附近出土之汉代礼制建筑遗址来看，明堂可能为正方形平面的建筑。

　　古代的辟雍现今皆已不存，唯独北京国子监内还留有一座，这是为祝贺清乾隆皇帝登基五十年所特别兴筑的，由当时的礼部、工部、户部尚书负责设计督造，竣成之际乾隆得以仿效古代天子"临雍讲学"的盛景，并特书题对联纪念："金元明宅于兹，天邑万年今大备；虞夏殷阙有间，周京四学古堪循。"说明历经金、元、明等朝代，长久以来一直缺乏实体建筑的辟雍，在乾隆依据《周礼》所叙述的周代明堂形式建造完成后，远古典章规制至此才得以完备，是为创举。尔后，除乾隆之外，嘉庆及道光两位皇帝亦曾在此讲学。这座国子监虽是根据文献推测所建，却具有政治与学术合流成正统的高度象征意义。

1 辟雍建在圆池中之方岛上，四边以石桥连接内外，气象庄严肃穆　　2 辟雍内部井口天花及抹角梁皆施以和玺彩画

圆水在外、方殿在内的辟雍形制

东汉《白虎通义·辟雍》："天子立辟雍何？所以行礼乐，宣德化也。辟者璧也，象璧圆，又以法天；于雍水侧，象教化流行也。"即已指出辟为圆璧，雍为水，所以可知辟雍基本形制为：中央立有主要建筑，四周环水包围，池形圆如玉璧。另又据《礼记·王制》"天子曰辟雍，诸侯曰泮宫"，后世于是将地方规格之孔庙视为诸侯之学，庙前辟半月池，称为"泮池"。

北京国子监的辟雍，外圆内方的平面，象征涵盖了天地宇宙。圆形水池周围护以石栏，中间有一正方形小岛，四面架四座石桥，以利进出。岛中建有一座方形重檐攒尖顶的宫殿，屋顶铺设黄色琉璃瓦，四面设格扇，四周辟回廊，外周以水环绕，蕴含教化流于四方之意，气势巍峨恢宏。大殿正面上下檐间悬挂乾隆皇帝御书的"辟雍"匾额。大殿殿内空间宽敞无柱，颇利于天子讲学，近年已复原乾隆皇帝讲学用的宝座、五峰屏、御书案等文物。

51 长陵祾恩殿

殿内楠木巨柱如林，高大庄严，色彩朴素，为中国现存最巨大的木构建筑之一

地点：北京市昌平区天寿山南麓

长陵祾恩殿为重檐庑殿顶，坐落在汉白玉石台基之上

祾恩殿总面积近2000平方米，
是中国现存最大的木结构建筑之一。
右图可见其严整对称的屋架结构，
七架桁并未对齐柱位为其特色。

长陵为明十三陵中年代最早且规模最大的一座，而祾恩殿则是长陵的主要建筑，其格局之大，仅稍逊于紫禁城中的太和殿，但用材之精，却让太和殿瞠乎其后。木构造对称完整，不施任何省梁减柱，乍看之下虽略显呆板，却是明代汉人在驱逐元朝统治者后，参照北宋帝陵而力图恢复古代严谨体制、继往开来之精心杰作，为明初的重要木构建筑，被专家公认为中国建筑的瑰宝。

长陵祾恩殿剖面透视图

1 大额枋

2 小额枋

3 檐柱

4 老檐柱。相对于檐柱而言，柱身较粗也较高，因此特以"老"称之

5 上檐额枋

6 殿内使用32根巨大的楠木柱，可见其优美木纹，为中国古建筑之珍宝

7 四点金柱直径均在1米以上，柱高达14.3米，原有莲花贴金，清乾隆年间大修时因彩绘斑驳而清除，显露出木材本色

8 随梁枋

9 挑尖梁

10 方格状的井口天花，遮住上部的檩木系统

11 正心桁

12 金檩

13 下金檩（七架桁），没有对齐下方的内柱，这是檩木系统与柱子系统不同的结果，其原因可能是殿身外槽较大

14 中金檩

15 侏儒柱，亦称童柱

16 三架梁

17 上金檩

18 脊檩

年代：明永乐十四年（1416）建成　　方位：坐北朝南

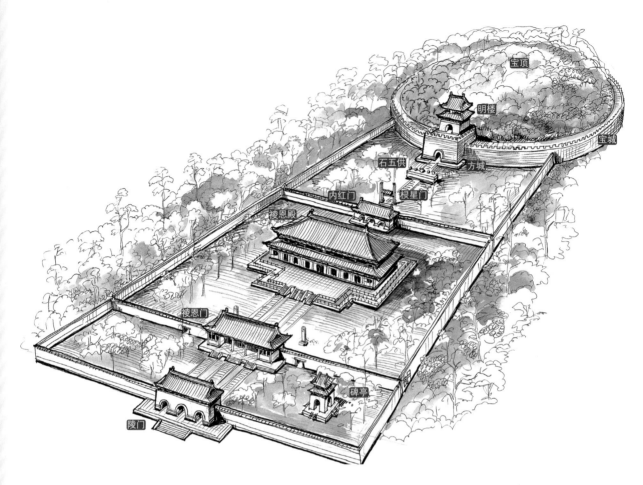

长陵配置鸟瞰图

长陵平面前方后圆，布局谨严，图中可见从陵门至宝城之平面配置

规制严整的长陵布局

　　长陵是明成祖永乐帝朱棣及皇后徐氏的合葬墓，坐落于天寿山脉中最主要的位置。其规制按明太祖的孝陵而建，平面前方后圆，占地广阔，分成祭祀区与地宫区两部分。祭祀区中轴线上从前到后配置石华表、陵门、祾恩门及祾恩殿；然后穿过内红门，是通往坟墓的通道，可见棂星门（二柱门）及石五供等，最后即为地宫区，前有砖筑方城，上面有楼，合称"方城明楼"，后方圆形的土堆为"宝顶"，四周以墙体环绕，故称"宝城"。宝顶之下为地宫，是放置皇帝灵柩之处。在明代，陵门前旁边有宰牲亭以及具服殿，祾恩门前有神厨及神库，祾恩殿前则有东西庑等，现皆已不存。由于长陵未经挖掘，所以地宫情况不明，只能借由曾于20世纪50年代进行考古挖掘的定陵地宫（见364页），想象长陵地宫的梗概。

明十三陵石坊，以巨大石材模仿木结构而建，共六柱五间十一楼

延伸阅读

明十三陵

明初，太祖朱元璋葬于南京紫金山，是为孝陵，不仅规模庞大，并开创宝城、宝顶等一套规制做法。永乐帝着手建北京皇宫后的第三年（1409），始筑长陵于昌平天寿山，遵行孝陵的设计，但规模更为宏大。此后献陵、景陵、裕陵、茂陵等，以至明末崇祯皇帝自缢身亡被埋入思陵为止，共十三座皇陵建于此处，合称为明十三陵。这是一片结合山陵和山谷的帝陵区，每座皇陵都有靠山，面朝开阔而阳光普照的谷地，符合风水上所谓"负阴抱阳"的形式。

整个帝陵区以永乐帝的长陵为主轴，十三座规模宏大的帝陵共享长逾7公里的神道，此为十三陵的特色之一。入口由南至北，依序为六柱五间石牌坊，砖砌三孔单檐五脊大红门，碑亭，华表，以及象、马、骆驼、文臣与武将等共三十六尊石像生，紧接着的是棂星门，稍微转折之后即抵达长陵。

4

1 长陵祾恩殿为重檐庑殿顶，坐落在白石台基之上　　2 祾恩殿内一景。祾恩殿即"享殿"，为祭祀之主要建筑，殿内不施彩画，反而显得肃穆庄严
3 长陵方城明楼，前有石供桌，上置五供　　4 祾恩殿内巨大珍贵的楠木柱列，塑造出宏伟的室内空间

体现传统礼制的楠木巨殿

　　祾恩殿初名享殿，明嘉靖十七年（1538）世宗谒陵时更名为祾恩殿，乃长陵中供奉墓主牌位及举行祭典之主要殿堂。其为中国数一数二的巨大木构建筑，外观巍峨庄严，且用料讲究，举世无双。回溯中国历史，自先秦以来讲求"祭庙不祭墓"，因而使得祭祀建筑备受重视。祾恩殿位于三层白玉石台阶上，前带月台，平面规整。大殿内外共60根大柱，柱身硕大，建筑构件标准对称，无移柱或减柱，是传统礼制文化圆融方正的具体展现。整体面宽九开间（近67米），进深五间（近30米），重檐庑殿，总高约25米；内部32根柱子皆使用整根金丝楠木，其中四点金柱的柱径更超过1米。金丝楠木因生长速度缓慢，需数百年的时间才能成材，非常珍贵，系从云贵一带水运而来，若走陆路则利用冬天凿井，洒水结冰，借冰雪滑动推进。建造期间据称入山千人，出山仅剩五百，人力折损众多，不难想见工程极度艰难。

　　祾恩殿为典型的梁柱式构架，梁上有巨大的格状天花板（井口天花），天花板上方的草架完全对称，雕琢工整。梁架上没有叉手、托脚等构件，只有单纯的横梁与侏儒柱，斗拱比例已经较为缩小，补间铺作密集，明间更多达八朵。

　　祾恩殿内这些巨大梁柱所构筑出来的空间，其庞大尺度足以慑人，而其内单纯的色彩又散发出肃穆的气氛，成林的柱列间仿佛回荡着无声的韵律！

北京定陵地宫

定陵亦为明十三陵之一，是神宗皇帝朱翊钧及其皇后的合葬墓，万历十二年（1584）起建，历六年而成，属于典型的明代皇陵。1956—1957年，考古专家曾对其进行挖掘，是迄今为止十三陵中唯一经考古发掘的陵墓，为我们了解明代皇陵提供了较多的数据。

隐秘不易发现的地宫入口

地宫位于明楼后方宝顶地下，方城明楼与宝顶之间通常有一形似月牙的院落，称为"月牙城"。入葬时由方城后方城墙打开地宫通道，开启后有阶梯或斜坡往下。定陵地宫挖掘时由宝城边坍塌处向下开挖，经过砖石甬道后，发现"金刚墙"，取去金刚门的封砖后才得以进入地宫。如皇帝先入葬，则皇后死时须重新开启金刚门入殓。古时皇陵四周会驻扎军队，以防有人砍伐林木或盗陵，破坏皇陵风水。

前朝后寝的十字形布局

定陵地宫深入地下约27米，有前、中、左、右、后五座石室，由高大宽敞的无梁石拱券组成，面积1000多平方米，构造简洁朴实，少用雕饰。遵照"前朝后寝"的布局，前殿宛如通道；中殿设置汉白玉宝座、大龙缸及五供等陪葬宝物，犹如帝皇上朝般布设；中殿两侧以通道连系左右配殿，形如十字。除后殿外，地宫各殿均呈纵向的长方形，宽约6米，高约7米，长度不一。后殿则是横置的石拱券，高大宽敞冠于各室，高、宽皆约9米，中央放置神宗皇帝的棺椁，孝端及孝靖皇后分置两侧，棺椁四周供置宝物及装有陪葬品的朱漆木箱。

关门的机关——自来石

地宫采用石券构造，既可防腐，也具备防火功能。定陵地宫各廊道拱券皆设有汉白玉石雕成的券门，封闭地宫时，券门后的石条随门扇向前倾斜卡住，因此称为"自来石"（有些陵墓则采用石球挡门的做法）。若要重新开启以自来石封闭的券门，必须使用称为"拐钉钥匙"的特殊弯曲棒子，并具备相当技巧，才能开启。民国初年乾隆裕陵被盗，盗墓者无计可施，竟使用炸药破坏石门的构造。

明定陵赑屃驮负巨大的蟠龙石碑

由于定陵在20世纪50年代经过考古挖掘，
明代帝陵的秘密才得以公开，
其地宫深入地下，
并以石拱构成数道穹隆式的地下世界。

定陵地宫解构式剖视图

1　方城与明楼之制始于明代皇
陵，它象征墓碑，对准正前方远
处的朝山

2　明楼为砖拱构造，外观为重檐
歇山顶

3　赑屃驮碑

4　月牙城（哑巴院）

5　宇墙

6　进入地宫之蹬道

7　金刚墙，为地宫入口的墙面

8　罩门券

9　前室隧道券（前殿）

10　穿堂券（中殿）

11　东侧室（左配殿）

12　西侧室（右配殿）

13　后室（后殿寝宫）金券，地
下设"金井"，出自穴位理论

14　宝城

15　宝顶堆土成丘

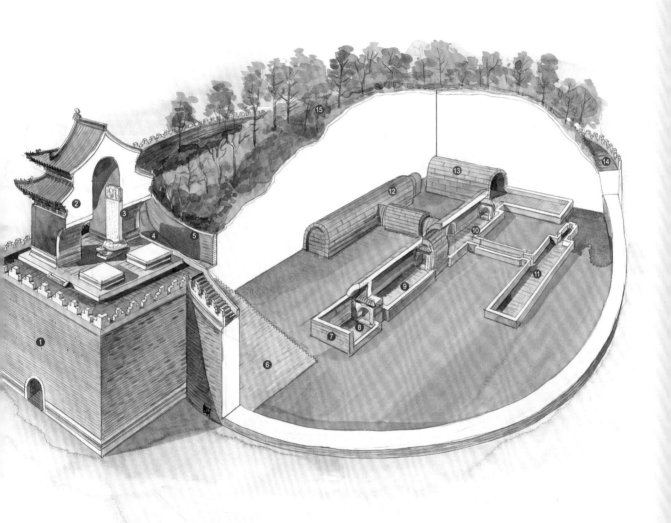

地点：北京市昌平区天寿山南麓

年代：明万历十二年（1584）建　方位：坐北朝南

52 陵墓

显陵

中国独一无二的水、陆双龙交泰，具有高度风水观念设计之皇陵

地点：湖北省荆门市钟祥市东北的纯德山

从拱桥望显陵方城明楼，明楼建在方城之上，辟四门，内部竖立石碑

显陵是明代皇陵中颇具异象的孤例，

它位于松林山谷之中，为苍松翠柏环护。

右图采取鸟瞰角度，可见曲流蜿蜒自内向外而流，

神道自外向内延伸，直达内明塘之前，

两者象征民间相传的水龙与旱龙相交。

此陵因扩建而出现双宝城。

　　在中国历代帝陵中，显陵可谓明代风水思想发展至高峰期的代表，其形制深刻反映古代风水理论，是以山形为主的峦头派及理气派交互为用的杰出作品。显陵位于湖北省钟祥市东北的纯德山，顺应山形地势形成背山面水、负阴抱阳的绝佳地理，合乎所谓"山有来龙，水有环抱"之形势。

　　约于明代中期建造的显陵，在明代皇陵发展史上，具有承先启后的意义。它一方面仍承袭明太祖孝陵的建制，另一方面因是由藩王墓改建而成的帝陵，别具特色。整个陵区狭长，前为神道，后方又分为祭祀区及地宫区，祭祀区包括祾恩门及祾恩殿，地宫区有方城明楼、宝顶及地宫等。陵区外围筑有一道金瓶形状的围墙，称为外罗城。

显陵全景鸟瞰透视图

1 外明塘置于风水上的外明堂之位

2 新红门，门外立有一对下马碑

3 旧红门

4 九曲河，自东北朝西南蜿蜒而行，在陵前左右弯曲，与神道相交形成五次会合点，即石拱桥处，符合引水界气之风水理论

5 睿功圣德碑亭

6 石拱桥

7 石像生群，包括狮、獬豸、骆驼、象、麒麟及马等

8 文武翁仲

9 棂星门

10 石拱桥

11 内明塘，为水旱双龙戏珠之象征

12 祾恩殿与其左右配殿今已不存，此为复原图

13 二柱门

14 方城明楼为界，前朝后寝

15 前宝城

16 瑶台

17 后宝城，为兴献帝及其妻之合葬墓

18 外罗城，城墙南北端较窄，中腹较大，呈瓶形包围陵区，传说也可纳祥

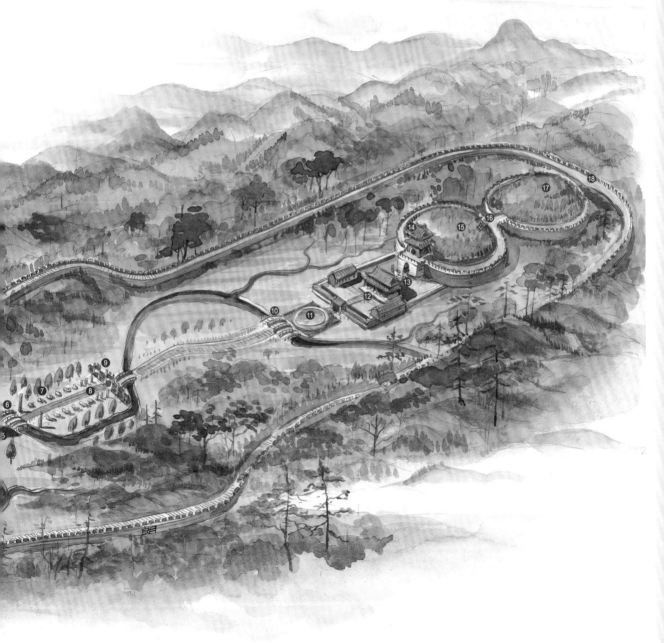

年代：明正德十四年至嘉靖四十五年（1519—1566）建　　方位：坐北朝南

藩王之墓升格帝陵

　　显陵为明世宗父母亲的合葬墓。明代皇陵除了孝陵在南京外，之后十三陵皆位于北京附近的天寿山，显陵例外地坐落在长江中游的湖北。肇因武宗无子嗣，驾崩后由堂弟朱厚熜承袭皇位，即世宗。世宗为感念生父兴献王朱祐杬，拟追尊其为帝。但此举引起朝臣抗争，上疏反对并长跪抗议，部分大臣甚至因而遭到杖笞致死、逐出朝廷或贬官等处置。案经三年平息，史称"大礼议"事件。之后世宗仍追尊生父为"兴献帝"，将其在湖北钟祥的藩王墓，逐渐改造扩充，升格为帝陵，名为"显陵"。

1 棂星门共有三座乌头门式石坊，各坊之间夹以照壁　　2 显陵一对下马碑，竖立在新红门之外，碑脚有四个抱鼓石支撑　　3 新红门外观。红门即宫门，外墙涂朱漆　　4 神道石像生分列两旁，除了骆驼、象、狮、虎、马、羊外，文臣武将或勋臣亦分置左右，其雕饰表现出明代官服特征　　5 石像生表现帝王生前仪仗的威风景象，南北朝用石兽，唐代用藩臣，宋代以后则文臣武将、瑞禽石兽皆备　　6 勋臣石像生，手持玉笏，神态栩栩如生

7 武将石像生，穿着明代甲胄

1

御河曲折盘绕，引水聚气

　　为符合帝陵之制，旧红门之前另置新红门，增设狮、獬豸、骆驼、大象、麒麟、马，以及文臣、武将、勋臣等石像生群，并从后山引进一条蜿蜒的曲水，称为御河（俗称九曲河）。御河盘绕如龙，与陵区中轴的神道形成五次交会后，流入水池"外明塘"（外明塘因置于风水所称的外明堂方位而得名）。陵区内因此出现了五处石拱桥，成为显陵一大特色。

　　御河迂回盘绕而区隔出几处独立的空间，最先为旧红门；紧接着为睿功圣德碑亭；过碑亭后，石像生成对立于神道两侧；越过棂星门，神道一改中轴直行的原则，转为略呈弯曲状，被称为"龙形神道"，长达290米，最后抵达祾恩门；门前设置圆形水池，称为"内明塘"，与新红门前的圆水池"外明塘"内外呼应。相传御河被喻为水龙，中轴神道为旱龙，两龙缠绕，水池成为水旱双龙戏珠之象征，并借以藏风聚气，使国势家运兴隆。

　　祭祀区之祾恩门、左右配殿及祾恩殿等建筑于今皆毁，目前只存基址，供人凭吊。

1 御河转弯穿越神道，引水界气，被称为"水龙"　　　2 二柱门立在方城明楼之前，门后方设置石五供

延伸阅读

古代的风水理论

　　中国古代风水理论大致有形势及理气两种派别之分。盛行于江西的形势派也称为"峦头派"或"形法派"，侧重于自然山水形势的观察，建构出与山脉河流走向等自然环境相关的风水理论，为明代风水思想之理论根源，被充分运用于皇陵之选地相址。理气派则盛行于福建，强调方位、阴阳五行等，又称"理法"。实际应用上大都形势与理气并用，而且以罗盘为主要定位工具。

1 方城后面有台阶可登明楼　／　2 宝城马道之内可见到"月牙城"

一陵二宝城的孤例

　　按明代皇陵的规制，藩王墓并无方城明楼，因此显陵的方城明楼为后来所加建。其设计上的最大特色是拥有前后双宝城，与一陵一宝城的典型做法明显不同。这是因为由藩王墓改造成帝陵之时，世宗生母病逝，原有宝城无法容纳二人合葬，故于后方加筑另一宝城，形成眼镜般的外形。不过，显陵虽有双宝城，但前方空置，世宗之双亲合葬于后方，此为明清两代五百年中皇陵之孤例。

1 甘肃武威雷台汉墓地宫。汉代开始盛行封土，地面上常有隆起土丘，墓室以砖发券　2 江苏丹阳梁文帝建陵神道石柱，柱顶为莲瓣　　3 陕西乾县唐永泰公主墓之前室内部，壁面保存着唐代壁画，绘有《步行仪仗图》，侍女发髻高耸，身穿绛裙，姿态曼妙

延伸阅读

历代皇陵选址的演变

　　中国皇陵在秦之前采取"不封不树"的做法，秦汉始有"封土"出现，"封土"即人工堆积的土丘。唐代多运用自然地势及山形，陵背靠山，陵前设置神道，如唐高宗和武则天的乾陵。宋代则选址于平地，无土丘坟陵，仅于墓前设置翁仲等石像生。元朝按蒙古族的习俗，葬地和祭祀之地分开，葬地隐秘，且地面无痕迹可寻。明清时受道教风水学说影响，寻求好的风水以庇荫后代，多择名山依山而陵，前有溪流，以藏风聚气。

1 清东陵方城明楼，前为石供桌，上置五供， 背后为宝城与宝顶　　2 清东陵慈禧太后陵墓之享殿，台基依山坡地势而筑　　3 清东陵乾隆裕陵地宫之
入口，石券及门殿皆以汉白玉石雕成

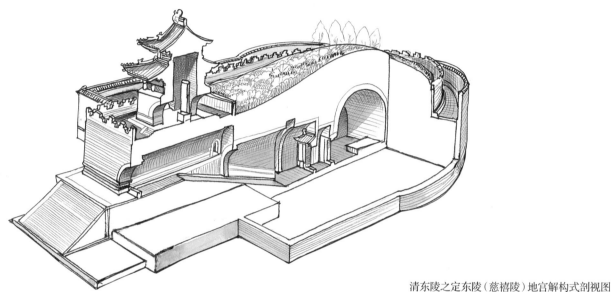

清东陵之定东陵（慈禧陵）地宫解构式剖视图
1928年，定东陵与裕陵地宫同遭军阀孙殿英盗掘

延伸实例

河北裕陵地宫

　　裕陵为清乾隆皇帝的陵寝，与慈禧太后的定东陵同样坐落在清东陵陵区，位于河北省遵化市。裕陵于乾隆帝在位时即开始动工兴筑，耗时九年完成，而乾隆帝又享寿八十九岁，在位六十年，是清代盛世时期掌大权最久的皇帝。裕陵的建筑规模、材料质量与艺术成果冠于清代诸陵，布局由前面圣德神功碑亭展开，依序由五孔桥、石像生、牌坊、神道碑亭、隆恩门、隆恩殿、方城明楼及宝顶所组成。宝顶下的地宫原来是个谜，直到1928年军阀孙殿英盗陵，地宫才被打开并公之于世，可惜珍宝皆被盗掠一空，棺椁亦遭破坏。

　　乾隆帝生前好大喜功，对边疆用兵十次，号称十全老人。从古人的风水角度讲，其陵寝环境极佳，龙砂与虎砂皆备。地宫规模宏大，全用汉白玉石、青石砌成拱券构造，共设九券四门，门及墙面布满佛教题材浮雕，包括四大天王、文殊与普贤菩萨、狮象走兽、法器莲花等，以及用数万字藏文与梵文镌刻的佛经咒语；整体构图严谨，雕纹深浅得宜，造型生动，文物与艺术价值极高。

乾隆裕陵曾遭盗墓，

其地宫布局与构造因而得以公开。

图中显示方城明楼之后

转入地下甬道券，

再经三道罩门券抵达最后的金券，

金券下置宝床平台。

地点：河北省遵化市昌瑞山下

年代：清乾隆八年至十七年（1743—1752）建　　方位：坐西北朝东南

1 秦始皇陵兵马俑坑，为世界上最大的露天遗址博物馆之一　　2 秦始皇陵出土之铜马车，铸造工艺精致，表现了当时高度发达的艺术及科技水平

延伸实例

秦始皇陵及兵马俑坑

　　秦始皇陵位于陕西省西安市临潼区骊山之北，建于公元前210年。秦始皇嬴政即位后就开始修建，直到其驾崩为止尚未完工，建造时间长达三十九年，成就了中国历史上封土最为巨大的帝陵——秦朝之前中国少用封土堆山为陵，而此陵外形有如顶部削平的金字塔，因而别具开创意义。皇陵四周有众多的陪葬墓及陪葬坑，1974年在秦始皇陵东1500米处发现阵容庞大的兵马俑坑，气势磅礴，令人叹为观止。

中国规模最大的帝陵

　　《史记·秦始皇本纪》记载："始皇初即位，穿治骊山。及并天下，天下徒送诣七十余万人。穿三泉，下铜而致椁，宫观百官奇器珍怪徒藏满之。"文字记述秦始皇号令七十余万名罪犯筑陵，以及陵中满置奇珍异宝的情景。这座中国古代最大的人工坟丘外壁向内斜收成覆斗形的土台，台顶削平，称为"方上"。封土原本高100多米，两千多年来在大自然的摧残之下风化流失，高度逐年降低，现高约50米，南北长515米，东西宽485米。坟丘四周有内外两层南北长向的矩形城垣保护，外垣南北向长约2173米，东西宽约974米，东西南北四边皆设门，面积广阔，是中国现存规模最大的陵墓。

　　传说为保护皇陵，陵内藏有弓弩暗器，并以大量水银注入地宫。根据科学仪器的测定，墓中汞含量的确有异常反应，表示《史记》中"以水银为百川江河大海"之描述并非空穴来风。秦始皇陵尚未开挖，两千年来偶有被偷盗之传闻，但并无实证；《史记》亦记载刘邦进咸阳后曾火烧秦始皇陵，足证当时陵区地面有建筑物。

秦代军队真实样貌的展现

　　1974年当地农民掘井时挖出陶俑肢体碎片，遂引起关注，之后在秦始皇陵东边1500米处先后发现兵马俑陪葬坑共四处，宛如守陵的近卫军。出土的兵马俑数量庞大，有许多和真人等高的彩绘武士陶俑，乃按当时真正的禁卫军容貌塑造，表情各异，栩栩如生，是秦代法家写实艺术风格的写照；并有铜马车、兵器等多种古文物出土，为20世纪人类考古学上的重大发现。

　　目前所发掘的兵马俑坑，规模最大的一号坑平面呈长方形，东西长达230米，南北宽62米，深度距现在地面约4.5米至6.5米。坑中共有十道2.5米宽的夯土墙，形成数条宽约3米的通道。地面铺设青砖，中央稍有隆起，两侧墙立木柱，上置枋，枋上铺棚木、芦席、胶泥等材料，再以黄土夯实，有如一座大棚将兵马笼罩其中。坑内共容纳了6000多位面朝东方的官兵，依军队作战的阵势，以两至三人为一排，分成38路纵队，前后皆有军官率领。官兵手执各式兵器，加上战马、战车等，场面浩大，阵容威武。

1 唐乾陵石翁仲。乾陵因山为陵，气势雄伟。六十一藩臣石翁仲列队立于神道旁，惜其头颅皆毁，仅余身躯　　2 汉霍去病墓之"马踏匈奴"，为中国现存最早的石像生　　3 河南巩义宋陵之神道两侧竖立许多石兽及翁仲　　4 宋陵神道之石像生，造型修长，表情严肃　　5 丹阳南朝墓辟邪，造型直追战国之石兽形式

延伸议题

石像生

　　中国古代陵墓前的神道，受到"事死如事生"思想的影响，以雕塑人物或走兽分列两侧，象征守卫，称为"石像生"，借以表明帝王生前的威仪或功绩。石人像又称翁仲，据说秦朝有大力士阮翁仲，因征服匈奴有功，秦始皇塑其铜像立于咸阳宫门外，栩栩如生，匈奴人见之惊惧，因此宫阙或陵墓前的铜人、石人皆称为翁仲。而石兽放置在墓前的做法，可追溯至汉代霍去病墓。霍去病生前骁勇善战，大败匈奴，可惜英年早逝，汉武帝特于茂陵东侧修建霍去病墓，以为表彰。墓封土上有造型浑厚有力的马踏匈奴、卧马、跃马、伏虎、卧象等石刻，呈现其丰功伟绩。

众生的居所

53

苏州城盘门

中国城市现存水陆双门并列之孤例,水陆门外各
有瓮城防卫

地点：江苏省苏州市姑苏区

苏州城盘门之远眺景象,为中国少见的水陆城门并置之实例

苏州城盘门从春秋时期以来

皆未变动位置,将陆门与水门并置,

成为它最大的特色。

陆城门之外设外郭,

而水城门也设外郭,即瓮城。

船只开入后,须经检查方可进城。

　　苏州城是江南水乡泽国城市之典型代表,位于长江下游太湖畔,至今仍保存宋代以
来的城市轨迹,在中国城市发展史上具有重要研究价值。苏州在春秋时期为吴国都城,
宋代称为平江府,自古以来即是一座商业鼎盛的城市。宋代平江府城的平面布局图被刻
在一座石碑上,现藏于苏州孔庙内。古今对照,我们发现大体上格局变动不大,尤其是
位于城西南角之盘门,至今仍保留了独特的水陆两门并置的形态,值得细加观察。

苏州城盘门解构式鸟瞰剖视图

1 运河进入城内的水门瓮门

2 此处可驻兵检查通过的船只

3 绞关石，原来装置有轮子及铁链，用来升降闸门

4 进入城门的陆门瓮门

5 重檐歇山顶的城楼

年代：传创建于春秋时期，元至正十一年（1351）大修　　方位：坐西北朝东南

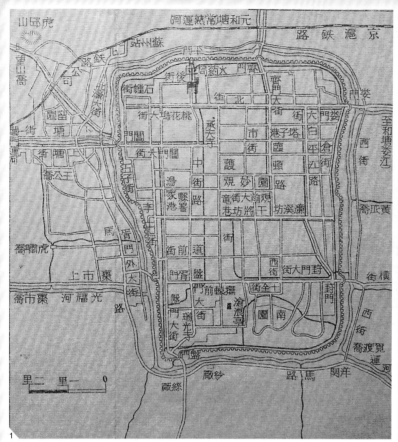

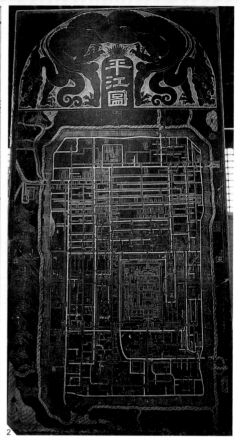

从吴国都城到宋代的平江府

苏州城池的形状呈长方形，城内街道为格子状。早在春秋时期，伍子胥受吴王之命修筑城池，以"象天法地"理论设计，共有陆门八座及水门八座。至南北朝时期，城内建造了许多寺庙及园林。到了唐代，城市划分为六十坊，各坊皆设门。至北宋时改名为平江府，城内有衙署、礼制建筑、佛寺、道观、贡院及民间私家园林等建筑，极一时之盛。不过后因南宋与金国之间的战事而几乎全毁，直到孝宗淳熙年间（1174—1189），才对城池大加修缮，而《平江图》碑所呈现者，即是南宋理宗绍定二年（1229）苏州城重建后的面貌。

城中有城、水陆交织的古城

苏州城的城墙有内外两重，称为外城与子城，外城周长约15公里，历代因兵燹而屡经重修。经五代整修后，只留下六处城门，即西面的胥门、北面的齐门、东北面的娄门、东南面的葑门、西北面的阊门以及西南角的盘门。各门皆采用水陆两门并列的设计，可惜的是后代多半淤塞，今日唯独盘门仍留存水陆双门并置的完好形制。城墙及城门早期为夯土构造，唐代在土墙之外包以砖石，城墙每隔一段有凸出的马面，以资防御。今日所见者多为元朝重修之物，城外有两道护城河，颇为罕见。护城河兼作运河之用，供船只通航。

内部子城为春秋时吴国的宫城，城门上建城楼，并命名为"观凤楼""齐云楼"，象征其高大壮观。子城内历代作为官署所在地，例如府署、库房、作坊及校场等。运河水源来自西边的太湖，引水入城，城内河道有所谓"三横四直"，水陆交通纵横交织，相辅相成。《平江图》上记载城内桥梁近三百座，成为城市景观之特色。

1 从1935年印行的苏州地图可见昔日包括西南角盘门在内的六处城门　　2 宋代平江府城石碑刻《平江图》，西南角的盘门至今仍保存原貌　　3 苏州运河如织网，遍布全城，成为主要的交通要道　　4 苏州是江南著名的水乡，高大的拱桥跨在运河之上以利帆船通行　　5 苏州水道纵横城区，马可·波罗记载全城有一千座石桥　　6 盘门的陆门，其外为"曲尺开门"之瓮门制度　　7 盘门的水门设两道拱门，远处可见歇山顶的陆门城楼

1

延伸实例

云南丽江古城

    丽江位于云南省西北部金沙江上游的盆地中，四周地理形势山高谷深，风景秀丽。主要为少数民族所居，包括纳西族、白族、彝族、苗族、壮族及藏族等，其中纳西族占一半以上。纳西族历史悠久，是古羌人的一支，唐代向南迁移，有自己创造的文字，并逐渐吸收汉族文化，汇成深具特色的文化。

    丽江古城古名"大研"，系纳西族运用特殊筑城手法及理论所建。它的西北方耸立着经年积雪不化的玉龙雪山，山上流下来的雪水及地下泉水流经丽江古城之内，形成重要的特色景观。古城里水渠与街道纵横交织，自然与人文环境融合共生。1997年，丽江古城被认定为世界文化遗产。

自然与人文环境交融的古城

    城墙是中国历史文化名城的重要元素，但丽江古城却是一座没有城墙的城市，据说是因元代世袭土司"木"氏家族笃信风水之说，为免被"困"而未筑。丽江古城始建于宋末元初，结合水流、道路及广场系统而发展，经明清的经营，自然与人文环境交融，浑然天成。玉龙雪山的积雪在春天融化而下，汇积于山谷的水潭（黑龙潭）中，先以玉河导引到城里，分岔成东、西、中三河后，再发散成树枝状的水道，既可灌溉、调节水量，又可调节气候，并供给城市内用水。道路与水系统或交叠或并行，有时互成直角，交织成绵密的网络。相较于苏州河道的通运之便，曲折绵延的丽江水系则仅能供饮用、洗涤，虽无舟船之利，但亲近宜人。

1 丽江仍保存完整的古建筑与民居，屋顶景观非常和谐　　2 丽江民居鸟瞰，可见许多白墙青瓦的"三坊一照壁"民居　　3 丽江城内水道两岸小桥人家，如一幅安详的人间乐土之画　　4 丽江城内水道分布绵密，有如苏州城

纳西族特有的四方街

　　顺应水渠的分布，城中市街组织呈不规则状。市街核心处较宽阔，有较多条街道交会于此，形成一长方形的广场，称为"四方街"，是居民暂歇闲聊以及市集的所在。就纳西族聚落而言，四方街为广场的专有名词；同样的做法也出现在纳西族的其他市镇，以水潭、溪流、道路、四方街广场及民居为元素，形成纳西族特有的城市景观。街道铺以红色角砾岩，称为"五彩石"。狭窄的街道巷弄中，身着传统服饰的纳西妇女缓缓而行、静谧自在的氛围，仿佛时光也为之凝结。

　　四方街广场旁有科贡坊，楼高三层，可登高远眺。城中西南方有原为木氏世袭土司所建的衙署，坐西朝东，规模宏大，曾因震灾塌毁，于1998年改建为古城博物馆。

舒适宜人的合院民居

　　市街内的民居，充分运用古城中纵横密布的水渠，或临水而建，或横跨于水面，甚至引水入宅，在院中就可舀水梳洗，既可借景，又为居民带来生活上的便利及乐趣。纳西族原有建筑多用木造的井干式结构，后来发展成合院式，最典型的是"三坊一照壁""四合五天井"之形式。"坊"指面宽三间，高两层的房子。住宅大都为两层高度，正房通常采用一明两暗的形式，中间为堂屋，左右为卧房，前廊宽敞，日照充足，通风采光良好，是工作和休闲场所，二楼为佛堂或储藏室。室内装修朴实，天井、前廊地坪以卵石、瓦片及碎砖镶嵌图样，简朴而别具巧思，加上院中花木扶疏，舒适宜人，素有"丽郡从来喜植树，山城无处不养花"之美誉。

54 城市
平遥古城市楼

楼阁高耸入云，行人车马楼下过，为罕见的明代城市中心警报楼

地点：山西省晋中市平遥县

市楼位于平遥城区中心，古时具有报时与示警之功能，外观为三檐，
有平坐可供眺望，造型挺俊

平遥城的中心点有一口古井，

被称为金井，井旁挺立一座警报楼。

古时规划一座城市，相传先凿井，

以检验该地水质是否甘美，

因而这口水如金色的井，

有如平遥城之胎记，为城之原点。

警报楼因位于井旁闹市之中，

故被称为市楼。

　　平遥古城创建于两千八百多年前的西周时期，现今之规模，为明初洪武三年（1370）所修建。明太祖朱元璋驱逐元朝势力后，力图恢复汉民族的体制，平遥古城就是在这样的政治背景之下建造起来的，成为一座明代北方汉族城市的典型。它位于山西省中部黄土高原上，那里气候干燥，有利于古建筑的保存。古城坐北朝南（略偏东南），平面近于正方形，与中国南方城池常呈现不规则的形状成为明显对比。平遥城不仅城墙保存完好，城内之主要街道布局，建筑物如寺庙、商铺及民居等，至今大部分也仍相当完整，井然有序，气势恢宏，可谓中国古城保存最完整的案例，1997年被列入世界文化遗产。城内中心点立有一座罕见的市楼，楼阁高耸而秀丽，为平遥古城的地标。

平遥古城市楼外观透视图

1 金井，被视为平遥古城聚气的穴位中心

2 市楼横跨于南大街上，每个角隅使用四柱，底层共用十六根柱子支撑，部分外包砖墙

3 木楼梯，可登二楼及三楼

4 斗拱内部为二楼暗层，内设神龛供奉观音菩萨与关圣帝君

5 三楼为奎文阁，外廊环绕，悬出平坐，古人认为可以兴文运。平时有报时及警戒功能

6 屋顶以青、黄二色琉璃瓦排成"寿"字图案

7 铁制屋脊装饰构件

年代：清康熙二十七年（1688）建　　方位：坐北朝南

1

格局完整方正的古城

平遥城的规划严谨。城之形态，北、东、西三面皆为直线，只有南面城墙沿中都河蜿蜒弯曲，俯瞰如平匍的大龟。城墙每边均为1500米，高约10米，城东、西每边有两个城门，南、北边各有一城门，六座城门分别象征龟之首尾及四足，南门城外的两井则被喻为龟目，自古即有"龟城"之名。每座城门外另筑有瓮城，以加强防御。

夯土造的城墙壁体下大上小，顶宽约3—6米，外墙覆青砖。城墙外侧上端置有垛口（雉堞），内侧上端则筑宇墙，每隔40—100米设凸出的墩台，即马面，以利守城者瞭望与射击。马面上层建有小屋，作为士兵遮风避雨及储备兵器之用，称为"观敌楼"，亦叫作"窝铺"。相传观敌楼共设七十二座，垛口共三千个，有七十二贤及孔子三千弟子之寓意。晚清在城之东南角上矗立一座八角形的奎阁（魁星楼），象征平遥城之文运昌隆。

井然有序的市街空间组织

城内大街十字形相交，形成四大街，另外尚有八小街、七十二条曲巷。其中两条东西大街呈直线，南北大街在城中则有转折，偏离轴线，明显是风水考虑的结果。纵横交错的诸多曲径小巷形成八卦阵。城内主要建筑配置遵守"左祖右社"及"文东武西"的原则。衙署置于城西南高处，得以主控全城。城内寺庙依照汉人普遍的信仰与礼制，包括清虚观、关帝庙、城隍庙、文庙、火神庙及吉祥寺等，城外尚有著名的双林寺、镇国寺。其中清虚观保存较为完整，始建于唐显庆二年（657），现存建筑多为元明之物，中轴线由牌楼、山门、龙虎殿、纯阳宫、三清殿、玉皇阁组成；龙虎殿中的青龙、白虎彩塑神像，英姿雄健威猛，公认为明代塑像佳作。

作为全城地标的跨街市楼

城内中心点有一座罕见的"市楼"，形制乃汉代鼓楼之遗留，是平遥城的地标；又因横跨于南大街上，故又称"过街楼"。市楼可能始建于明代，古代具有报时与示警之功能，现物为清康熙二十七年（1688）所修建，造型高耸，秀丽

1 从城中心的市楼上望平遥市街一景 / 2 平遥城墙观敌楼成列，每隔数十米凸出马面，有助于三面御敌 / 3 平遥城墙上面设马道，可供车马行
走。墙体外部包砖，内部为夯土构造

平遥古城鸟瞰图

平遥城平面近于正方形，仅南向城墙沿河而筑略显蜿蜒，俯瞰宛如一只平
匍的大龟。图中可见位于南大街上的"金井市楼"，为全城的地标

典雅的气息与城垣的稳固严肃形成对比。市楼全高18.5米，外观为三层楼三重檐歇山顶，二明一暗，二楼夹层为暗层；屋顶饰青、黄二色的琉璃瓦，铺瓦排列藏有"寿""喜"二字的吉祥图案；屋脊上使用葫芦、宝塔、鸱吻及有剪影效果的装饰铁件，远望略具民俗趣味。市楼底层面宽三间，进深亦三间，明间甚为宽阔，可容车马通行；二楼南向供奉关圣帝君，悬挂关公之圣画，是晋商奉拜的职业守护神；三楼四面设回廊，登楼凭栏远眺，市街景观尽收眼底。门额题有"金井古迹"——中国古时勘地建宅或筑城，常先寻穴凿井，以检验水土是否适合人居，平遥城市楼一侧即存古井一口，井内水色如金，故有"金井市楼"之称。来往的商贾行旅络绎不绝，自由取水，市况热闹繁华。

外观封闭的合院民居

城内民居多为清代或民初所建的四合院，仅少数为明代遗留。四合院主要由垂花门、影壁、倒座、厢房、正房、庭院及风水墙等组成，平面多呈二进或三进式。外墙封闭，左右对称，主次分明，院落深邃。厢房与正房多做成山西民居常见的砖砌窑洞，冬暖夏凉。屋顶常喜做单向坡，民间称其为"半边屋"。风水墙与风水影壁则反映居民祈求家运昌隆的愿望。

掌控清代中国金融业的票号

平遥城在清末商业发展达到巅峰，是著名晋商文化的摇篮，城内商铺林立，生意兴隆。清代出现一种古代的银行"票号"，经营汇兑金融，流通全中国，分支机构甚多，分布甚至远达日本、俄罗斯，有匾如"汇通天下""日升昌""百川通""蔚泰厚"等，可窥其影响力之深远。票号曾一度操纵中国的金融业，鼎盛时期仅平遥城内就有二十二家票号之多，其中创建于清道光三年（1823）的"日升昌"票号，为中国第一家金融机构，建筑物至今仍保存良好。

1 平遥城门之瓮城，内部以石板铺地 / 2 平遥城门内的戏台，关帝庙设在城门内具守护之寓意 / 3 清虚观，为平遥城内之道教建筑，殿堂之前设一座山面朝前的亭子 / 4 平遥民居大门前可见昔时骑马所需的上马石与拴马石 / 5 市楼细部斗拱，每跳皆出横拱，兼具结构与装饰之美 / 6 "日升昌"票号内院一景

55 高平姬氏民居

民居

有铭记可征的中国现存最古民居，充分运用空间，
且用材自然

地点：山西省晋城市高平市陈区镇中庄村

姬氏古民居的正堂为三开间，
有檐柱及斗拱。
右图用单点透视法绘剖视图，
表现未加工的大梁与夹层。

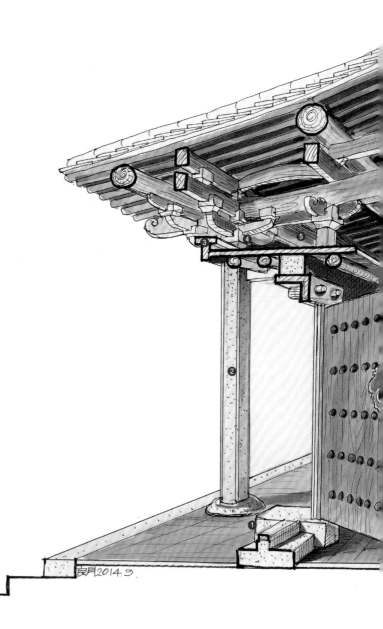

山西位于黄河中游的黄土高原，境内有
汾河，造就了丰富的人文环境，古代晋国在
此崛起。山西的气候较干燥，适合木构造建
筑之长久保存，现今即保存了中国数量最多
的唐、宋及元代的古建筑。山西东南部的古
民居除了最典型的窑洞之外，也还有许多木
构造民宅。

高平姬氏民居剖面透视图

1 石门枕有元代铭记

2 石柱

3 普拍枋

4 栌斗

5 在门楣与柱头之上架平板作为
储物夹层，充分利用空间

6 叉手

7 平梁也用弯曲的木材制成

8 五椽栿为自然天成的树干，将
凸面朝上，可提高应力

年代：元至元三十一年（1294）建　方位：坐北朝南

1

木构与窑洞民居并存

山西东南的高平位于太行山区，古称上党，即山中高地之意。由于山岭环抱，木材及石材取得较容易，人们多利用石木混合结构来建造住宅，当然也有不少窑洞民居。由于长期受到儒家文化熏陶，中轴对称的三合院及四合院极为普遍，并且为了充分利用空间，常有楼房。为防寒，室内常设火炕，屋顶凸出烟囱也成为外观的特色。但民居因常与时俱进，随使用者需求而更改，能够保存初建时原貌的极少，一般只能见到明清时代的民居。

已知最古的民居建筑

高平20世纪90年代发现一座建于元代的民居，它是三合院格局，在中门的门枕石刻有"大元国至元三十一年岁次甲午"字样，即公元1294年，宅主为姬姓，是迄今为止中国所存有落成年款的最古老民居。

它位于山区内的斜坡上，自然排水良好，且阳光充足，提供了干燥的条件。正面为三开间宽，有前廊，立四柱支撑屋檐，明间设木格扇门，门板有门钉五道，左右次间辟槛窗，屋顶为双坡悬山式。其外观简单而古朴，但走进室内却有另一番景象。虽是民居，但有巨大的梁架与斗拱。其进深只有一间，但利用一根弯曲的巨大树干为主梁。弯曲的大梁之上，以高低不等的侏儒柱调节二椽栿，其上再以大叉手及侏儒柱并用支撑脊槫。率性自然地运用天然木材，似乎也反映着元代豪放粗犷的文化精神。

更细致的设计出现在檐柱之上，在柱头上铺一层平板，越过门楣伸入室内，成为一处可以储存杂物的夹层。室内早期可能分隔为三间，即一明二暗，但现已合为一大间，推测它在元代可能规模还要大许多。无论如何，这是一座弥足珍贵的元代古宅。

1 山西姬氏民居只保存正堂三开间，是典型的一明二暗格局，中为厅，左右为房　　2 姬氏民居门楣上凸出四个门簪，形式古拙朴实　　3 姬氏民居厅堂内的梁架运用不加工的自然木梁

皖南民居

以马头墙围合狭窄天井，生活空间精练的走马楼民居

地点：安徽省黄山市等

黟县宏村明代民居之砖雕门罩，牌楼与民居结合，墙上铺以蝴蝶瓦，黑白墙呈现鲜明对比

皖南民居外观上最显眼的
特色是高耸如牌楼的"马头墙"，
内部天井窄小，幽暗的光线
带给宅第宁静，屋檐滴下的雨水
汇聚在有如方砚的庭院中，格局紧凑，
却让人感觉生活在天、地、水
与光交融的环境里。
右图剖开门厅外壁，内院一览无遗。

　　"皖"是安徽的简称，皖南即指古代徽州一带，现称黄山市，包括歙县、休宁、祁门、黟县等地，自古文风鼎盛，经济发达，足以与苏州、扬州、杭州相媲美。苏州为鱼米之乡，物产丰饶，文人辈出，据统计从唐至清此地出过的状元人数居全中国之冠；扬州位居大运河要津，是商业汇集地；徽州则因境内山多，地狭人稠，在家乡耕读颇难生存，所以居民出外经商成为一种风气。明清时期逐渐发展成一种商业组织，叫作"徽商"。民间流传着"无徽不成商""无徽不成镇"的说法，可见皖南农地少致使从商者众，在农业时代不得不远离家乡，虽带有几分无奈，却也开拓了徽州人的视野。

皖南民居解构式鸟瞰剖视图

1 主入口石阶

2 外壁门罩墙面，常以砖雕装饰

3 尺度紧凑的中庭铺石板，可以承接雨水，象征"四水归堂"。庭中架起石板桥，以利通行

4 敞堂式厅堂摆放条案及太师椅，堂上悬挂祖宗画像，额枋悬挂大红灯笼，直接面向中庭

5 沿侧墙设置木梯，较能节省空间

6 楼梯上方安置横躺的木板门，可以控制人员上下

7 可环绕一圈的"走马楼"，即走廊

8 走马楼格扇窗下方可设鹅颈椅，当地又称美人靠、飞来椅

9 铺黑色的小青瓦，与白粉墙形成宛如水墨画般的色调

10 马头墙呈阶梯状，俗称"五岳朝天式"山墙，它原本是为防火及防风而设计的，后来成为徽州民居建筑造型主要语言

徽商的特色，是推崇儒家理念，秉持诚信原则，汲汲经营，并重文求功名，因此被称作"儒商"。在徽州商人"贾而好儒"的传统中，儒与商做了最好的结合；此双重特质也反映在徽商获利后，通常会回归家乡，致力建设，以光耀门楣。山区建造的许多住宅为了保留耕地，采用格局小且紧凑的平面，而精致的建筑则既展现了财力，又不失文人风雅气质。村落里设置着许多书院与牌楼，深受儒家思想之熏陶，其中以潜口地区的民居群最具有代表性。

别有洞天的盒状建筑

皖南民居的外观显得极为封闭，四周围以高大的马头墙，黑瓦白墙，形如阶梯，主要功能是防火，所以称为"封火山墙"，具五山者又特称"五岳朝天式"。进入门内，厚重的实墙感完全为精细的木结构所取代。皖南民居喜用巨大的梁，细小的柱子，形成"粗梁细柱"的结构特色。卧室内为防潮，常采用木地板，并略为抬高，而格扇窗棂更是处处呈现精致的木作。

平面中轴对称，以三合院、四合院为多，常见的有"冂""口""日"及H形等多种形态。建筑多为二层楼。院落间的天井紧凑狭窄，向上引导视线，使人有"坐井观天"之感。屋顶将雨水集中导入中庭地坪，地坪架上石梁，有如桥梁。此"四水归堂"做法，不仅有储水的实质功能，对徽商而言，更带有"水寓为财可以聚于宅"之意涵。

皖南民居最大的特色在于狭窄的左右厢房，其宽度往往仅容楼梯供上下。厢房主要作为联络上下前后的通道，有些在二楼可环绕建筑一周，使室内的空间结为一体，所以有"走马楼"之称。这个狭小空间，常见精雕细琢的推窗、曲线优雅的栏杆及鹅颈椅。窗扇外推，临窗凭栏倚坐，令人不禁有"风檐展书读"的联想。

1 皖南黟县宏村以水为中心，筑渠引水，提供生活所需　　2 皖南民居砖雕门罩，系以水磨砖构成，色泽、质地朴素　　3 黄山市潜口明代民居天井地坪铺石，并架石板桥　　4 潜口明代民居二楼之鹅颈椅，外部转为栏杆形式　　5 潜口民居从二楼的格扇窗望马头墙上的蝴蝶瓦　　6 潜口民居之楼梯躺门　　7 潜口民居之走马楼，二楼可绕行一周　　8 黟县宏村民居天井置水缸蓄雨水

1 黟县西递民居正厅悬挂祖宗画像   2 黟县西递民居天井较小，但仍有采光及通气之作用   3 黟县宏村之中心水池，四周白墙倒影于水面，居民浣衣池畔，呈现宁静如诗画的生活步调

精湛的雕刻艺术

不以规模及气势见长的皖南民居，在雕刻艺术上的表现则成就非凡。砖雕主要出现在入口，此处常见以砖石砌筑出双柱单间或是四柱三间的牌坊，贴附于高墙外，精致的砖雕仿木结构梁枋斗拱的细节，或以光洁的水磨砖修饰墙面，皆展现了精巧的工艺。木作方面，主结构的梁柱都不施深雕，但喜用弯曲的虹梁；在虹梁、枋材、斗拱及雀替上，多施以曲线流畅、构图繁复的雕刻。我们走入中庭，抬头环顾四周，最好的雕刻呈现眼前，每一处门扇、窗扉，宛若蝴蝶时开时合的轻盈双翅，翩然欲舞。

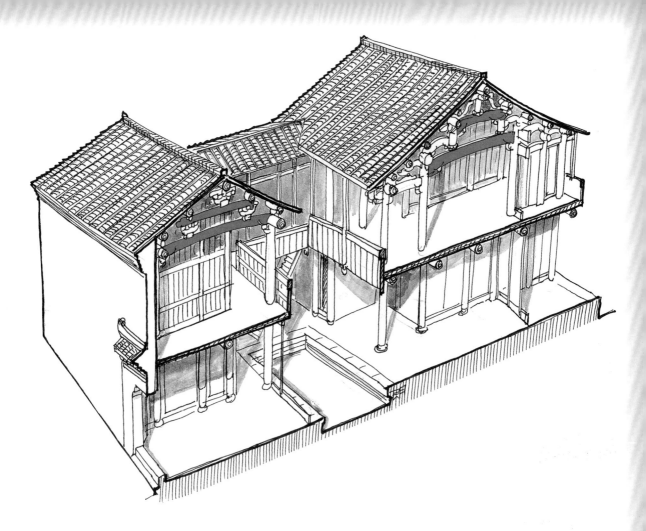

皖南民居屋架结构示意图
弯曲的虹梁为其主要的特色

延伸阅读

鲜活的"皖南民居博物馆"

　　近年来在都市发展的压力下，许多典型又精美的皖南民居面临拆除的危机。于是地方政府选择了潜口一带的山坡地，按当地传统村落布局，顺应地势集中移建。这些建筑来自黄山市歙县的郑村镇、许村镇，以及徽州区的潜口镇等地，类型包括一般民宅、富人宅第、官宅、祠堂与牌坊等，可谓汇集了明、清两代徽州的经典建筑。因此今天所谓的"潜口民居"，也成为近年研究中国民居者必定造访之地，俨然是一座鲜活的"皖南民居博物馆"！

延伸议题

山墙

　　山墙，顾名思义，指建筑物屋顶下的墙体形状如山。除了平顶、攒尖顶、囤顶或盝顶之外，中国传统的屋顶如歇山、悬山、硬山及卷棚顶，多可见到侧面三角形山墙，它的作用除了承受屋顶的重量外，又因造型醒目而自然成为表现建筑个性的形式符号。

　　事实上，山墙的实际功能胜于其象征意义。人字形山墙用于硬山及悬山顶。为了防火及防风，将山墙筑高，成为封火墙，在人烟稠密的村庄或城市，封火山墙非常重要。广东及福建一带因有台风侵袭，盛行一种高出屋面许多的拉弓形山墙，称为"镬耳墙"，它巨大的圆形墙体也具有挡风的作用。

　　北方有一种阶梯形的山墙，称为"五花山墙"，它的上端露出梁枋木结构，所以仍属于悬山顶。广大的南方多使用硬山顶，山墙顶端仍然铺瓦，最普遍的是所谓"马头墙"，以长江流域为多，但福建、广西仍可见到。马头墙顶为便于铺小瓦片，所以砌成阶梯状，远望时只见水平的黑瓦层层叠叠，与白粉墙构成强烈的色彩对比，有如一幅水墨画。

　　广东及福建地区山墙的形式十分多样，有金形（圆）、木形（高）、水形（曲）、火形（尖）及土形（平）之变化。将屋顶归纳为五行，与堪舆风水之术结合，反映中国古代的空间环境与时间观念。

1 广东番禺余荫山房人字山墙，线条具书法之美　2 北京常见的五花山墙，与悬山顶并用，呈现斜线与水平线交织之趣味　3 广东地区常见的镬耳式山墙，巨大的挡风墙有如古鼎之耳　4 长江三峡张飞庙的拉弓形山墙，气势雄伟　5 福建武夷山下梅村，七滴水（即有七层出檐）牌坊与左右马头墙结合成和谐的整体式造型　6 福建邵武民居大夫第之牌坊式门楼，砖雕精细，令人叹为观止　7 福建邵武玄灵寺门楼（原为睢王庙门楼）做成山墙状，虽充满精细砖雕，但表现出来的梁枋关系仍有条不紊　8 浙江诸葛村的马头墙上铺蝴蝶瓦，天际线呈阶梯状，造型飞扬　9 福建北部祠堂常见之马头墙，直线与曲线并用，静中有动　10 湖北民居之马头墙，门厅用三山，而正厅用五山，前后略异，主从分明，造型如古代官帽，器宇轩昂

1

延伸议题

汉代民居之缩影—— 陶楼

汉代的地上建筑存世甚少，且多为石造之墓阙，而未见住宅遗迹，所幸尚可自明器中窥见一二。明器又称为冥器，是一种陪葬物。汉代崇尚厚葬，在事死如事生的观念之下，陪葬物多以陶制成缩小比例的屋舍、佣仆及牲畜形象等，因而使我们对两千多年前的建筑多了一些认识。目前可见的明器类型，涵盖了合院、宅第、楼阁、牲畜屋舍以及巨大的坞堡等。明器虽然属于缩小的陶制品，但其空间组织清晰、造型优美、构造合理，且有艺术加工表现，值得我们细加观察。

明器陶楼造型多样，反映了汉代人民生活的各个层面，包括士农工商与贩夫走卒。有些陶楼上面出现许多人物，显示出当时的生活情调，特别是人与空间的关系，例如门庭内有人打扫、纺织，正堂内宾主把酒高歌、开怀畅谈，楼阁上有人凭栏眺望，似是观景，又像警戒……适切地反映汉代中国人的生活文化。

当然，这些出土的陶楼明器更是研究汉代建筑的重要史料，可补实物之不足。有些陶楼制作写实而精细，无论是建筑构造细节或装饰图案色彩皆表现无遗。结构方面除了梁柱外，柱头及梁上斗拱毕现，拱身曲线多样，如一斗二升、一斗三升及上下重叠之斗拱或斜撑木等，显示出汉

1 河南焦作出土的汉陶楼，两座楼阁间凌空架起廊桥　　2 河南出土之汉代坞堡陶楼，有四进，包括门楼、望楼、主屋及后堂，四周围以高墙

代斗拱尚未定型与制式化。门窗的细部与后代几乎相同，包括门楣、门簪、门槛、门环铺首及窗棂等，做法成熟。屋顶的形式方面，可见到两坡顶的硬山、悬山，以及四坡顶的歇山、庑殿或攒尖顶。屋脊上的装饰则有凤凰朱雀、叶状脊瓦或类似鸱尾之瓦件。木构件外表敷以色彩，以朱、青、绿、黑为多，至为华丽。

陶楼出土的地理范围颇广，从山西、河北、甘肃、四川、湖北到南方的广东皆可见之，而建筑空间与造型极为丰富，其中以坞堡与水榭最引人注意。坞堡是一种具防御作用的大型住宅，以高墙围绕，并起高楼。高楼内庭堂相间，楼宇错落，犹如一座小城堡。在河南焦作出土的一座坞堡，有两座高耸的楼阁，在半空中以廊桥相连，复道行空，可遮蔽风雨，极为罕见。另外，兰州博物馆所藏的一座汉代坞堡，中央凸起五层楼阁，四角各有小楼拱卫，而各小楼之间连以空中阁道，布局严谨而奇巧，造型兼有琼楼玉宇之趣，从汉代史书所载长乐宫、未央宫之建筑可资佐证。

水榭系将一座多层楼阁立在池沼之中，少则三层，多则五层。当时可能是出于防御或宗教思想而有如此之设计，后世极为少见。但清乾隆皇帝在北京所建国子监辟雍与北海小西天却因袭此法，将殿阁筑造于水中岛上。

1 长江三峡出土的汉陶屋，注意屋脊起翘曲线及"一斗三升"在汉代已成形　　2 一座少见的汉明器，其正

屋为楼房，院中有院；四隅为攒尖顶望楼，辟直棂窗，且有飞桥相连，甚为巧妙

河南焦作出土的东汉
彩绘陶仓楼透视图

河南灵宝出土的汉代
绿釉二层水榭透视图

河南出土的东汉
绿釉三层水榭透视图

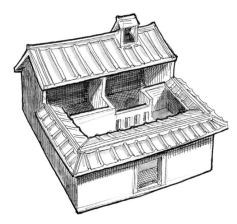

河南安阳出土的西汉
彩绘灰陶厕所猪圈透视图

河南洛阳出土的东汉
灰陶井透视图

河南出土的东汉
二层陶仓楼透视图

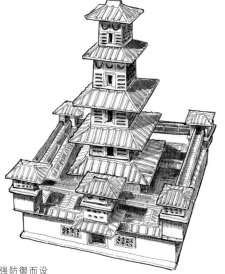

甘肃出土的汉代
坞堡全景透视图

中央立五层楼阁，四周
围墙并设角楼，可能为加强防御而设

河南焦作出土的汉代
七层彩绘连阁陶楼透视图

57 北京四合院

反映中国传统人伦秩序,广阔华北平原上最常见的
民居形式

地点:北京市

与垂花门相连的抄手游廊

北京四合院的空间布局,

是明清时期中国北方伦理秩序的

具体化表现,

正房居中,厢房分列左右。

右图从空中鸟瞰,

可见大门设在"巽"方。

　　在中国北方自然地理及人文生活条件交织下所产生的四合院,分布范围相当辽阔。华北平原因无高山阻隔,建筑工匠交流较为密切,所以包括山东、河南、河北、山西等地都采用了相近的民居类型。上至皇帝下至匹夫小民,皆居住于四合院。而由于京城近在咫尺,居于天子脚下的北京四合院,对官方会典颁布的规制格外谨守,以屋宇的高低大小、装饰的强度、用料的精粗及设色华丽与否等方面来区分社会位阶与尊卑。因此,灰砖青瓦成为寻常百姓民居的主要色调,简朴素雅的外观之下,空间安排严谨。这种合乎礼制又充满生活功能的设计,显现出五百余年来京师特有的深厚文化底蕴。

1 主入口大门：有较为气派的广亮大门，以及普通的蛮子门或如意门等多种类型。图中为广亮大门

2 上马石：俗谚谓"南人驾船，北人乘马"，所以在大门之前常可见到上马石及拴马柱两种设施

3 倒座：临街一面只辟小窗，主要门扇朝向内部，通常作为客房、私塾或储藏室

4 影壁

5 露地：合院角落的小院，可通风采光或种植花木。西南角落的小院常设置茅厕

6 垂花门：也称为"二门"，它的屋顶常做两座相接，即一殿一卷式，门内设屏风，平时由左右出入

7 中庭院子：四隅种植花木，中央有十字形铺面

8 东厢房

9 西厢房

10 正房：也称为上房，通常为三开间或五开间，中间为主厅，两旁为卧房，房内多设炕床取暖

11 抄手游廊：多呈曲尺形，又称"窝角廊"，是连通垂花门、厢房与正房的廊道。廊下柱子多漆绿色，并有座椅式矮栏

12 耳房：可充当厨房

13 后罩房：位于最后一排，通常作为女眷与仆役居所

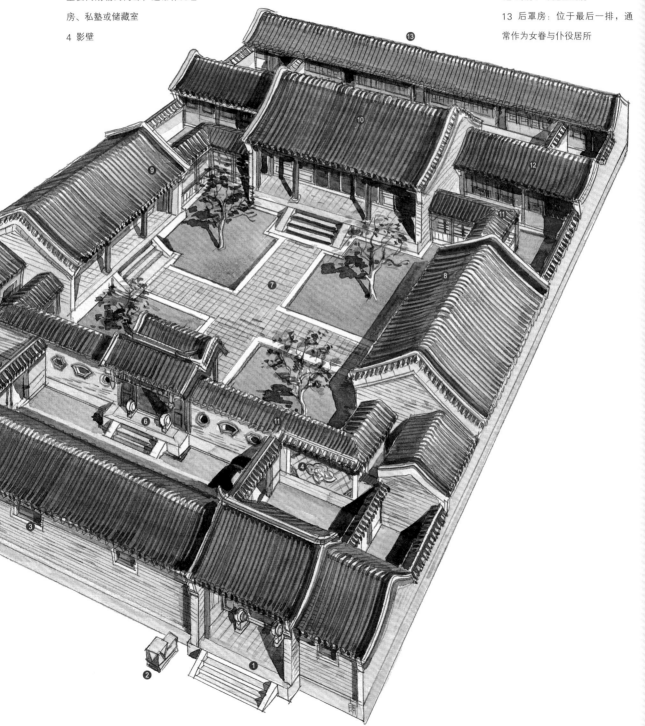

1

独立而开阔的形式

　　四合院的基本形态是由四座房子围成，成为中轴对称的长方形或正方形之布局，平面如"口"字形。这种布局具有悠久的历史，是中国民居最常见的模式，早在汉代出土的明器陶楼中就已出现四合院的形态。不过，虽然大江南北都有四合院，但因配置松紧不同而构成形式上的差异：南方四合院因屋宇相连，只留出中央的院子，较为紧凑；反观北京的四合院，四座房子各自独立，屋顶并不相连，四个角落因此多出颇具妙用的小院来，称为"露地"。北方冬天日照短，小院可增加通风采光，富生活功能。四周以墙垣连接，形成封闭的界线，各座房屋之间则以"游廊"连接，如同手臂从身上长出，所以被称为"抄手游廊"，使起居不受晴雨霜雪等气候影响。游廊的一侧可砌墙，开设扇形或桃形漏窗，另一侧则常置栏杆座椅。

纵横皆可扩充生长

　　基本的四合院形式属于小型住宅，只有两进院落，而官宦或富贵人家则会采用纵向或左右延伸的方式，创造出多进甚至带花园的宅第。第一进通常背对街道或胡同，故称为"倒座"；而正房之后常会再加一排房子，使得进深拉长，称作"后罩房"。有时候也可以是两套四合院，左右并列，如此横向扩充，即称为"跨院"或"偏院"。

1 有八字影壁之蛮子门　　2 北京四合院垂花门因有垂莲柱而得名，中央门扉除了红白大事，平时不用。本图之屋脊用"清水脊蝎子尾"　　3 垂花门的屋顶常做一殿一卷相连，外观小巧玲珑，体现北京住宅之斯文特质；亦用于园林中，此为颐和园中之垂花门

1

合乎礼制的布局

　　受到明代《大明会典》的约制，庶民百姓住宅面宽不得超过三开间；合院的房屋都朝内开门，内院与外面隔绝，向心性很强；四周砌高大墙垣，形成封闭且宁静的宅院。主入口基本上可分成四种层级，最高级的"广亮大门"，前后共立六根柱，门扇设于中柱上，使入口有较大的进深，多见于官宦府第。中上人家采用"金柱大门"，门扇装在前金柱位置上，入口的进深较浅。"蛮子门"是把木板墙安在前檐柱位置，门外无容身空间，多为富商殷户使用。"如意门"以砖墙砌筑，中间留出门扇，为平民百姓采用，是最普遍的大门形式。进门后的小院有一道墙对着大门，称为"影壁"；如果院落够大，影壁独立在院中，兼有挡景及反射明亮光线的作用，一般多用细致的砖材砌成，其上雕刻吉祥图案。合院中轴线上第二进的出入口，雅称"垂花门"，因正面吊柱宛若花朵垂下而得名。所谓"二门不迈，大门不出"，二门即指垂花门。它的最大特色是采用一种叫作"勾连搭"的屋顶——两个造型不同的屋顶连接在一起，前者为人字脊，屋脊出蝎子尾，后者做成圆弧形的卷棚，又称为马鞍顶。屋顶前尖后圆，富于变化之美。

　　北京四合院的空间使用合乎传统人伦礼节，正房居中，屋顶高度也最高；厢房分列左右。正房通常为三开间或五开间，中间是主厅，两旁为卧房；左为大，所以左边房间由长辈使用，右边次之，房间依照家庭长幼的序位来分配。正房后面加盖穿心廊，形成"工"字形平面，但到明清渐渐少见。厢房多属晚辈居所，一般仍采用"一明二暗"三开间的格局：中为小厅，左右为房，或者三间都是房间。当空间不敷使用时，不论正房或厢房都可在其左右两边各增建一小间，称为"耳房"，也可当作厨房。女眷或仆役居住于合院最后一排的"后罩房"，宽可达五间或七间，屋顶却较低。第一进的倒座则作为储藏室、私塾或是客房。

　　至于中庭院子，除了步道外，四隅常栽种一些祥花瑞草，虽然俗谚云"桑枣杜梨槐，不入阴阳宅"，但实际上只要是有花果可赏可食的植物，都不乏人栽种。

1 抄手游廊连接正房及厢房。正房也称为上房，为主人之居所；厢房旁边的空地则称为"露地"　2 从游廊看垂花门一景　3 抄手游廊常使用较细的绿色柱子，使视野较为开阔　4 抄手游廊的两柱间可设矮栏，也可兼为座椅，供人休息

延伸阅读

坎宅巽门

　　北京四合院大多"坎宅巽门"，这是受到地理环境、气候条件以及风水理论影响的结果。中国北方平原地区冬日昼短，非常需要阳光，住宅最喜坐北朝南。北京的胡同以元代所规划的东西走向较多，两侧住宅自然多运用南北坐向（当然也有少数东西向住宅）。而风水学认为坐北是"坎"位，"离"是正南，大门位置以东南角"巽"位为最佳，"坎宅巽门"因此成为北方民居最常见的布局形式。

58 民居

米脂姜氏庄园

典型"明五暗四，六厢窑"的陕北窑洞，与华北合院、城寨结合而成的大庄园民居

地点：陕西省榆林市米脂县桥河岔乡刘家峁村

从中院经过十多级石阶可达垂花门，左右设露台，空间层次丰富

姜氏庄园充分利用地形，

将大宅第分为上、中、下三院，

由主人、客人与仆役使用，

互不干扰，各得其所。

并结合窑洞、砖瓦房屋与高墙构造，

满足居住、学习与防御之功能，

为陕北窑洞民居之杰作。

右图剖开上院及中院，可见其室内空间组织。

　　陕西中部的关中是汉唐文化的摇篮，孕育出辉煌灿烂的文明。但是陕北的地理自然条件与之大不相同。此区位于黄河以西，境内悉为广阔的黄土高原，海拔约在900米至1500米之间，土质坚硬且雨量稀少，利于开凿窑洞。米脂县位于陕北的沟壑地区，东边接近黄河，北边可达内蒙古，西边有长城，南边可接延安，是一个以务农为主的区域。历代为了保存良好的耕地，以增加收成，城镇及民居多建于山边靠崖之处。基于土质特色，窑洞顺应山坡走势且向阳而建，在沟谷中往往可见高低错落的数层窑洞，成为米脂村寨的典型景观。窑洞内冬暖夏凉，很适合人居住。为避免潮湿之弊，可在洞中床边设置火炕，所谓"一把火两头烧"，一边除湿取暖，一边可烧开水或煮饭。陕北窑洞另一特色是洞口门窗格子图案变化多端，除了各式花样外，经常贴以洋溢着喜气的红色剪纸，展现出民俗艺术之美。

米脂姜氏庄园解构式全景鸟瞰剖视图

1 石阶步道沿山坡而筑

2 井楼，为集水、取水、泄水之设施

3 泄水用的石制漏斗

4 高墙上设雉堞

5 正门门额题"大岳屏藩"

6 斜坡隧道

7 下院门楼

8 下院，为管家及仆役所使用

9 通往中院的隧道入口

10 中院门楼

11 马厩前置马槽

12 马厩铺石板屋顶，可以隔热

13 照壁中央辟圆洞门，可开可关

14 学堂

15 客房

16 上院垂花门

17 上院是主人的起居空间

18 上院左右两侧各有三孔厢窑

19 明窑洞共有五孔，为主人所居，内有炕床

20 暗窑洞左右各二孔，作为厨房及储物之用

21 粮仓窑洞

年代：清同治至光绪年间（1862—1908）建　方位：坐西朝东

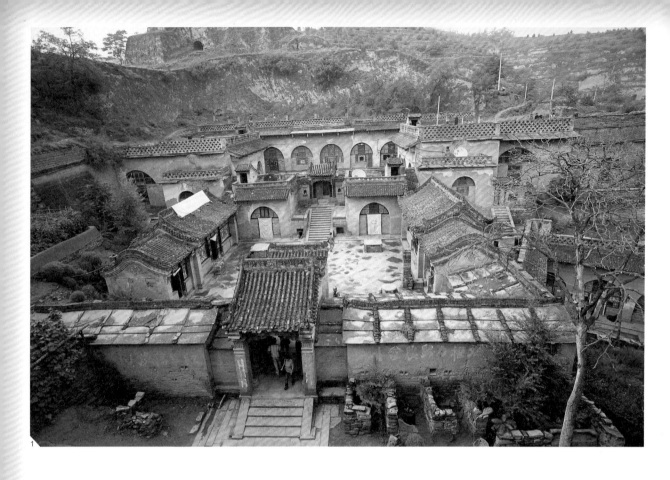

位于米脂县城东方刘家峁村牛家梁山的姜氏庄园，是一座规模宏整、布局合理的大宅第，它顺应自然地势，就地取材，采用黄土高原普遍运用的拱券窑洞构造建成。透过这座建筑，可以体会清代陕北人民生活的形态，了解当时的社会文化风貌、家庭组织、主仆关系以及优秀的空间设计技巧。

反映生活功能与防御需求的大宅院

占地辽广的姜氏庄园，包含许多院落，空间层次复杂，反映了生活功能与防御需求，令人脑海中浮现出汉代陶楼庄园的样貌。它建于清末同治初年至光绪年间，恰是面临内忧外患的大时代。姜氏为当地富户，经由土地收成与经商累积财富，当时主人姜耀祖为谋身家财产保障，选择此一形势险要之地，耗时十多年营建庄园。庄园基地虽属黄土高原，但枕山面水，山岭树木苍翠，自然条件极好。访客初抵庄园，只见高墙横亘，无法一眼窥及堂屋之美，及至入门爬坡盘旋而上，才在迂回路径的引导下，穿过层层叠嶂的设施，一步步踏进这别有洞天的大宅院。

为了防御，庄园筑在较陡峭的山坡之上，入口设在山腰。庄园四周围以蜿蜒而行的高墙，仿如城墙，上设雉堞以利射击。庄园内部可用院内套院、窑内套窑、门外套门、门内有门、墙内有墙等字眼来形容。从全区布局来看，可分为外墙、内墙、下院（管家用）、中院（客人用）、上院（主人用）、储藏区及马厩区等，每区之间运用高低差及门楼来划分，主仆生活领域分明，有外露的门路，也有隐藏的通道。这些廊道可开可闭，控制自如。

1 姜氏庄园配合山坡地形，巧妙地结合窑洞、硬山瓦房与城堡而成名副其实的大庄园，粗梁细柱为其特色　　2 姜氏庄园建于陡峭山崖之上，入口斜坡人马分道，图中可见高耸如城堡的井楼　　3 中院铺以巨大石板，中央竖立一座开闭自如的照壁，平时关闭，贵客临门时则开启

层次复杂、领域分明的空间组织

上院位于庄园最高处，坐北朝南，背倚大山，辟九个窑洞，采用"明五暗四"形态，意即中央五座窑洞露明，左右隐蔽小院各凿两个不外露的窑洞，作为厨房及供储藏粮食之用。上院的左右厢房亦为窑洞式，各有三孔，合称"六厢窑"，但非开凿自然山壁而成，一般喜用两孔并列或做三孔窑洞。洞口上方设出檐防雨，洞顶为平顶。上院以一座精巧垂花门为界，垂花门外设石阶接中院。

中院的功能多元。院子中央竖立一座照壁，其上辟有圆洞门，当双扇木门关闭时成为照壁，打开时变成月洞门，当年只有迎接贵客时才开启。照壁前方左右设有马厩，马厩前仍保存拴马柱及很长的马槽，可同时饲养十匹马，或供远客的坐骑休息。有趣的是马厩的屋顶铺石片瓦，隔热效果较好。中院左右为硬山式厢房，木窗扇雕饰颇为精美，当时可能作为书房或客房。

出了中院的门楼，到了次一层平台，有斜坡隧道直达下院。下院的方位异于上院，略朝东南向，虽然也设门楼，但院内全用窑洞式房屋，据说当年供管家及仆役使用。下院虽都是窑洞，但仍遵循正屋配左右厢房的布局，每边各凿三个窑洞，有的相邻两洞内部可互通，堪称便利。洞口上方高悬出檐，可以遮阳挡雨。管家院的窑洞内设密道，可直接连通上院及粮仓、储藏室，是颇为方便的设计。

走出下院门楼，可见一排雉堞，有如城墙横列眼前，这是姜式庄园正面最险要之处。每个雉堞皆设窥孔，不难推想古时在这偏远山中，富贵人家为求自保所投下的心血，其设计是何等周密！

1

兼具资源运用与风水构思的集水系统

在城墙的角隅凸出一座井楼。姜氏庄园处于半山腰，用水必感困难，所以从上院、中院到下院所有的水沟都形成一个严密完整的集水系统，将各路雨水汇集到井楼，但水满时可直接从石雕水槽嘴溢出，从数丈高的漏斗泄下，形同瀑布。另外，也可自高处以辘轳降下水桶，从山下汲水，供应各院，可谓集水与取水兼顾。综观其排水过程，充分利用水源，并珍惜水源，实在是了不起的设计。事实上，中国古宅之排水，皆不以邻为壑，而是四水归堂，并迂回放水，所谓细水长流，其实另具有"引水界气"之风水意义，符合山有来龙、水呈环抱之理想。此法多见于中国南方建筑，陕北米脂黄土高原的姜氏庄园可谓北方罕见之佳例，它不但将生活需求空间与地理形势做了合理而巧妙的结合，也融合了珍惜自然资源与风水理论的构思，体现中国古代天人合一的生命哲学，是值得深入研究的民居建筑瑰宝。

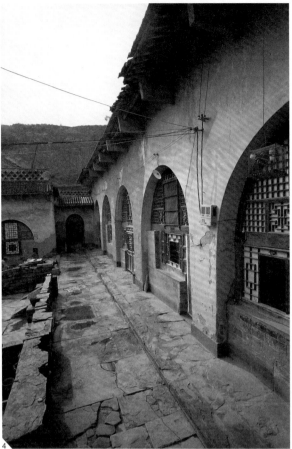

1 中院通往下院的隧道坡道设计成石阶与斜坡，中央也兼为排水道　　2 上院为主人所居，中庭宽阔，图中可见六厢窑与垂花门　　3 上院的铺石中庭，窑洞上方有木梁悬挑出檐，左方为垂花门　　4 姜氏庄园上院窑洞，采用"明五暗四"格局，图中所见五孔为明窑洞，进侧门后才能见到暗窑洞　　5 上院窑洞卧房内景，花窗式样优美，引进柔和的光线，为蓬室增辉　　6 姜氏庄园窑洞镶有寿字纹的门窗，表示为长者祈福　　7 姜氏庄园窑洞内部情景，一般将门置于中间，左右设窗。半圆形部分分隔为三段，中段可开启，兼有通风与采光作用

1

延伸实例

陕北韩城党家村

陕北韩城附近的党家村是黄土高原上保存极为完整的古村落，始建于元代，现今村内的数十座民居多为明清时期所建。它坐落于黄土高原沟谷中，远望时几乎看不到村寨，走近时才豁然开朗，一片排列有序的民居与街巷映临脚下。村中民居多采用北方合院格局，天井狭长。为了防御，村中铺石巷道曲折迂回，且严守巷不对巷的原则。村中建造高耸的"看家楼"，作为警戒之用。村旁建有楼高六级的文星阁，据说可使文运昌隆，成为党家村最明显的地标。

2

1 陕北韩城党家村古聚落，其布局呈现巷不对巷的特色 2 韩城党家村之看家楼凸出于聚落之中，具有警戒作用

59

窑洞民居

利用黄土地理特色，以减法创造出来的民居

地点：山西省

山西静升窑洞民居内部，为防土壤塌落，常以木梁支撑，炕床冬暖夏凉

山西平陆及河南巩义
出现一种下沉式窑洞民居，利用
黄土土质坚硬的特性，垂直向下
挖出长方形地坑，四面辟窑洞作为卧房，
其屋顶实为地表。
右图可见到斜坡道入口以及房间内的摆设，
显现"坐井观天"的感觉。

　　山西位于黄土高原上，大部分地区在海拔1500米以上。黄土土质坚硬且黏度高，适合以夯土技术筑屋。农村百姓因地制宜，开挖各式窑洞民居，其中以晋中及晋南一带为多。而因为土质佳，又有煤矿，适合烧制质地优良的砖块，山西也有大量的砖造合院，其砖雕技术极为高明。

窑洞民居解构式鸟瞰剖视图

1 入口斜坡道

2 入口坡道常转弯，以符合风水之说

3 照壁

4 下沉式窑洞院子

5 窑洞房间

6 门上方另辟通气窗

7 炕设于靠门窗处，采光佳，通风良好。炕床下设烟道，冬天可取暖

8 矮墙及出檐，以防地面人畜跌落窑洞

9 地平面，用作麦场

1

因地制宜的窑洞民居

　　山西窑洞可以大致分成靠崖式、独立式、下沉式（下陷式）等三种形式。靠崖式就是在山边削凿出垂直的墙面后，再横向开挖隧道式的山洞，土质较硬地区可挖出二楼或三楼。为防止坍塌及美化门面，在窑洞口以砖砌出拱券，远观有如砖造建筑，其实内部仍为土窑洞。独立式窑洞是在土质疏松或岩石外露的地区，以砖、石或土砌出圆拱，上面掩土而成，形态较为灵活自由，但仍保有窑洞冬暖夏凉的特点，又称"锢窑"。

　　而下沉式窑洞则可用"别有洞天"来形容。它是一种地坑窑洞，也称为"天井院"或"地窨院"：在平坦的黄土高原上由地面向下开挖出长方形深坑，再从坑的四面土壁逐次开凿窑洞，宛如下陷的四合院，所谓"入村不见村"，描述得颇为传神。深度一般7米以上，旁边灵活布置直线或转弯的斜坡道作为出入通道。因为高差大，地面通常设有矮墙，以防人畜掉落；财力好的，矮墙上缘还铺设瓦片，加上瓦当、滴水，宛若屋檐。窑洞正面除了主门以外，大部分是窗，而且为增加通风及采光，常设高窗，窗上贴着山西著名的剪纸窗花，色彩缤纷，增加喜悦风情。

　　下沉式院落中通常布置有照壁，并种植花木。对窑洞来说，排水通畅十分重要，院中挖凿"渗井"储存雨水，大门斜坡设置止水槽，旁边凿洞储水。窑顶须避免耕种，以防渗雨。

1　山西芮城窑洞民居多利用硬质黄土挖成下沉式，院中植树可遮阴　　2　芮城窑洞民居之入口坡道　　3　芮城窑洞民居的入口开一扇门与一扇窗，门上方另辟气窗　　4　山西平陆下沉式窑洞民居，因地制宜，就地取材，反映黄土高原之气候与生活习惯　　5　平陆窑洞民居之入口坡道石阶踏，图下方可见挡雨水之砖块

冬暖夏凉的窑洞生活空间

　　窑洞大多为圆拱或尖圆拱，尺寸各地略有差异，一般而言，室内以高丈二（约3.6米）、宽一丈（3.3米）左右最为普遍，进深则6—20米不等。尖圆拱抗压性较高，故多为人们所用。窑顶的土层厚度通常大于3米，由于土层厚实，保温性能佳，冬暖夏凉。一般窑洞分为前后两段，靠近门窗处设炕床，炕以砖砌筑，内藏曲折烟道，连通后方的灶。前段为生活起居的场所，后段较暗，用来储藏堆放杂物。也有内部分隔成前后两间的做法。除单孔使用外，也有两孔或三孔并列的形式，三孔即为"一明两暗"的布局，中间开门作为起居兼厨房，两侧为只设窗的卧室，每孔之间以通道窑连接。

1 山西静升民居窑洞前之福字照壁。有些照壁在屋前，有些置于屋顶上 / 2 静升窑洞民居内壁常用麦秸泥抹平，但尚保留梁架形状 / 3 河南巩义窑洞民居康百万宅，其窑洞分为上下两层，有如楼房

延伸阅读

中国窑洞的分布

　　窑洞是由古代穴居经过长时间演变而来的居住形式，中国窑洞民居主要分布在山西、河南、陕西、甘肃、宁夏及新疆等较为干燥的黄土地区，冬季寒冷。依各地黄土性质以及长期累积的生活经验的不同，发展出各式窑洞的开挖做法。通常窑洞顺应地质、地形而发展，也可和地面房舍结合使用。

1

延伸实例

山西砖造合院民居

　　山西民居除了窑洞之外，还有大量的砖造合院，其中以四合院居多。院落平面纵深较大，左右厢房很长，天井呈狭长形，宛如巷弄，和南方的宽扁合院不同。因为日照时间较短，以天井接纳阳光，屋宇进深较浅，屋顶喜做单坡处理，人们形容为"半边屋"。最常见的合院格局是正房、厢房及倒座皆采用三开间，大门偏于一侧；也有正房楼高二层及前带廊之例。富贵人家的四合院则以"里五外三穿心（堂）楼院"为主，即里面五开间，外面三开间，里外院之间以穿心过厅相连。晋中一带在明清时期因为商业繁盛，先后建造许多深宅大院，占地广阔的祁县乔家大院即为此地富户合院民居的典型代表。乔宅始建于清乾隆

年间，主要以四合院纵横组合串联而成，其院落的基本布局正是"里五外三穿心楼院"，朝东的门楼正对西端的祠堂，南北各有三落大院，或正院带偏院，或院中有院，各院屋顶相通以利夜晚巡逻，角落设有更楼。众多宅院取得和谐的统一感，临街外墙高大封闭宛如堡垒，气势非凡。

　　山西砖造合院的墙体大量使用石头和砖材，外观沉稳厚重，造型封闭且曲线较少，多呈直线条，以硬山屋顶为主。屋内构造则多采用抬梁式木屋架，木雕及砖雕繁复华丽，门环、铰链等五金配件精美，与外观之浑厚粗犷大异其趣。

1 山西太谷曹家大院，中庭为狭长形，厢房则常做单坡顶，因而被称为半边屋　　2 山西祁县乔家大院之砖造楼房，二楼栏杆以砖雕装饰，这是山西极为出名的大型宅院，其布局有如小村落　　3 山西丁村民居之门楼，屋顶厚大而立柱细小，柱身并以抱鼓石加固　　4 丁村民居之门扇饰以锻铁花样，铆钉密布为其特色

延伸实例

维吾尔族民居

　　维吾尔族民居是新疆最具代表性的住宅建筑，它在古丝绸之路上，成为黄河流域、印度恒河流域与中亚文化交流之地，其建筑也深刻地反映了多种文化的影响。维吾尔族主要分布在南疆，北疆亦有少部分，他们的民居表现出对宗教的虔诚与对干热气候的适应。住宅平面常有拱廊及庭院，院中加顶棚，具备遮日、通风及采光之作用，称为"阿以旺"。内墙常以石膏雕花装饰，其中靠西边的墙背向麦加，成为礼拜的神圣空间。

1 新疆吐鲁番盆地酷热少降雨，其民居有地下室，外墙施以土坯及草泥，充分利用平顶空间　　2 新疆喀什维吾尔族民居过街楼，街道有荫，可降低温度，人们喜欢在此聚留聊天　　3 喀什维吾尔族民居之石膏几何雕花壁饰，在阳光下益显突出

华安二宜楼

福建最经典的单元式圆楼，创造出合中有分、分中有合的生活空间

地点：福建省漳州市华安县仙都镇

二宜楼的平面系由许多透天厝围成一个圆

二宜楼所有房间都面向圆心，

中央庭院为所有居民公用，

可在此操作家事。

右图剖开屋顶及厚墙，

可窥见其内部隔间。

整体呈现外圈私用、内圈公用之精神。

　　二宜楼位于福建省漳州市华安县仙都镇大地村，是圆楼的经典名作之一，因"宜山宜水、宜室宜家"两相得宜而名之。直径73.4米，平面内外两环，外环楼高四层，单层多达五十二开间，属于大型土楼。虽属单元式平面布局，必要时内圈走廊也有门洞相通，兼有通廊式的优点，匠心独具。土墙上端有连通全栋的"隐通廊"，遇盗匪来袭，各户皆可进入通廊防备，防御设施周全。其建筑构件及装饰精美，可说是福建土楼的瑰宝。

华安二宜楼解构式鸟瞰剖视图

1 外墙：底层厚达2.5米，墙基为石砌，上方夯土，除了必要的防御性开口外不设门窗；最上层厚度变小，设有外通廊

2 主要入口：石砌圆形拱门上有水孔，可防侵入者火攻

3 门厅

4 外环的楼梯

5 中央庭院

6 水井

7 各家之入口

8 各家之厨房

9 各户天井

10 侧门

11 外环一至三楼，多为卧房

12 四楼为各家祖堂

13 内通廊：面对中庭的走廊，平时各户之间并不互通，以保护各家隐私，紧急状况时开启形成内外支援的通道

14 外通廊：位于顶楼，又称隐通廊，有事时可作为内部人员支持救急之通道；亦可对外做全面性的防御，墙壁上有射击孔

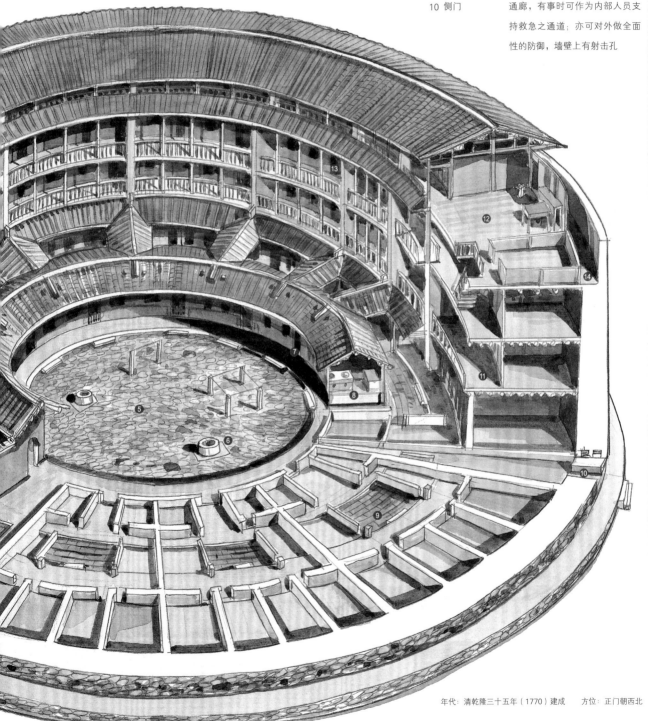

年代：清乾隆三十五年（1770）建成　　方位：正门朝西北

1

超乎想象的圆形平面布局

　　圆楼为一种向心性极为强烈的住宅，所有房间都面向圆心。硕大的二宜楼外墙上只有三个出入口，主入口为石砌圆形拱门，左右两侧各开一门。穿过门厅，中间是一个卵石铺面的圆形大院，两口井分列左右，如同龙目。院子里面立有石柱，作为农作物曝晒的设备，农忙时期，家家户户妇女小孩齐聚于此，是一种善于凝塑内聚力的设计。外环共五十二开间，扣除祖厅及三个出入口门厅所占的四开间，其余分成十二个单元，其中十户四开间，另两户分别为三开间及五开间；内环为单层，每户得三开间，只有一户为二开间。

　　内环是各户的出入口门厅及厨房，里面设灶、橱柜及炊事用具，面向中庭的走廊旁边摆一些椅子供遮阴休息，每餐之前炊烟袅袅，院内四处飘香，用餐时间人声鼎沸，坐卧嬉戏，各得其所。每户有前后两进，内外环之间有天井可以透气；天井两侧有廊，堆放农具或收成。第二进也就是外环，前檐下有楼梯，可以直上二楼；楼梯位置或横或直，尽量不占用室内空间。通常底层和二、三楼皆作为卧室使用，顶楼则为祖堂。

固若金汤的御敌设施

　　二宜楼的防御设施十分周全，坚固异常。外墙底层厚达2.5米，采用当地石头所叠砌；上半段是夯土墙，而且向内斜收。外墙一到三层不设开口，顶层内设有一个暗廊（隐通廊），墙上辟有内大外小的窗洞，遇袭时可以向下投石射击；面对中庭的前廊（内通廊）虽是分段的，紧急时亦可开门相通。内部除了土墙以外，走廊跟室内隔间都采用穿斗式木结构。出入大门皆采用花岗石砌筑，门上有孔可以灌水，防止敌人火攻。此外还有平时作为下水道的暗道，紧急状况时可以掀开石板进出。

1 二宜楼内部全景，它直径达73.4米，是福建单元式土楼的代表作　　2 二宜楼中庭为各家各户共享的户外庭院，院中有井水供应家用　　3 二宜楼祖厅位于主入口门厅的对角线上　　4 二宜楼的楼梯各自独立，图为透天厝之内部楼梯

风水理论的具体影响

风水理论具体影响圆楼的方位朝向。二宜楼内有对联"倚怀石而为屏，四峰拱峙集邃阁；对龟山以作案，二水潆回萃高楼"，透露出此楼正是遵循了传统的风水理论来选址的：背倚怀石山，前临溪流，大门正对近处的龟山以及远处的九龙山。其侧门稍微偏了一个角度，据说也是风水师所建议。

精致的装饰细节

　　装饰主要出现在正对大门的顶楼的祖厅中。其采用减柱法，以扩大神龛前的祭拜空间。木构件雕凿精细，斗拱彩绘以黑底朱边为主，通梁彩绘包巾，垛仁（即中间部分）绘戏出人物，两侧的垛头绘螭虎团，并出现甲寅年的落款，可知为乾隆年间所绘，是目前所见闽台地区最古的彩绘之一。壁面装饰尚使用画砖的做法，即将平整的墙面绘制成砖块拼花叠砌的图样。因为是圆形的布局，屋顶铺瓦采用剪瓦技巧，每隔一定间隔，瓦片要顺着瓦陇修剪铺设，始能顺利排水。

1 二宜楼祖厅使用减柱构造，空间显得开敞　　2 二宜楼乾隆年间的梁雕彩绘，为福建较古的民居彩画作品　　3 二宜楼单元局部，每户均
有厨房、天井与楼房

延伸阅读

"通廊式"与"单元式"

　　圆形或方形土楼平面配置可分成两种，一为"通廊式"，每层走廊皆可连通全楼，由任
何一座楼梯往上，顺廊皆可通往同一楼层的任何房间，方便但私密性差。为了弥补这样的缺
点，将平面分段，变成数个开间自成一户，每户之间用墙隔开，各有自家楼梯，廊不再连
通，就成为"单元式"平面。目前所见之实例以通廊式较多，单元式较少。二宜楼正是大型
单元式圆楼的重要代表。

1

延伸议题

土楼

　　土楼是中国传统的大型集居式住宅，也称"土堡"或"楼寨"，集中在中国南方闽、粤、赣三省交界地区，大部分为客家人所建，少部分为闽南的漳州人所建。他们大约在西晋至唐代陆续从中原迁徙至南方，以最简单易得的素材——泥土，加上小石头、砖片或树枝柳条等，应用约三千年前就发展出来的夯土技巧，以版筑法建成此类建筑，高度可达五六层楼。

　　土楼主要有方楼、圆楼及五凤楼三种类型，其平面因应用的范围或地形限制而灵活变化，并依据中国传统的风水思想设计。土楼虽称为土楼，但不完全都是土墙，墙基是石构造，屋顶是青瓦叠砌，走廊跟室内隔间大多采用穿斗式木结构，可说是多种建材的组合。土楼内有祠堂、门厅、卧室、厨房、仓库等空间，以及坚固的防御设施，各种功能一应俱全，为众人聚居提供了充足条件——通常人们聚居的最主要理由是对农业劳动力与防御之需求。土楼不但坚固，建造材料与技术也很经济，住在内部冬暖夏凉。与世界上其他地区的生土建筑相较，土楼属相当高明的设计。

　　在福建，方楼的数量较多，达2100多座。圆楼的防御性最强，约有1100多座。而五凤楼数目较少，约250座。村庄中常三种类型并存，在设计上各有所长。从使用功能来分析，不论方或圆，它内部的空间组织实际上只有通廊式及单元式两种。通廊式的平面，各家可互通，客家人多用之。而单元式各家有独立的楼梯，互不相通，闽南漳州人多用此型，其数目只有200座左右。

　　五凤楼可在汉代明器陶楼中找到相近之例，其"三堂两横"仍然保存着浓厚的主从尊卑空间秩序；方楼也仍保持中轴对称，到了圆楼则每个房间趋向于平等化。方楼、圆楼或五凤楼的出现，可能没有年代上的先后，而是基于居住者家族伦理关系强弱所做的选择。圆楼的代表作有漳州的华安二宜楼、南靖怀远楼与龙岩永定的湖坑振福楼、洪坑振成楼。方楼的代表作有漳州的南靖和贵楼、平和西爽楼及龙岩的永定遗经楼。五凤楼的典型代表作有永定高陂大夫第（见440页）及永定洪坑福裕楼（见444页）。

1 闽西永定湖坑振福楼建于1913年，为二环式平面，其布局显示强烈的向心性　　2 振福楼内部，属于通廊式　　3 粤北韶关始兴县之方形围楼，外墙均为石块与青砖砌成　　4 方土楼数量较多，且多为内通廊式　　5 闽西永定湖坑振福楼外观　　6 闽西永定初溪之圆土楼成群　　7 土楼夯土利用活动的木模板，可重复使用　　8 土楼地面层作为厨房，家家户户各自开伙　　9 每逢庆典，土楼地面层就非常热闹，妇女们忙着为盛宴准备佳肴

61 民居
永定高陂大夫第

前水后山，三堂两横，犹如凤凰栖息，为福建五凤
楼之代表作

地点：福建省龙岩市永定区高陂镇富岭村大塘角

高陂大夫第正面全景，可见屋顶主从分明

五凤楼的主楼，加上第一进的门厅、
第二进的中堂与左右横屋，
共计有五座高起的建筑，
远观如同五只展翅的凤凰。

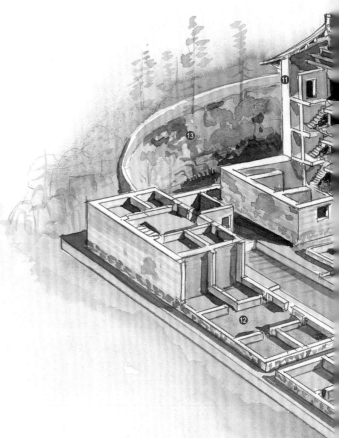

福建、广东与江西交界地带分布着许多客家民居。客家人因地制宜，就地取材，建造多种不同形态的集居住宅，其中除了众所周知的圆形土楼与方形土楼外，还有一种极为古老的建筑形式，即所谓的"五凤楼"。五凤楼的形式恰如其名，高起的主楼、前两进的厅堂，加上左右各一列的横屋，远望有如五只凤凰栖息在一起，各自展现其文采美翅，古书谓"凤翥鸾翔"，造型优雅，与闽西地区常见的封闭式土楼大异其趣。闽西的五凤楼以龙岩市永定区（原永定县）一带分布较多，而建于清道光年间、位于永定区高陂镇富岭村的这座大夫第（即"裕隆楼"），规模庞大，设计技巧极为成熟、完美，堪称五凤楼的代表作。

合乎风水与逐层升高的布局

由王姓客家人创建的高陂大夫第，坐南向北，背倚山丘，前临山谷盆地，远方正对着重重叠叠的山峰，视野旷达。宅前辟有半月形的风水池，绿水环绕，茂林修竹，互相掩映，符合传统所喜用的"背山为屏，前水为镜"的风水环境之理想。

大夫第的平面属于"三堂两横"，即中轴线上有三进，左右各有一列横屋拱护，空间呈内向性格。与中国其他地区民居不同的是，它的第三进楼高四层，而左右横屋自前向后依次增高，形成阶梯状，因而各座房屋不受遮挡，各得其所，无论通风、采光均合乎居住需求。

1 半月池：象征"前水为镜"，具有调节微气候与风水上压祝融之作用

2 照壁：可遮挡视线，又有反照光线与聚气之作用。今已圮，此为复原图

3 禾坪：即晒谷场

4 主入口门楼

5 门厅

6 木屏风：遇红白大事时，可拆卸下来，使中轴线前后贯通

7 天井

8 中堂：亦称"祖堂"，作为家族祭祖与大型活动之所

9 横屋：即护室或厢房，自前向后依次增高，通风采光良好

10 后堂：为主楼，高达四层，为长辈居所

11 夯土所筑的厚墙

12 住宅单元：采用一明厅二暗房之设计

13 屋后的化胎：要保持自然的山林环境，有生息胎气之意义

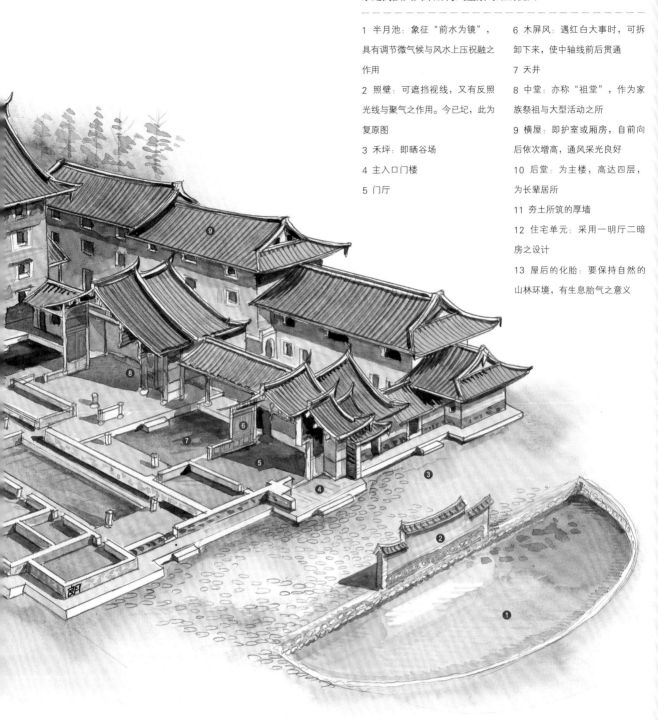

年代：清道光八年（1828）建　　方位：坐南朝北

格局严谨的书香宅第

名为"大夫第"的宅第在中国南北各地皆可见之，顾名思义，即是古时士大夫人家的宅第，须具有科举功名的资格才可建造。书香门第的约制，使得其格局严谨，空间层次分明，内外尊卑有别。宅第前的半月池畔原有照壁一座，今已圮。门厅之前筑照壁，具有反射光线的作用。照壁之后为禾坪，作为晒谷用途。第一进门厅面宽五间，为彰显入口的重要性与宅第的尊贵，特别在明间另筑一个牌楼式屋顶，独创一格。

第二进为中堂（祖堂），居于全宅核心位置，面宽五间。中堂屋宇高敞，檐下左右各立一座彩陶窗，遮挡部分视线，使敞堂空间有内外之分。绕过后院，则见第三进后堂（主楼）拔地而起，高达四层，为家族中长辈所居。后堂构造全以夯土为之，墙体极厚，只辟少数窗子；而其庞大的屋顶，有如大斗笠般遮盖整座土楼。中轴线上的各厅堂，屋脊俱做成翘脊燕尾式；相对地，左右横屋的屋脊则采用平缓的形式。

左右横屋的构造亦以夯土为之，共分四个段落，自前向后逐层升高，其中有几个房间早期作为学堂。为防雨水，屋顶出檐深远，并且做成歇山顶，雄伟中带着一丝秀丽的韵味，这也是五凤楼散发出凤凰展翅造型特质的关键所在。

1 永定高陂大夫第外观，为典型"三堂两横"布局，屋顶有如凤凰展翅，故有五凤楼雅名　　2 大夫第门楼近景，檐下悬吊一对灯笼，象征
双目　　3 大夫第中堂为敞厅式，但左右间立以陶窗，逢办喜事，即悬挂双喜金字于中央　　4 大夫第中天井俯瞰　　5 大夫第栋架束木
为螺旋形，蜀柱雕成瓜形　　6 大夫第后堂为夯土造四层高楼，出檐深远以防雨水　　7 大夫第背面，远方可见朝山与案山，峰峦绵延无止
境，是传统意义上好风水的象征

延伸阅读

客家人与五凤楼

　　中国古代流传着凤凰择枝而栖的说法，人们对美丽的凤凰怀抱着仰慕之情，并且认为此鸟
可以通天，具有神秘而神圣的地位。五凤楼矗立在山野平畴之上，作为客家民居的一种独特形
式，虽仍属合院式布局，但屋顶层层叠起，出檐深远，外观予人有凤凰的联想，在中国民居中
确是少见。而起建这些集居住宅的福建客家人，是西晋末年因避战乱而自中原逐渐向南迁移的
民系；唐末五代十国的变乱，又造成更多的中原客家人再经安徽、江西移民至闽西。从考古出
土的明器陶楼显示，汉代中原即有四合院及坞堡形式的住宅，客家人将这种中原地区习用的四
合院民居带往南方。因此，有些学者推论五凤楼的形式源头，可追溯自汉唐时期的中原住宅。

1 永定洪坑福裕楼，前水为镜，后山为屏，形势绝佳　　2 福裕楼为五凤楼类型之一，其"三堂两横"皆为楼房，居高临下，采光通风俱佳

延伸实例

永定福裕楼

　　与高陂大夫第同样位于龙岩市永定区的福裕楼，约兴建于清末1880年，格局严谨，亦属五凤楼的一种类型。其第一进高二层，左右横屋高三层，后进五层，彼此互相衔接，内部空间联系方便。楼高二层的中堂，加上两侧过水廊及前后厢房，将内部划分出六个天井。屋顶仍保有五凤楼那种层层上升的造型美感，所以有学者认为福裕楼可能是五凤楼转化为方形土楼的过渡形式，兼具五凤楼的特色与方形土楼固若金汤的封闭堡垒特质。

　　楼前有狭长前院，前面照壁紧邻溪流，石砌的大门置于左侧边，楼身正面设有三个出入口。中间的主厅堂为精致秀丽的灰砖木构造，采用硬山屋顶，出檐不若前后左右的屋宇深远，这是因为外围的夯土构造不耐风雨侵袭，特别需要遮蔽。墙体材料不同时，屋顶的处理手法也随之有异，可见匠师之用心。

福裕楼也是一种五凤楼，

它的"三堂两横"连接较紧凑，

从外观上看像正方形的四合院。

屋顶前低后高，主从尊卑层次明朗，

每座房屋的高低大小尺寸控制得很严谨，

体现古时匠师精准的设计与施工。

它是闽西土楼的杰作。

1	前方临溪，取得背山面水之形	5	过水廊
	势。围墙中央略升高，形成照壁	6	小天井
2	外门设于左侧，有"龙进"之意	7	后堂
3	农具贮藏室	8	前横屋
4	中堂	9	后横屋

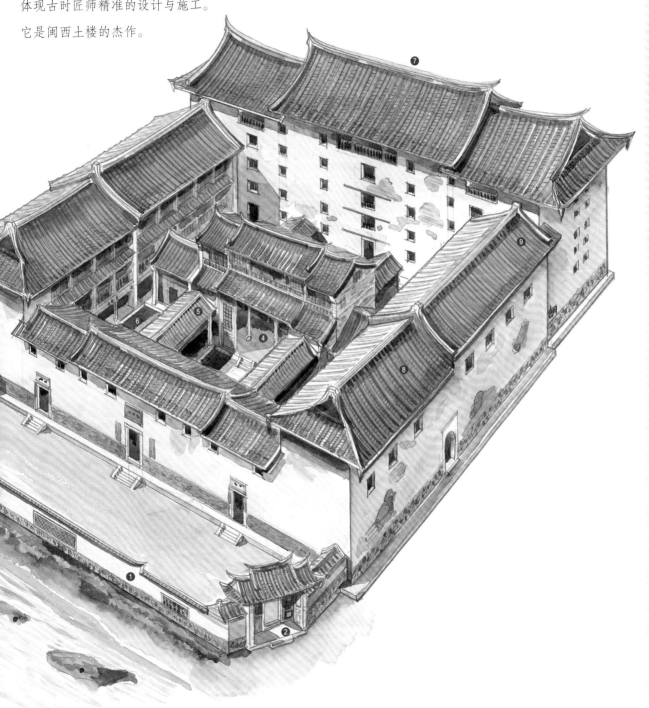

地点：福建省龙岩市永定区湖坑镇洪坑村

年代：清光绪六年（1880）建　　方位：坐西朝东

62 闽东民居

大屋顶下包容小屋顶，将住宅、农务与仓储三者合
为一体的奇特民居

地点：福建省东北部

闽东民居常用八字形山墙，屋檐下博风板施以白边，使曲线更明显，
令人感受其生机盎然之神采。图为福安市溪潭镇赵宅

闽东民居从外观只能看到高大的屋顶披檐与山墙，

但其内部却颇为复杂。

右图掀开屋顶，可见在一个大屋顶下

巧妙地利用半楼及夹层来争取有用的空间，

将居住、劳动与储存结合在一起。

俗话说"叠床架屋"，这个形容可以说相当传神。

　　福建东北部，闽江以北，大约位于北纬26度至27度的地区，俗称闽东。这一带丘陵多，耕地少，西有高大的武夷山阻隔，东南又有海洋季风吹拂，形成雨季漫长的温暖潮湿气候。这样的条件虽有利于稻米耕种，但每逢收割时节，梅雨不断，致使谷子晒不干而容易发芽长霉，令农民十分困扰。

　　千百年来，当地工匠积累经验，运用智慧，设计出一种能在室内晾谷并储存收成的特殊民居。它是在顺应地理气候条件下创造出满足居民生活功能的鲜明实例，也是一种具有高度技巧的穿斗式木结构建筑，空间组织复杂，唯有技艺高超的木匠方可胜任。这种民居类型主要分布在福州以北的罗源县，以及宁德的福安、福鼎等处，往北临近福建边界的浙江雁荡山一带可能也有分布。

闽东民居解构式剖视图

1 主入口

2 马鞍墙，因山墙形如弯虾又名虾姑墙

3 天井

4 跨院

5 左前檐柱，柱身仍可见百年前木匠墨字"中角柱"

6 右前檐柱

7 厅堂为敞厅式，不设置格扇门，直接面对天井

8 遮阳帘转轮，以绳索控制转轮，升降遮阳竹帘

9 厨房设在侧院，以取得良好的通风采光效果

10 二楼为仓储空间，贮藏农作物及农具

11 三楼平台作为晾谷之用，二、三楼之间以木梯连通

12 穿斗式木结构，栋架左右侧留设通风窗

13 披檐可防雨，下辟许多通风窗

14 八字山墙

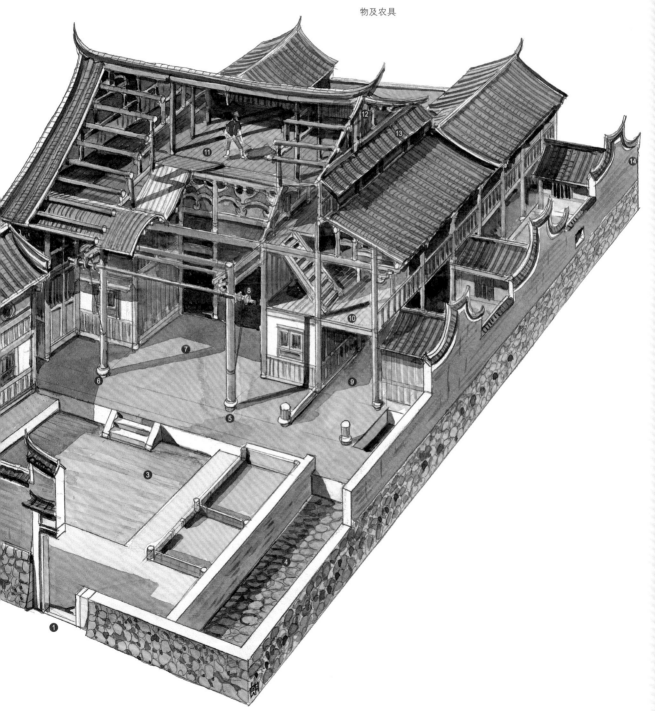

功能多元的穿斗式木构民居

　　典型闽东民居的空间划分是一楼中间为主厅，两旁是卧室，符合住宅的基本要求。主厅多为敞厅式，不安门扇，前檐柱上有横杆，底下可挂竹帘遮阳，两边装滚动条，利用绳子来控制调整竹帘的高低长度。仓库等储存空间位于二楼，也就是半楼处，谷物晾完就收到此处储存起来。最独特且巧妙的是在大屋顶下方又铺设一层平板，形成三楼的平台，供晾谷之用，因此栋架左右侧开了很多窗子，以便借着风力把谷子吹干。三楼的晾谷平台仿如"屋中之屋"，有"叠床架屋"之趣。

　　这极富功能的多层次空间，由具高度结构技巧的穿斗式木屋架所支撑。所谓"穿斗式屋架"，是指将落地的柱子当作主要支架，中间再以扁方形断面的横枋穿过柱身的榫洞串成屋架，其中大部分柱子直接承桁，柱子用量较多且较为瘦长，整体结构较轻巧灵活，可运用在崎岖不平的地形上，变化度高。当地工匠远在两三百年前，就以纯熟精练的技艺与手法，打造出这名副其实的多功能复合型住宅。

1 闽东宁德市福安溪南村的民居外观，巨大的悬山顶及双重披檐为其特色，能发挥遮雨的效果　　2 福安溪南民居披檐挂在出厦两头，深远的出檐可遮雨挡阳　　3 溪南民居的中庭，其主厅多做敞厅式，不装门扇，内外空间连成一气　　4 溪南民居主厅前常装置遮阳帘，以滚动条控制，收放自如。这种设计在他地极少见　　5 溪南民居之精雕寿字纹花窗，色泽自然朴素　　6 溪南民居之双层屋顶，屋顶兼有晾谷之功能　　7 溪南民居之二楼夹层谷仓，可避潮气

自然朴拙的造型

闽东民居外墙封闭，但因外部有高低错落、形状各异的"封火山墙"，使得天际线变得丰富而活泼，不显呆板。起伏的红色夯土外墙，搭配主屋高敞的青瓦悬山大屋顶，有些屋脊还两边起翘，形如燕尾，整体显现自然朴拙的意味，是生命力旺盛的民居。由于夯土墙最怕雨水，故出檐深远；山尖外有披檐两道，可以挡雨。另外为获得较明亮的采光，室内大量使用白粉墙来反射光线。

饶富剪纸趣味的装修

闽东民居的木结构有其细致的一面，精雕细琢的门窗上充满人物、花鸟雕刻，曲线缠绕繁复，深富民间艺术趣味。木构上的束木、斗拱、斗抱等，线条流畅，拱身细瘦，斗底束腰，有点像中国剪纸，手法细致精密，花样复杂却不失自然生动。

1

延伸议题

中国南方民居

　　长江流域以南的自然条件与黄淮平原差异甚大，南方多山岳及丘陵，气候炎热、潮湿多雨，少数民族众多，文化多元而丰富。历代中原战乱时，大量北方民族南迁，但因山岳阻隔，各地区仍能保存本身的文化特色。多样的方言导致各地建筑风格不同。以福建为例，往往翻越几座山岭，语言就不通了，而建筑技术与外观形式也各异其趣。

　　为了获得较广大的耕地，一般南方乡村的民居与聚落多喜沿山坡建造，背山面水，向阳避风，并且遵循风水理论，注重房屋朝向、村口方位、青龙白虎高低山势与排水流向。归纳起来，南方民居容纳地理、技术、习俗、信仰与风水等诸多文化元素，要深入了解它们，也应从这些角度来观察。

　　建筑技术方面，南方匠师擅长木结构，将穿斗式、抬梁式与井干式构造运用得十分娴熟。如湘西一带的陡峭山坡处，土家族多用吊脚楼。云南纳西族的"三坊一照壁，四合五天井"布局紧凑，利用照壁反射阳光，增强檐廊光线，外墙封闭而厚实，被称为"一颗印"。密集建屋的聚落须注意防火，南方民居喜用"封火山墙"，也称为"马头墙"，凸出于屋顶之上，形成外观最明显的特色。闽粤一带有些地区又将山墙发展成金、木、水、火、土五行的象征，体现浓郁的民俗意涵。南方民居可能上承楚越古文化之精神，重视精雕细琢与绚丽夺目之色彩装饰，应验了"天高皇帝远"这句谚语。虽然唐代之后历朝皆颁布庶民不得施以富丽斗拱彩画之制度，但南方民居常见僭越之作。

　　南方民居众多类型之中，闽西土楼是最奇特的集居建筑，数十户到上百人合住一座方楼或圆楼，农业生产与安全防御休戚与共，亦堪称举世罕见。这些琳琅满目的建筑构成了中国南方多彩多姿、具有强韧生命力的民居文化。

1 浙江泰顺民居的青瓦屋顶乃歇山顶与硬山顶的灵活组合。走过长巷，可到达宽敞的铺石院子　　2 广东梅州市梅县区客家民居，后山为屏，前水为镜，白墙黑瓦，体现质朴的生活精神　　3 云南喜州走马楼，二楼可绕行一周　　4 湖北民居天井四周精致的格扇门　　5 湖南湘西王村（2007年更名为芙蓉镇）民居的穿斗式屋架支撑大屋顶，就地取材，并有利于排水　　6 湘西吊脚楼因地制宜，二楼悬出，可扩大使用空间　　7 湘西苗寨建在山坡之上，可保持干燥的居住环境

63 民居
永安安贞堡

顺应前低后高地形，建筑物节节升高，为闽西最宏大的土堡民居

地点：福建省三明市永安市槐南镇洋头村

安贞堡主门为石拱，拱下留水孔以防火攻

安贞堡建筑布局"前方后圆"，
为福建罕见的土堡民居，
外围呈马蹄形，内层为合院，
共有三百二十多个房间，
气势磅礴，防御设计周全。

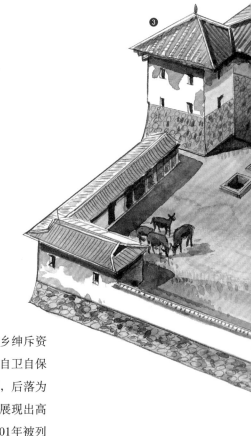

坐落在福建永安市山区的安贞堡，清末光绪十一年（1885）由当地池姓乡绅斥资兴建，历经十四年才始完成。这是一座反映了清末社会动乱，富豪人家寻求自卫自保而建的典型城堡式大宅。平面略近于围龙屋，前方后圆，前落为平行的院落，后落为马蹄形，是福建同样类型的土堡中最为壮观的一座。它充分运用当地材料，展现出高超的建筑技巧，空间层次富于变化，是围龙屋、楼房以及土楼的复合体。2001年被列为全国重点文物保护单位。

永安安贞堡解构式全景鸟瞰剖视图

1 门楼设在北面，门旁有排水洞

2 禾坪，即晒谷场

3 角隅凸出碉楼

4 主入口为石砌拱门，门洞有防火设计

5 门厅为两层，门额为"紫气东来"

6 所有房屋皆为两层楼，楼上可相互联通

7 正堂，一楼为敞厅式，二楼正面额题
"第一层"

8 后堂

9 护室呈马蹄形布局，屋顶层层下降，
体现主从秩序

10 外围廊道，可环绕土堡一周

11 过水廊连接中央院落与外围护室，下
方即为排水道

12 马道，位于土堡城垣上，可环绕一周

13 备用出入口

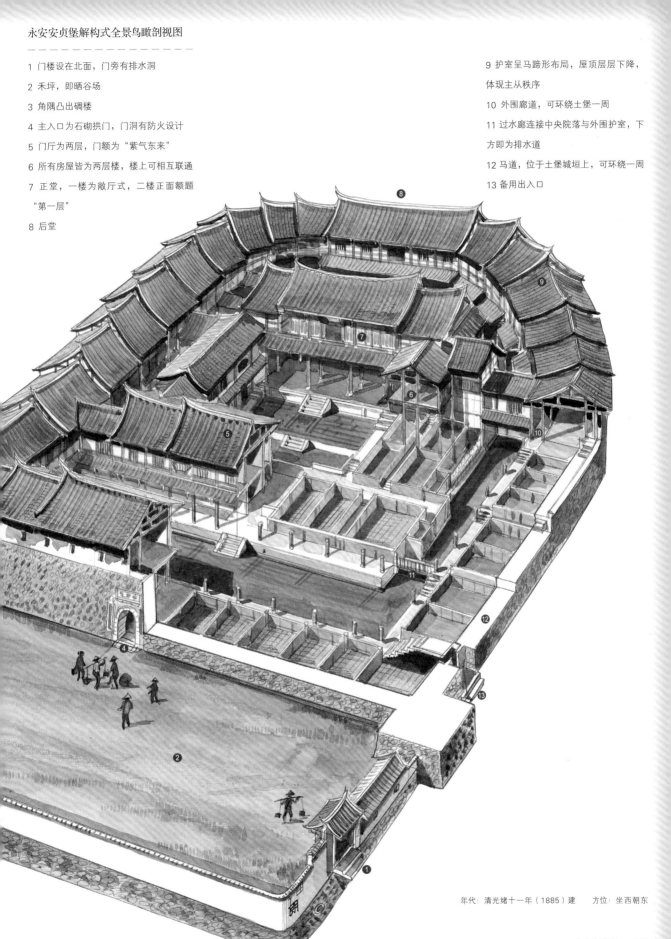

年代：清光绪十一年（1885）建　　方位：坐西朝东

前方后圆、前低后高的紧凑布局

安贞堡的整体平面是由一座中轴对称的两进院落加上环绕一圈的前方后圆楼堡所组成，所有建筑都是两层楼，房间数目高达三百二十多间。自门楼而入，首见垒石砌建坚固的高墙，中央圆拱入口上额题"安贞堡"，两旁楹联"安于未雨绸缪固，贞观休风静谧多"。进入堡内，外围与内圈的合院门厅之间留设狭长的天井，门厅入口门额横书"紫气东来"。正堂为敞厅式，在全屋中最为高耸，二楼正面额题"第一层"，似有鼓励族人力求上进之寓意。马蹄形的左右护室，环绕正堂后方，宛如第四进，由方转圆又层层升高，高低节奏控制得宜；地坪和屋顶搭配，逐层抬高，每层只出现几个阶梯，人于其间穿梭行走，备觉舒适。堡内空间十分紧凑，各个房间都有廊道可以串通，中央院落与马蹄形护室之间设置过水廊——过水廊是名副其实的"过水"，整个架空，几乎就是一座桥，有点"复道行空"的味道。

门楼位于主入口前庭院东北角，门旁置排水洞。风水思想不但表现在排水系统上，也显现在选址上，其背后有靠山，前方设水池，左右流水蓄积于池内，四周有平缓的梯田围绕，视野开阔，安贞堡雄踞其中，显得气势非凡。

1 安贞堡依地形布局，前为梯田，后倚靠山，立堡于天地之间，气势雄伟　　2 安贞堡正面如城堡，墙体斜收，它的黑石纹理与一般闽西土楼不同

3 过水廊如桥，下可通水，并加木栅，防范入侵　　4 过水廊连接正堂与围龙屋，廊下的直棍窗令人觉得去古不远　　5 正堂前设石阶，步步高升，一楼敞厅，二楼封以木雕格扇窗，并题额"第一层"　　6 外围弧形回廊，梁枋随着廊道节节升高　　7 闽中三明市尤溪卢宅呈围龙式布局，与安贞堡同属前方后圆的平面配置，具有天圆地方的意涵。其背后呈弧形，有如圈椅之靠背

上乘的建材与精湛的建筑技艺

安贞堡的建筑石材大都为当地所产。外墙底层厚达4米，有明显的收分，下方由黑色卵石垒砌，配上白色墙面，形成强烈对比。略带斑驳的墙壁，可见外露的黄色夯土，平添几许沧桑之感。厅堂柱础采用高级的青石，皆施雕琢；木柱高耸，用料壮硕，多是产自闽江、武夷山的福杉，连楼板都采用优质杉木，所用杉木之多，为福建古建筑所仅见，行走其间，仿如空谷回音。屋坡铺设的是比较弯曲的小青瓦，屋脊采用美丽轻盈的燕尾式。所有的建材皆属上乘之选，相当难得。

土堡中每一进跟围龙的高度都不一样。围龙逐层升高，由前到后共十一层，每一层屋顶和地面阶梯之间的高度都十分接近，互相呼应。在那个没有精确设计图，纯粹用篙尺来设计的年代，其精密的程度着实令人赞赏。在第三进正堂的屋架上，仍保留当年的篙尺，许多细节的尺寸都记录在篙尺之上。

此外，在众多的屋顶里使用"暗厝"的手法，也是其匠心独具之处。为了防水，上面以一个大屋顶罩住许多小屋顶，真正的屋顶与室内所见的屋顶并不一致；正堂里看到许多屋坡及轩廊，高低错落，其实皆非真正的屋顶。栋架因为高度太高，特别在柱子腰部多加了一道横穿枋拉系，以获得较稳定的结构。

1

2

3

4

细致精美的建筑装修

　　整体装饰以正堂及堂前天井四周最为精致富丽。正堂二楼明间可见钟形窗，其他还有扇形、八角形、圆形等花窗，也使用不少直棂窗。艺术价值最高的，要数水车堵上众多的彩画及泥塑，虽然画幅不大，但十分精彩；另有文字画，比如画中出现福、禄、寿等吉祥文字，颇富地方民俗艺术特色。屋檐、屋脊、水车堵、水遮都有泥塑，主要是以平面的彩绘搭配凸起立体的堆花，设色典雅，特别是靛青蓝的使用，有画龙点睛之妙。两对清末的门神，一对是文官加官、晋爵，一对是武将秦叔宝与尉迟恭，皆保存光绪年间创建时传统门神矮胖造型的风格，用色以黑、红及黄色为主，古典而雅致。附壁栋架雕刻可见将木头雕深后在表面细缝处填入白灰，营造出白墙与木栋架立体对比的效果。此种手法亦见于闽东民居。

1 门厅前天井极狭长，二楼辟扇形窗，具有子孙广布之寓意　　2 安贞堡之木雕格扇窗，饰以螭纹及四时花草纹　　3 加彩泥塑水车垛装饰是福建民居的喜用手法　　4 门厅绘门神"加官"与"晋爵"，朱袍衬以黑底，用色典雅　　5 碉楼辟射孔，以防死角　　6 安贞堡背面为弧形，屋顶往两侧逐层下降，最高之背楼悬出墙外，亦具防御作用　　7 外围马道之外墙辟许多射孔

严密的防御设施

　　安贞堡的外墙上只开了三个门。正面大门为青石圆拱，拱顶辟有两个防火注水孔道，若遭入侵者火攻，可从上方注水浇灌；门板外包铁片，用铆钉固定，也可防火，是福建土楼典型的铁门做法。据说堡内有密道，万一门全被堵住，可以从密道遁走。堡之左右两个角落凸出据险可守的碉楼。围龙上有一御敌用的环形廊道，称为"马道"，分段设置有内宽外窄的窥孔及射孔。

安贞堡正堂二楼大厅架内大通梁上置有细长的篙尺（见图左上方之长木条）

延伸阅读

篙尺

　　古建筑大木技术艰难而且复杂，台湾及福建地区大木匠师在建屋时运用一种称为"丈篙"的技巧（广东称"丈竿"），将木结构尺寸有效而简洁地记录在木棒上，实际建屋时直接利用这把长尺作为施工切割或钻打榫卯的依据，这把尺就称为"篙尺"。其长度及断面依建筑规模有所不同，有单面、双面、四面，甚至有六角形的"六面篙"，每面皆记载不同柱位上的榫卯尺寸。屋宇完成后将篙尺收存在大厅的通梁上或藏在桁木上，有些置于屋檐下，各地不同。安贞堡的收置于正厅梁上。

1 江西南部"沙坝围",外墙以土坯与青砖混合构成　　2 江西南部高墙形态之"燕翼围",取"燕翼贻谋"之寓意命名　　3 龙南"关西新围"四面筑高墙,是注重防御的大型集居住宅

延伸实例

赣南土围子

同样是强调防御功能的中国南方大型集居建筑,还有分布于赣南(江西赣州的龙南、定南及全南一带)的"土围子"、粤北的"围龙屋"及粤南的"围屋"等。赣南土围子的形态与汉代明器所见的坞堡有些相似,其平面接近正方形,外墙像城墙,内部以木材建造围楼,中间为合院格局。通常高两三层,底层为厨房及豢养家畜之所、二层是居室及储藏间,顶层专为防御用,外墙设炮口或枪眼。外墙转角处的炮楼(碉堡)又加高一层作为警戒。和福建土楼一样,外墙内侧都有设通廊式的走道,称为"外走马"。上下楼梯设在角楼内。通常一围仅设一门,必要时增设后门。外墙大都使用土墙,以黄泥沙石和石灰按比例调配的三合土筑成;财力雄厚的则用砖石砌筑,防水能力较佳。因此赣南土围子大多采用硬山式屋顶,出檐不若福建土楼深远。

"关西新围"始建于嘉庆年间,耗时近三十年才始完工,由关西徐姓富绅所兴建,建筑面积10000多平方米,是赣南土围子中面积最大的一座。平面为长方形,设东、西两座大门,四个角凸出炮楼,外墙由石材和青砖筑成,墙上有小的防御开孔,墙体厚重坚固,与围内合院的亲切尺度和气氛大相径庭。祠堂位于围内正中,前后三进,两边厅房对称布设,雕梁画栋,做工精细。围内通道贯穿,所有生活设施一应俱全。

64 民居
永泰中埔寨

将居住、敦亲、祭祖、工作、谷仓与防御完美结合的
聚居建筑

地点：福建省福州市永泰县长庆镇中埔村

永泰中埔寨大门以青石砌成厚墙圆拱

永泰中埔寨是由核心的合院与
外围的八角形跑马廊所组成，
依人伦序位分布房间，
并有周延的排水与通风结构。
右页图以掀顶式剖面透视图，
分析其空间组织。

　　福建地形山岳多，平地少，千百年来造就了特殊的人文环境，其中防御性极高的集居住宅是最忠实的文化反映。明代倭寇侵扰，沿海民居建成碉楼以加强抵御。内陆居民要防范荒年的土匪或乱世兵祸。于是同宗族人多选择聚居在一座围以高墙的大屋中，以求自保。

　　除了闽西的土楼之外，中部三明地区出现"土堡"，福州永泰地区则出现"庄寨"。这些大型民居不但在中国民居中独树一帜，而且在世界建筑史上也属罕见的特例。古人为了生存与生活，竭尽心力与智慧创造考虑周详的防御性住宅，令人心生敬佩。

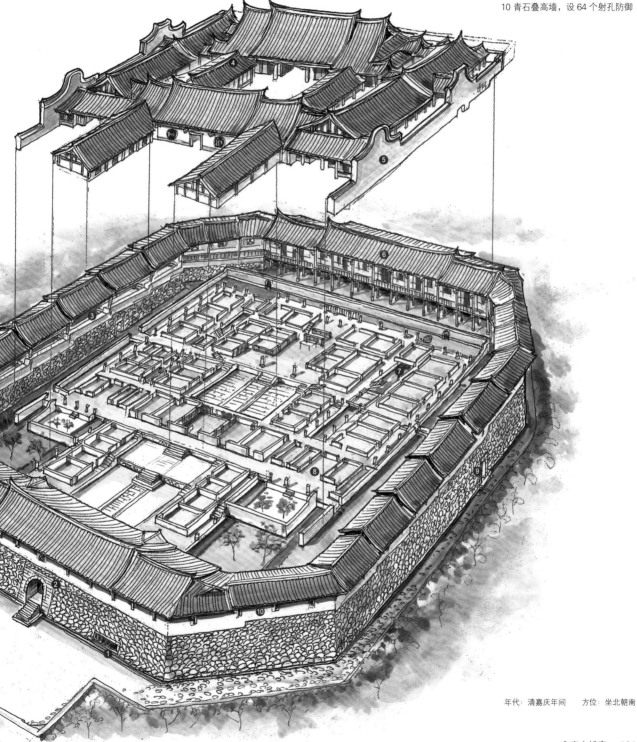

永泰中埔寨解构式掀顶剖视图

1 大通沟排水出口设石栅，具有防御作用

2 主入口为石拱门

3 沿跑马廊可以绕行全寨

4 过水亭像一座桥，架设在大通沟之上，提供休闲及工作的空间，设计思虑周全，空间无一浪费

5 左右面以高大的封火山墙夹护

6 后楼以柱架高，可达到通风与防潮之效，内部为谷仓

7 以大通沟排雨水或污水

8 私塾书院是寨中少儿接受教育的场所，前院植树造景

9 边门

10 青石叠高墙，设 64 个射孔防御

年代：清嘉庆年间　　方位：坐北朝南

1 中埔寨护室屋顶出现披檐，以小屋顶发挥遮阳挡雨功能 ／ 2 跑马廊依地势呈阶梯状，巧借地势，可居高临下俯瞰宅第全局 ／ 3 中埔寨的跑马廊包围庄园一圈，上方覆以屋顶，图中可见防御的射口 ／ 4 架在两列护室之间的过水亭，匠心独运且具桥梁功能

闽中永泰庄寨的经典民居

永泰县在闽东的福州西边，境内母亲河大樟溪为闽江的主要支流。据县志统计，永泰曾有千座以上的庄寨，始于明代，至清代最盛。位于长庆镇中埔村的逢源堡因外观呈八角形，俗称"八卦寨"，也被称为"中埔寨"，由当地林氏族人所建，据统计拥有182间房，极盛时期可容纳三百人以上。

中埔寨的八角形厚墙外皮为巨石垒成，内壁为夯土，上有跑马廊，可供人环绕一圈，紧急时亦可调度防御壮丁。跑马廊外墙设有斜角射口及小圆孔，据说可向下灌注热油，以驱退入侵者。庄寨的外墙虽有如城墙，但内部却是尺度亲切、四通八达的院落。中埔寨共有三进院落，左右各两道护室。

外围以跑马廊，内贯以大通沟

为有效排水，庄寨内设置四条"大通沟"，由后向前排水，并自跑马廊下方的石栅孔流出。后面的跑马廊则扩为谷仓，功能齐全。卧房的内外皆设廊道，有些为二楼。动线四通八达，在寨中行走，左右逢源且光线明亮，居住环境很舒适。另外，在护室前端设置书院，供子弟读书。

走进规模如此之大、空间布局复杂的中埔寨，却不会迷路，必有其奥妙。仔细分析，庄寨建筑系由外围的"寨"与内部的"庄"组合而成。"寨"为防御所需，而"庄"具生活功能，各司其职。

永泰中埔寨解构式鸟瞰剖视图

1 大门全为石砌，非常坚固

2 过厅是进入大堂的门厅

3 跑马廊的屋顶如阶梯层层上升

4 第二进的厅堂是正厅，最高也最大，为供奉祖宗之神圣空间

5 后进与跑马廊重合，二楼以梁柱架高，成为谷物储藏之所

6 大通沟为排水道

7 过水亭有如桥梁，架在大通沟之上

8 书院为子弟读书学习之所，设在角隅，藏而不露，取其幽静

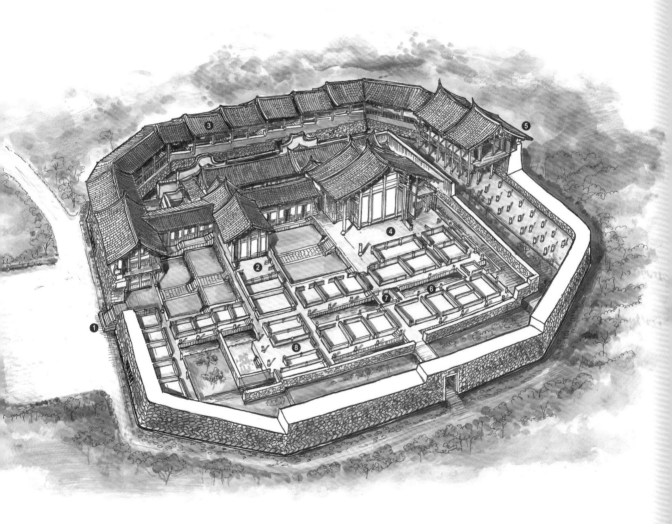

永泰中埔寨正厅剖面透视图

1 大堂左右墙下设置长板凳，可
以多人同坐，是福建民居常见的
布置

2 面向中庭，不设门扇，内外空
间俱为一体，谓之敞厅

3 前檐廊有船篷式的卷棚轩，同
时也出现暗厝

4 大堂屋顶下的灯梁在节庆日悬
挂灯笼

5 排楼连拱在宋《营造法式》中
称为"襻间"，具有稳定屋架之
作用

6 寿屏为神龛之后墙，将大堂分
隔为前后两区，后区的阁楼为储
藏空间

7 寿屏背后的空间可于白事时使
用，木栅有隔离功能

过水亭有如廊桥

　　庄寨中有"过水亭"，架在大通沟之上，不但可连通房间与厅堂，其采光通风俱佳，成为家人作息聊天或妇女做家务的最好场所。我们若沿着外围的跑马廊行走，越到后面越高，屋顶层层叠高，视野也为之开阔。第二进是中埔寨的主要厅堂，屋顶高敞，不设格扇，阳光可直入。大堂的梁柱构造也很特别，采用"三梁扛架"，意即只用三根大梁，不用柱就可将屋顶扛起。

　　永泰庄寨常用七柱或九柱梁架，桁木常多达十七根以上。为求宽敞，使用"四梁扛井"的技巧，即利用巨大木梁框成井字形，实即一种减柱设计。位于永泰县同安镇的九斗庄即采用"四梁扛井"构造，大堂宽敞无柱，据说可摆三十桌酒席，可以想象其盛况。

九斗庄正厅可见著名的"四梁扛井"，可省去
四支柱子以避免阻碍厅堂祭祀活动

永泰九斗庄正厅剖面透视图
可看到著名的"四梁扛井"构造，即以四根巨
梁架成井字形，柱不落地，有如减柱法，可使
大堂更显大气

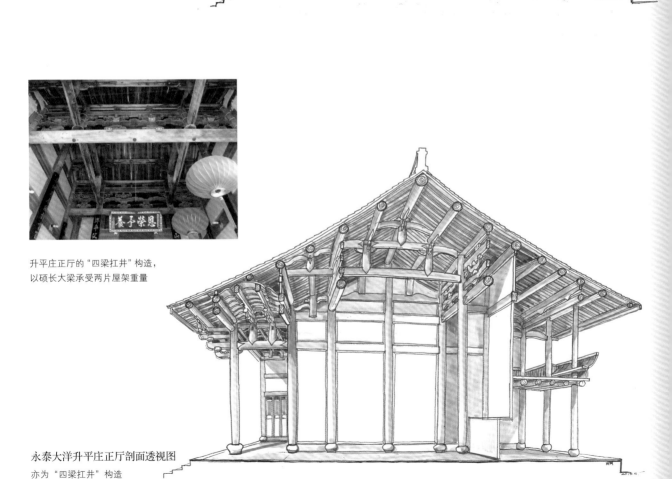

升平庄正厅的"四梁扛井"构造，
以硕长大梁承受两片屋架重量

永泰大洋升平庄正厅剖面透视图
亦为"四梁扛井"构造

1

延伸实例

福建尤溪盖竹茂荆堡

　　福建崇山峻岭，孕育着悠久的历史文化，呈现出多元的面貌。除了土楼之外，在闽中三明市尤溪地区盛行庄寨与土堡，它们的建筑形式非常特别，不但格局宏大，为石木混合构造，还继承着儒家传统伦理中尊卑的空间秩序，是中国最富文化底蕴的大型民居。尤溪盖竹村的茂荆堡建于清光绪八年（1882），花费三年时间才完成。茂荆堡建在陡坡上，坐东向西。聪明的工匠顺应地势，将住宅设计为阶梯状，前低后高，半圆形的跑马廊像弯曲的竹节一样包围后院。

前方后圆布局

　　正面台基高如城墙，左右设石栅门为出水口。可能源自风水的理由，大门不在正中央，而略偏左侧。第一进为宽达十五间的楼房，楼下放置农具。经过十多级石阶才见到天井，天井有高低两层平台。正堂高高在上，为与天井连为一体之敞厅式，可令人直望神明供桌。

　　半圆形的跑马廊，外墙为石造，但内部仍为木构，以木柱架高，上面设粮仓，可通风避潮气。另外，所有屋顶皆采出檐深远的悬山式，遮雨效果良好。层层相叠成片的黑瓦屋顶，与林木茂盛的山谷融为一体，此为思虑周密之民居设计。

1 茂荆堡坐落于山坡，环境清幽，规模宏伟，平面前方后圆，半圆形跑马廊层层上升，像宝座。入口略偏南侧，系考量风水使然　　2 茂荆堡围绕一圈跑马廊，以架高构筑谷仓，可避潮气　　3 茂荆堡依山势而建，产生架高的楼房，并将楼下作为堆置农具之所，可谓有效运用空间的设计

65 广州陈氏书院

廊庑纵横交织，空间虚实交错。砖雕彩塑石湾陶装
饰丰富，集广府建筑特色于一屋

地点：广东省广州市荔湾区中山七路

从中堂望前厅一景。中堂前设月台，中轴对称，左昭右穆，体现宗族伦理
秩序

广州市区的陈氏书院即陈家祠，
是清末广东七十二县的陈氏宗族
合建的宏伟祠堂，废科举后改为学校。
它的平面布局严谨，建筑精美，三路并排，
每路各有三进。右图掀开一半屋顶，
可见空间纵横畅通之特色。

　　广州陈氏书院俗称陈家祠，是中国南方少见的多重院落大型祠堂，亦为古代祠堂与书
院合一的典型建筑。光绪十四年（1888）由广东七十二县的陈氏族人共同集资所建，费时七
年，于光绪二十年（1894）竣工。落成后，主要作为陈氏宗族子弟读书学习之处，故称陈氏
书院。其规模宏大，格局严谨，用料极精，工艺细致，为当时岭南优秀匠师的倾力之作，被
誉为广东最精美的建筑之一。此建筑在清末废除科举后，曾改为中学，但仍继续作为祠堂，
每年春、秋两季，陈氏族人在此举行隆重祭典。祠堂内供奉许多牌位，而中堂也成为陈氏族
人聚会之所，故悬挂一方"聚贤堂"大匾额。近年改为广东省民间工艺博物馆。

广州陈氏书院解构式全景鸟瞰剖视图

1 前厅气派雄伟，门楣立巨大抱鼓石，门内设木雕屏风

2 塾台，为门廊左右高台。此规制始于周朝

3 穿廊使用铸铁圆管细柱，视野较通透

4 中堂之前设月台，即露台，它的石栏杆精雕细琢，艺术价值极高

5 中堂正厅悬匾"聚贤堂"。顾名思义，此处为族人举行仪式及聚会之所，其空间高敞，巨柱林立，并漆以黑色，符合《礼记》中诸侯用色之古制

6 中堂东厅，为小客厅

7 天井皆铺石

8 后堂正厅，原来供奉许多陈氏族人祖先牌位

9 后堂东厅

10 后堂西厅

11 巷尾房，作为贮藏用

12 东横屋

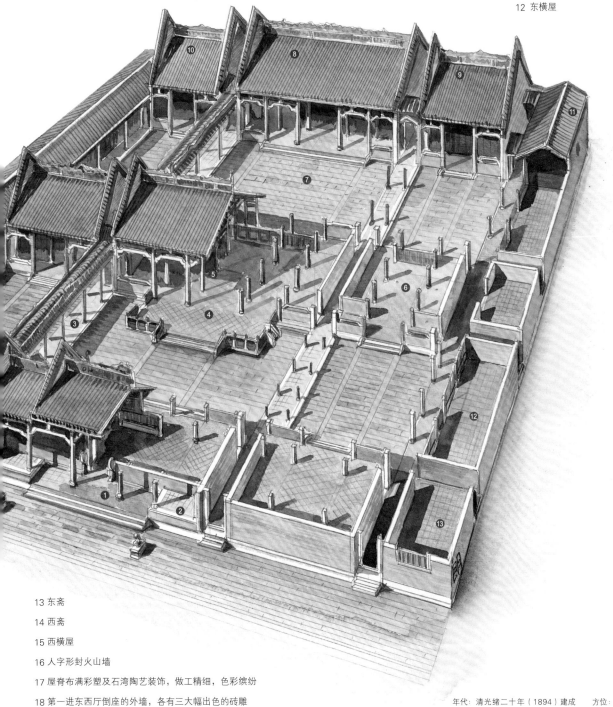

13 东斋

14 西斋

15 西横屋

16 人字形封火山墙

17 屋脊布满彩塑及石湾陶艺装饰，做工精细，色彩缤纷

18 第一进东西厅倒座的外墙，各有三大幅出色的砖雕

年代：清光绪二十年（1894）建成　　方位：坐北朝南

"三进三路九堂两厢"的大院落

陈氏书院坐北朝南，建筑平面采用"三进三路九堂两厢"的配置，众多建筑之间留设六个庭院，并以八条廊道相互串联。建筑布局虽采用中轴对称，但空间疏密有致，建筑高低大小变化多端，主从分明，使得内部空间明暗层次丰富，全无呆板之感。整体分析起来，其中路为三进，左右路亦各有三进，但左右路第一进为倒座式，朝南一面用实墙封闭。各路之间夹以巷弄，并以廊道串接，人们借由四通八达的廊道可以走到任何厅堂。廊道的柱子受到西洋影响，采用铸铁圆管柱，柱身细长，使视野较为宽广和通透。横向庭院也因而连成一气，有如一座大院子，极为气派。

1 穿廊使用铁管细柱，使庭院空间较为宽阔　　2 内部空间四通八达，全赖廊道沟通　　3 前厅大门左右可见古制的"塾台"，门前抱鼓石如球
4 前厅的太师屏风格扇施以精细的木雕，梁枋上则用"一斗六升"　　5 中路与左右路之间留设青云巷，象征平步青云，步步高升　　6 回廊交角门
洞，造型具地方特色，可通东斋及西斋

功能各异、繁简有别的各进厅堂

　　陈氏书院在建筑配置上呈现严谨大方的局面，而功能各异的各座厅堂，也凸显不同的空间特色与繁简有别的装修趣味。中路入口大厅之前竖立一对石狮，镇守大门。前厅面宽五开间，门柱旁有巨大的抱鼓石拱卫，造型简洁优雅。门内立有一座双面木雕的屏风格扇，光线穿透镂空之处照射进来，营造出肃穆的气氛。

　　穿过中庭可见第二进大厅——中堂。中堂是核心建筑，厅前设置石砌月台，月台三面设石雕栏杆，雕琢精致，且多以岭南花果为题材，深具地方特色。中堂正厅面宽五开间，进深亦五间，前后步廊共用十二根石柱，内部共用二十四根巨大木柱，除正面后墙镶嵌十二扇木雕格扇与飞罩外，其余均为开敞的梁柱，使得整座大厅空间非常宽阔。堂中只见巨柱林立，犹如一座森林，而梁架上的大梁与斗拱又有如枝叶，正符合古人所谓"竹苞松茂"之寓意。厅堂梁架上有一方朱底金字巨匾，上书"聚贤堂"三字，点出了古时群贤毕集、人文荟萃的精神。

　　越过中堂后面的院子可达后堂。后堂正厅亦为五开间的大建筑，原来供奉许多陈氏族人牌位，为祭祖大典举行之所在。与前厅和中堂的梁架使用四层到五层大梁、瓜柱用精雕的柁墩（位于上下两层梁枋间，支撑上梁）相比，此处的梁架用瓜形侏儒柱，体现简洁有力之美。

1 中堂高悬"聚贤堂"匾额，梁柱为南洋进口的优质坤甸木　　2 中堂前月台之石雕勾栏，镶嵌铸铁花窗　　3 从中堂望前厅，前厅柱间装以"飞罩"。注意明间为求高敞，不设额枋　　4 陈氏书院的檐廊使用石雕梁柱　　5 陈氏书院屋脊脊身很高，装饰许多陶艺人物花鸟　　6 屋脊以佛山石湾陶及彩色"灰批"装饰，工艺出自清末肇庆名匠杨锦川之手

清末广东民间工艺的大展演场

　　陈氏书院最吸引人之处，在于石雕、砖雕与屋脊上的彩塑。这些装饰艺术反映了清代广东民间工艺的最高水平。广东民间建筑特别喜用束腰花篮形式的柱础，它的腰身极细，却能支撑巨大的屋顶重量。石雕多用内枝外叶法，层次分明；中堂前月台栏杆的石雕堪称两广经典之杰作。砖雕则以第一进东西厅外墙所见最为精彩，在水磨对缝的青砖上，两侧各安置三幅巨大的砖雕，主题包括五伦全图、百鸟图、唐宋诗文及历史演义等。值得注意的是可见"瑞昌造，黄南山作"落款。

　　另外，屋脊上布满成列的石湾陶。石湾陶是一种低温陶，捏塑出古典戏剧故事，在众多生、旦、净、末、丑人物背后，安置华丽的亭台楼阁作衬景，使用五彩的釉色，显得热闹异常。特别是中堂的脊饰，构图宏伟，色彩明朗。据统计，这条彩脊上的戏出人物有两百多尊，主要表现八仙祝寿、加官晋爵、麻姑献寿、麒麟送子及和合二圣等中国民间最熟悉的吉祥故事。而在垂脊方面，则出现了许多巨幅的加彩灰塑，制作精细，用色鲜明，造型典雅，被视为广东"灰批"艺术的杰作。

　　陈氏书院建筑装饰中难能可贵之处，是留存了当时承造匠师的姓名，使其成为后代研究的重要史料。砖雕为清末光绪年间的承造者瑞昌店黎氏、刘德昌等所作，屋脊石湾陶则出自文如璧、石湾宝玉荣与美玉成、杨锦川等名店匠师之手。此外，他们也吸收了西洋建筑的做法，例如在中堂前月台及廊道上使用铸铁技巧，室内使用彩色玻璃，反映出清末中西文化交流的时代特色。

66

戏台

高平二郎庙戏台

一座有铭记可征的金代古戏台，木构简洁，造型工整大方

地点：山西省晋城市高平市寺庄镇王报村

二郎庙戏台设在入口旁，它正对着庙主殿，反映古代演戏酬神的传统

二郎庙金代戏台为现存最古实例之一，

其方形台面与三面厚墙，以及简洁雄浑的斗拱，

构成明显特色。

右页图以局部切开之剖视图说明。

　　山西黄土高原地区自古戏曲艺术非常发达，散乐百戏繁盛，至宋及辽金时达到高峰。在临汾与运城地区所发掘的古墓，保存了许多宝贵的戏曲史料。有些墓室内以砖雕出戏台建筑，墙上布满杂剧、乐舞、百戏及八仙人物的浮雕，特别是在古平阳府的侯马、襄汾、绛州（今新绛）出土的许多金代古墓，墙上以砖砌出具体而微的戏台。

金代戏台形式特殊

　　这些墙上的戏台，虽然尺寸较小，但舞台上演员的身段与表情刻画入微，背后手持各式乐器的乐师也清晰地雕出，让人几乎置身在古代现场，传唱之声不绝于耳。戏台上面的演员及乐师人数不多，建筑物却很考究，屋顶多用三角形山面朝前的歇山顶，博风板及悬鱼装饰亦施雕琢，非常醒目，令人对金代戏台的印象极为深刻。

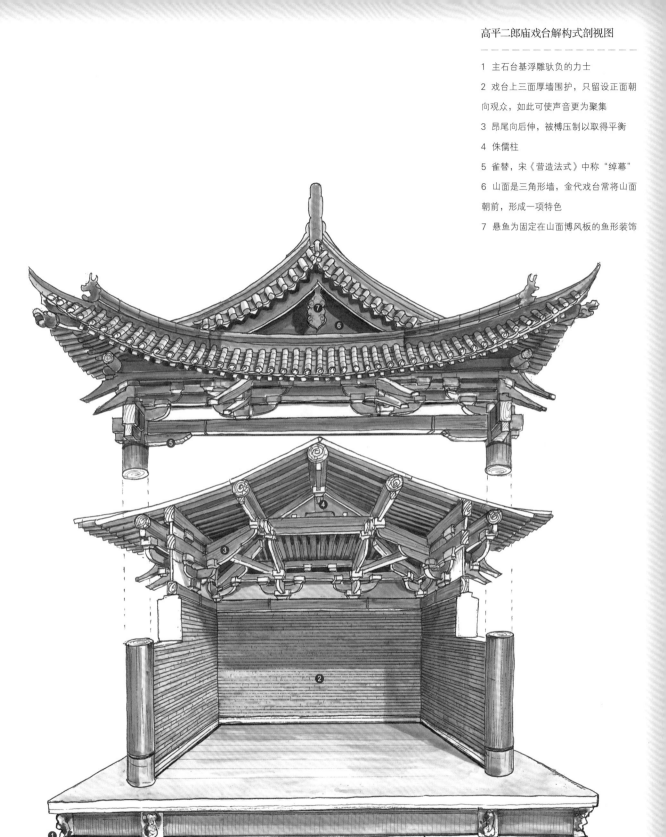

1 主石台基浮雕驮负的力士

2 戏台上三面厚墙围护，只留设正面朝向观众，如此可使声音更为聚集

3 昂尾向后伸，被槫压制以取得平衡

4 侏儒柱

5 雀替，宋《营造法式》中称"绰幕"

6 山面是三角形墙，金代戏台常将山面朝前，形成一项特色

7 悬鱼为固定在山面博风板的鱼形装饰

年代：金大定二十三年（1183）建　　方位：坐南朝北

1

庙前戏台演戏酬神

　　非常幸运的是，山西高平市的王报村二郎庙现仍保存一座典型的金代戏台，它的形制与前述古墓出土戏台相同，是非常宝贵的历史建筑。在戏台正面的基座，刻有"时大定二十三年岁次癸卯秋十有三日石匠赵显赵志刊"的铭记。戏台在二郎庙的正对面，位于中轴线上，台高1米余，台面约为长宽各6米的正方形，三面封墙，一面开敞对着庙殿，符合演戏酬神的古俗。台上面积虽不大，但若对照前述出土金代古墓，极为相似。金代戏台上的演员有"装孤、装旦、副净、副末、末泥"等五人，乐师五人，6米见方的戏台容纳十个人颇恰当。推测当时在戏台演出时是前舞后乐。

1 二郎庙戏台　　2 二郎庙戏台平面为正方形，三面围以厚墙，一面朝向观众。图中可见简洁有力的昂后尾直抵大栿，力学得到平衡

三面厚墙聚音

　　戏台基座以石条框边，正面雕四尊力士蹲踞。台上立四根角柱，柱头上以额枋构成方框，除了柱头斗拱之外，每边置补间铺作两朵，皆出双下昂，昂尾向后伸至上平槫，角柱斗拱的昂尾也与抹角梁相交，结构简洁而合理。屋架上方可见侏儒柱与叉手并用，为典型的金代建筑手法。它虽然没有藻井，但屋架工整对称，方形戏台围以三面厚墙，只向观众开放一面，对共鸣聚音有利。

　　屋顶为单檐歇山，山面朝前，形式与金代古墓中的戏台完全一样。它不设明清时期普遍的太师屏及出将门、入相门，推测可能与著名的广胜寺旁明应王殿壁画"大行散乐忠都秀在此作场"相同，以布幕区隔前后台。近年经过修缮，成为中国古戏台之瑰宝。

67 戏台
广东会馆戏楼

构造复杂的三面观剧场，戏台省去二柱，以藻井提升共鸣音效

地点：天津市南开区

广东会馆外貌。天津为通商大埠，商贾云集，各省的会馆建筑风格亦不同，广东商人所建会馆的广式马头墙为其特色

室内剧场不受天候、外在环境影响，
但屋顶的结构跨距大对木构而言较困难。
本图剖出大屋顶，
显示气窗与省去前柱的戏台之空间关系。

　　中国古代重视乡谊，在外地经商时，同乡常结社互助，同业或同行也重行规情谊，会馆是他们聚会之所，史载"京师五方所聚，其乡各有会馆，为初至居停，相沿甚便"。

　　会馆可以接待乡亲，可以议事，也可举行宴会或祭拜神明，例如木匠会馆常供奉鲁班，山西同乡会馆则供奉关公，福建会馆则供奉妈祖。会馆常附建戏楼，定时演出家乡戏，娱慰乡亲。

1 入相门

2 出将门

3 戏台背面太师屏

4 螺旋式圆形藻井，俗称鸡笼罩

5 戏台省去二柱，并以藻井增强
声音共鸣

6 精雕细琢的潮州风格木雕飞
罩，分列戏台两翼

7 二楼包厢观众席

8 下檐通气窗

年代：清光绪三十三年（1907）建成　　　方位：坐北朝南

旅津粤商倡建

　　天津为清代中国北方的通商大埠，各省会馆很多，其中位于南开区南门内大街的广东会馆，清光绪二十九年（1903）由旅津粤籍商人集资倡建，历时三年完工，于光绪三十三年（1907）开始使用戏台。广东会馆的格局完整，前后共有三进，正门前竖立照壁，后有正堂供议事之用。

　　戏楼建筑风格华丽，融合了北方与南方建筑之特色。特别是采用室内剧场之设计，将一座戏台容纳在跨距很大的屋顶下，使演出不受天候影响。戏楼从后台伸出，平面近正方形，每边约10米，三面敞开，使演员直接面对观众。戏楼居中，东西厢房为看戏座席。

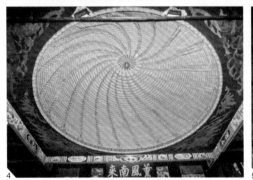

1 广东会馆大门，大字门额为粤式建筑特色之一　　2 广东会馆戏楼正面，可见三面辟高窗，兼有引入光线及空气对流之作用　　3 广东会馆的三面式戏台，省去前面二柱以避免遮挡视线　　4 广东会馆戏台上方的螺旋式藻井，有扩音共鸣作用，常被用在戏台之上　　5 广东会馆正堂屏风隔扇布满粤式风格木雕，梁柱全漆黑色，楹联匾额字体刷金，效果典雅

戏台省去二柱，广开视野

　　观众可自厢房的二楼看棚观戏，此即所谓包厢座，加上戏台正面池心散座，可以容纳三百人以上。大屋顶考虑到空气流通，将屋脊部位向上抽高，四周留设天窗，也是周详的设计。而为了视线无碍，戏台省去前方二柱，天棚以悬吊方式固定。天棚内装置螺旋形的圆藻井，民间俗称"鸡笼罩"，系以数百支曲形斗拱层层上叠而成，可加强声音共鸣，创造扩音效果。

　　戏台的工艺水平极高，栏杆及檐口的镶板皆精雕细琢，似乎出自广东潮州匠师之手艺。左右悬柱雕莲花，屋顶两侧也安上镂空木雕的花罩，形如拱门。当然最精美的应是太师屏及出将门、入相门，使这座广东戏台更散发富贵之气。

68 戏台
紫禁城畅音阁

福禄寿三层戏台与后台扮戏楼相连,辟天井沟通上下层,此为清代最有创意的立体戏楼,也是京剧的摇篮

地点: 北京市东城区故宫内

具备上、中、下三层戏台,
在特殊剧目中呈现上天入地的视觉趣味。
右图采用二分之一剖面透视图,
各层空间关系可一览无遗。

紫禁城内偏东路一带有一座巨大的戏楼,名为畅音阁,这是清代宫廷戏楼的代表作。紫禁城内另有漱芳斋及倦勤斋的戏台,但规模较小,大小不同的戏台各有其妙用。

宫廷戏楼蓬勃

古代帝王在每年重要节庆时常以戏剧来助兴,如上元、端午、七夕、中秋、重阳、冬至、腊月等,或是皇室成员寿诞、婚嫁、册封及帝王登基等,皆有盛大的演出。清代紫禁城内现存最大的戏楼为畅音阁,它是帝后生活中不可缺少的娱乐建筑。1790年当乾隆皇帝八旬寿诞时,江南四大徽班进京盛大演出,大展风采,后来又与秦腔结合,“徽秦合流”成为京剧之基础。同样形式的戏楼,还有颐和园的德和园与热河避暑山庄的清音阁,但后者已不存。

紫禁城畅音阁解构式剖视图

1 地下室

2 寿台

3 舞台暗设地井，可让演员从地下冒出

4 禄台在二楼，与上下层共构成立体空间，可拓宽看戏的视野

5 福台在三楼，它的戏台较小，在特殊剧目演出时可驰骋观者的想象

6 辘轳设备装在三楼的天井旁，用人力操作，演员自天而降时可利用绳索悬吊

7 天井

8 仙楼

9 扮戏楼是后台准备室，有独立的出入口

年代：清乾隆三十七年（1772）建　　方位：坐北朝南

1

扮戏楼是后台

畅音阁大戏楼始建于清乾隆三十七年（1772），至嘉庆及光绪年间皆有重修记录。畅音阁的平面有如四合院，可归类于"半室外，半室内"的戏台。由于有些剧目演员较多，因此在清嘉庆年间增建扮戏楼三间。扮戏楼就是后台，供演员化装休息。畅音阁正对阅是楼，即主要观众席，推测帝后即坐在此。据史料显示，清末慈禧太后常在此观戏。左右厢房则留给地位较低的人员。

畅音阁整体建筑结构非常复杂，面宽只有三间，但进深为六间，戏台与扮戏楼皆用卷棚顶，两者交界处设天沟排雨水。中国唐宋时期的宫廷戏楼并无实物保存下来，我们都知道唐玄宗喜音律，设梨园弟子，宋代《清明上河图》中未见到戏楼，但金代及元代戏楼建筑却有几座仍存在山西古寺庙中，其后台皆不大。

1 畅音阁为三层立体式戏台　　　2 三层戏台之间留设天井，演员可自天井降下以增加戏剧效果

福禄寿立体戏台

　　论及中国古戏台，清代可能发展至高峰。畅音阁的设计极富想象力，构造亦坚固，至今仍可粉墨登场表演。它的外观有三层楼，但内部却细分为五个不同高度的楼板，从下至上为地下室、寿台、仙楼、禄台与最高的福台，福、禄、寿三台构成立体的空间。楼板辟出数个方井，称为天井，其妙用是可掀开盖板，特殊情节时令演员从天而降或从地下冒出，如天仙下凡、天兵天将降地、神佛朝元庆贺祝寿等，增加戏剧效果。

　　其次，这座立体式大戏楼还有一些特殊设计，如在舞台下方设水井，可以增加声音的共鸣效果；上层设置绞盘如辘轳架，演出时由数人操作，拉动绳子，使人飞越于空中。整座戏台上下声气相通，不难想象演出时的热闹场面。

1 德和园大戏楼，前为福、禄、寿三层戏台，后为扮戏楼，提供演员化装休息之所

2 德和园的扮戏楼紧接在大戏台之后，并有独立之出入门道　3 从侧面看德和园三层大戏楼，为达到三面观看的效果，采用三面敞开的设计　4 大舞台上方平棋天花板上留设方井，在特殊剧目演出时可掀盖，使演员自空而降

延伸实例

颐和园德和园大戏楼

清代帝后热衷戏曲艺术，对京剧内涵的充实与技巧的提升有多方面的贡献。慈禧太后动用庞大经费修复清漪园，并改名为"颐和园"，园内也建造一座与畅音阁相似的三层式大戏楼德和园，此为清代宫廷所建最后一座戏楼。它始建于清光绪十七年（1891），至光绪二十一年（1895）落成，刚好是甲午战争之后。

德和园大戏楼高 20 多米，一、二层戏台连通后面的扮戏楼，第三层戏台只有在少数剧目演出才派上用场，如《升平宝筏》《鼎峙春秋》《昭代箫韶》等，动用演员极多，后台人员在"砌末间"（道具间）准备或控制辘轳机关。底层戏台后面的夹层"仙楼"设木梯供上下，设有七个"天井"供神仙下凡，设六个"地井"可供演员自地下冒出或喷水等，花样极多。

颐和园德和园大戏楼
解构式剖视图

1 寿台

2 禄台

3 福台

4 仙楼

5 扮戏楼

69

拙政园

以明代初创时之山水布局为基础，经清代扩大修
缮而成的江南名园

地点：江苏省苏州市姑苏区

拙政园曲廊连接亭台楼阁。廊的种类颇多，有水廊、爬山廊和复廊，用于
不同地形。它们循山池环绕，曲径通幽

拙政园中部为其精华区，

以有聚有分的大池为主，四周布置

高低错落及功能各异的建筑。

旱舟泊于渡口，廊桥架于河川，

曲桥横跨水面，山丘环以水池，

布局紧凑，空间疏密有致，层次丰富，

为苏州园林之杰作。

　　明清江南园林之兴盛有其特殊背景。江南经济发达，社会富庶，殷商巨贾
云集，提倡生活艺术，各地竞筑园林。在自然条件方面，江南湖泊密布，水道交
织，水源丰沛，适合花草植物生长。另外江南又多产适宜叠山之湖石。在文人雅
士与工匠合作下，造园家辈出。明代计成撰写的《园冶》一书，为当时造园理论
与实践的杰出成果，对选地、立基、屋宇装修、门窗格式与假山叠石之技巧，皆
有精辟之论。

拙政园全景鸟瞰透视图

1 松风亭，依池畔而筑，旁植松树

2 小沧浪，为建于水上之廊屋，与小飞虹之间围出幽深的水院，得倒影之趣

3 得真亭面向三座游廊

4 小飞虹，为拱形廊桥，跨于两岸之上

5 倚玉轩

6 远香堂，四面为格扇窗，视野开阔，可尽收山水景色

7 雪香云蔚亭，为山丘上供人休息的长亭

8 荷风四面亭，居大水池之中，形成园内之中景

9 柳荫路曲，为一组长廊，通往见山楼，随地势升高而成爬山廊

10 见山楼，登临可尽览全园，并远眺苏州城外虎丘之胜

11 叠石岸

12 香洲，是结合台、亭、廊、楼四座建筑而成的旱船

13 玉兰堂，为花厅

14 穿过"别有洞天"圆洞门，即进入西部补园

15 登宜两亭，可左右逢源欣赏两边景致

年代：明正德年间（1506—1521）建

1

　　江南园林奠定了中国园林设计的理论基础，我们可从中归纳出许多设计的技巧与原则。例如园景分区，以墙垣、建筑物、假山或树木将大园划分为几个小园，使各有主景，园中有园，主从分明。各区之间以廊或道联系，使具有起、承、转、合之关系，所谓"造园如作诗文"。游园者循导引路线观赏，得到步移景异之趣。《园冶》中且提及"因借"之理论，巧于借景，可丰富园景，增加变化，引人入胜。

　　位于苏州城内东北方的拙政园，始建于明代中叶，原是明朝御史王献臣的私园。王曾受东厂宦官之害，感叹拙于从政，中年即解官归里，营此园以自况明志。后来数度易主，清代曾作为太平天国忠王府，尔后改为八旗会馆，历经变迁，但四百多年来基本上仍保存初建时之山水布局，丘壑仍存原有形貌。全园包括东部的归田园居、西部的补园与最精致的中部区，三区分立，整体规模乃苏州私家园林中面积最大者。园中水域亦广，约占全园的三分之一，池水引自苏州护城河，水源稳定而充沛，建筑物多依水畔而筑。整体而言，拙政园是一座以水景取胜的园林，是公认的能代表明代江南文人园林的名园。

1 拙政园初创于明代，早期布局疏放淡泊，以水景为主，池水有聚有分，建筑临水，山石自然而幽深，被誉为苏州四大古典名园之一　　2 松风亭旁植松树，并紧邻水池，得倒影之趣　　3 小飞虹桥形如一道弧形彩虹，桥上覆顶成为廊桥　　4 香洲系以建筑物组成的一艘固定石舫，包括连成一体的台、亭、廊、楼，相同的石舫也可在狮子林、煦园和退思园见到。本图为秋景　　5 远香堂为水池畔之主厅，通透的窗子可让人浏览园中全局

曲径通幽，柳暗花明

拙政园之南侧为巨大的宅邸。园之主门设于宅邸之曲巷，从腰门而入（今已改为从东部的归田园居进入），开门见山。首先见到黄石叠成的假山如列屏展开，具有挡景之作用。运用藏露技巧，绕过山后水池，便得豁然开朗之境。进入主要景区，迎面而来为"松风亭"，透过亭窗可见到局部水面。出松风亭，经一座跨于水面上的廊屋"小沧浪"，左右水波倒映。水面远处可见一座廊桥，形如彩虹，故名为"小飞虹"，围出所谓的水院。

山水相映,诗画交融

　　绕过小飞虹廊桥,可行至园中核心建筑"远香堂"。远香堂是一座四面厅的优美建筑,四面长窗透空,令人视野开展,从内向外望外面山水,有如观览横幅画卷,呈现"诗中有画,画中有诗"的意境。在廊桥另一端,可见泊于岸边的旱舟"香洲",额为著名画家文徵明所题。这是一种江南园林常用的建筑,以台、亭、廊及楼阁组合成一艘画舫,既得舟形,亦具舟神,两面临水,登楼后极目数里。

　　远香堂之北展现出极为广阔的水域。水池中有两座凸起的岛山,将池面阻隔为南北两部分,以山表现时间之古意,以水表现空间之广意。岛上石、土混用,且建"雪香云蔚亭"及"待霜亭"(也称北山亭),山上林木蓊郁,广植苍松绿竹。南岸起伏错落,北岸则野趣横生,山石与亭榭半掩半露,各具不同妙境。

　　东边岛丘有小桥通往池东的"梧竹幽居亭"。这座小亭不用支柱,亭身四面为墙,并辟四个圆洞,进入亭内颇感深幽,但透过圆洞可向外望见极远的"荷风四面亭"。水色变幻,园内景致若隐若现,亭旁梧与竹影纳入洞中,颇似一幅扇面画。

　　荷风四面亭位于水池之中央,有如海中浮起之小岛。岛上建六角形亭子,视野通透,令人有清风徐来、水波不兴之感。亭外设三折石板桥与五折石板桥,连接对岸,平桥低栏,保全了水面的整体性。池之西北方有一座独立于水上的"见山楼",登楼可远眺虎丘及北寺塔,楼下有长廊可通拙政园西部。

1 梧竹幽居亭为四面月洞之亭，这是由简单的几何图形所构成的多面貌方亭　　2 荷风四面亭位居湖心，三面连以石板折桥，清风徐来，水波不兴

3 见山楼有爬山廊可登临，登高尽览全园　　4 拙政园回廊尽头置圆洞门，隔而不绝，有虚实相生之意境　　5 拙政园西部以水廊为主景，倒影如玉带，吸引人们的视线　　6 拙政园西部水廊曲折有法，与白墙若即若离　　7 拙政园西部水池中之六角石塔，塔身雕佛像，塔顶雕塔刹

小巧紧凑，别有洞天

要进入拙政园西部补园，得穿过一座厚实的圆洞门，题为"别有洞天"；另辟蹊径，洞外出现另一片天地，自创一格。补园的廊墙使用曲折跨水的波浪形廊，其形式有如飘带游丝，左右摆动，上下蜿蜒起伏，走在上面有凌波越过之感，暗喻手法，确为神来之笔。

补园布局小巧紧凑，与中部之开阔舒展相异其趣。景区内多为清代建筑，其水域呈曲折分布，有聚有分。池北有倒影楼，池南筑山，山上结亭曰"宜两亭"，相度地宜，登亭可同时俯瞰两园，并可远借苏州城外之寺塔景色。另外，补园内的"卅六鸳鸯馆"镶有彩色玻璃窗，反映了清代外来文化之影响。

文学化的环境塑造艺术

综观拙政园之设计，囊括了明清园林的诸多技巧。例如从窄小巷道进入宽阔园景的对比手法，空间讲求远近层次，使远景、中景与近景交相出现，各景看似独立，实则一气贯通；建筑物高低错落，有机组合，对比明显；飞廊登楼，低廊依山傍水，尽收山水之美景，丰富了游园者的视野。中国园林表现天人合一的精神，师法自然，却不为规矩所绳。人们寄情于山水，陶冶情操；忘忧于山水，返璞归真。园林是文学化的环境塑造艺术，追求蓬莱仙境，具有永久的魅力。

延伸议题

中国园林

　　中国园林艺术在世界建筑史上独树一帜，乃环境学、建筑设计、养生之道与书画文学艺术等之集大成。据史载，早在先秦时期即有帝王苑囿。秦代上林苑内的阿房宫，被誉为"五步一楼，十步一阁，廊腰缦回，檐牙高啄，各抱形势，钩心斗角"。汉代御苑建章宫太液池建造许多楼观，并筑蓬莱、方丈、瀛洲等山，象征神话中的海上仙山。至隋唐，大内宫苑规模宏大，近代经挖掘考证，大明宫含元殿面宽十一间。同时，自六朝出现私家园林后，文人雅士竞筑园林。例如被誉为"诗中有画，画中有诗"的王维，辞官终老，筑辋川别业；白居易筑庐山草堂。

　　隋代的官署园林"绛守居园池"，引水入园，池上筑洄涟轩，惜今貌已不复见隋唐园林的面目。宋代汴京御苑，据《东京梦华录》载，大内金明池琼林苑每年有特定日子开放给老百姓游憩。明代叠石为山之风大盛，塑造峰峦洞壑，从神仙传说中撷取渊源；文人与画家参与造园，计成的名著《园冶》成为理论与实际技巧的里程碑。苏州拙政园即初创于明代。

　　清代中国园林到达前所未有的发展高峰。清康熙、乾隆大力经营北京园林，以人工开凿水面，堆山植林，圆明园、畅春园及清漪园即为代表。后来在咸丰年间英法联军入侵之后，诸园同遭厄运，被破坏洗劫甚为严重。至慈禧太后时，又以巨资重修颐和园。承德避暑山庄保存较为完整，有许多景致系乾隆下江南之后所仿建，例如仿镇江金山寺，仿嘉兴烟雨楼。王公贵族亦上行下效，北京恭王府园林以石造假山远近驰名。

　　帝王苑囿气势宏伟，民间私家园林则以小巧精致取胜。清代江南园林设计在商贾文人雅士支持下，被推向另一个高峰。设计运用空间虚实、藏露、疏密与明暗之对比，塑造蜿蜒曲折、景物层层浮现之效果。江南园林追求清静淡雅的意境，将文学化为空间，空间中也孕育文学氛围。在有限的市井区域内，塑造出多彩多姿的园林艺术，这得归功于两千多年来中国山水崇拜及寄物移情文化思想的成熟。

1 杭州胡雪岩宅第园林，瘦高凉亭并立于狭窄山池之中，成为园中主景　　2 广州番禺余荫山房园林的驳岸与拱桥，反映出岭南园林受到了西方的影响

3 苏州吴江同里退思园，池畔泊旱舟，石舫如桥，船首贴近水面，令人有凌波观景之感　　4 苏州网师园于清乾隆年间重建，建筑物紧邻水池，与天光水色相映，特别是水池假山及小石桥，尺度控制得宜，加大景深　　5 苏州网师园位于住宅之西区，景物环池而建，全园面积虽小，但变化多端，有步移景异之巧思　　6 苏州留园，初建于明代，清代归刘氏所有，后又为盛氏所购，"曲溪楼"与"涵碧山房"为其主景　　7 留园内水阁"清风池馆"之山石与花木经营位置得宜，有如一幅山水画

70 连城云龙桥

> 将石桥墩、木梁、廊屋、牌楼与庙阁结合成一体的建筑，凌空跨水如蛟龙
>
> 地点：福建省龙岩市连城县罗坊乡下罗村

云龙桥全景，其屋顶颇富变化，凸出六角攒尖顶与歇山顶

云龙桥以石材砌成船首形桥墩，
其上架以纵横相叠之木梁，
逐层悬臂，互相牵手形成桥身，
桥上覆以长廊。梁架有如房屋，
可收保护及遮阴之效。
桥中央建楼阁供奉神明，
令过桥行旅蒙沐神恩。

　　在浙江、福建一带山区，人们就地取材，以木料与石块为建材，设计了一种混合式的桥梁。桥墩以石头堆砌，桥身则用木头架成。但因当地气候潮湿多雨，木梁容易腐朽，不易久存，故于桥面上加盖屋宇保护，并常在屋檐下加披檐，有时甚至做成双重披檐，就像穿蓑衣一样，实质的保护措施十分周延。而桥中间设置神龛，祭拜河神、财神、文运神或真武大帝等神祇，则可视为一种心灵信仰的庇护设施。这样的桥梁不仅是联络河川两岸的交通要道，同时又将廊道、楼阁、寺庙、牌楼等建筑冶于一炉，具有祭祀、休憩、交谊等多元功能。这种汇集多样特色于一身的建筑物，称为"廊桥"，由于可以遮蔽风雨，又俗称"风雨桥"。

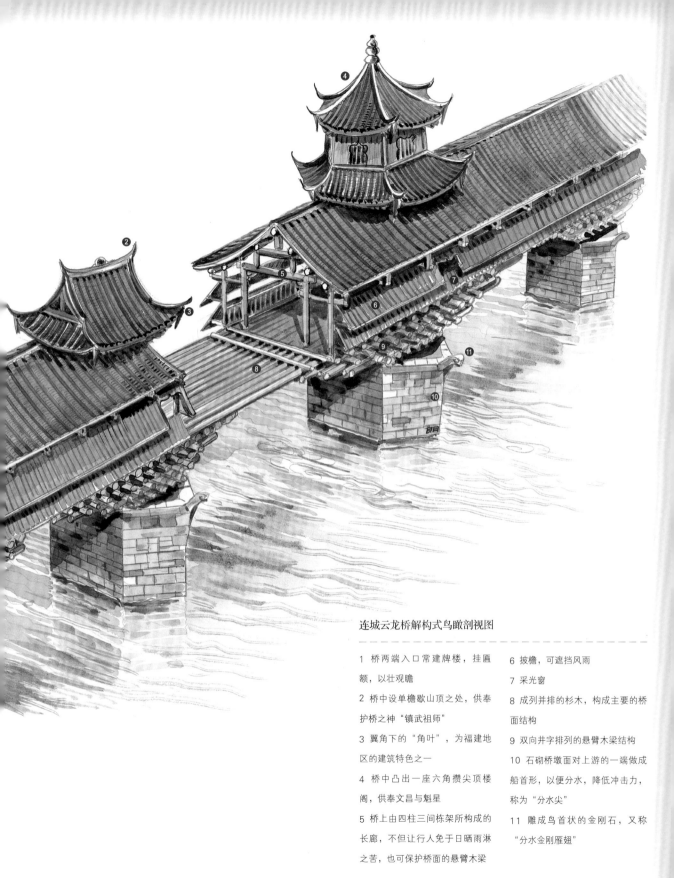

连城云龙桥解构式鸟瞰剖视图

1 桥两端入口常建牌楼，挂匾
额，以壮观瞻

2 桥中设单檐歇山顶之处，供奉
护桥之神"镇武祖师"

3 翼角下的"角叶"，为福建地
区的建筑特色之一

4 桥中凸出一座六角攒尖顶楼
阁，供奉文昌与魁星

5 桥上由四柱三间栋架所构成的
长廊，不但让行人免于日晒雨淋
之苦，也可保护桥面的悬臂木梁

6 披檐，可遮挡风雨

7 采光窗

8 成列并排的杉木，构成主要的桥
面结构

9 双向井字排列的悬臂木梁结构

10 石砌桥墩面对上游的一端做成
船首形，以便分水，降低冲击力，
称为"分水尖"

11 雕成鸟首状的金刚石，又称
"分水金刚雁翅"

年代：明崇祯七年（1634）建，乾隆三十七年（1772）重建　　　方位：桥身东西走向

1

廊桥因大多出现在地形复杂的山区，出入口方向及引道会依随地形而灵活调整。有些廊桥的桥面材质不同，中央铺设木板或石材，供人行走，两旁则桥面稍降并铺设草料，供牲畜通行，可谓"人畜分离，各行其道"。

闽西山区的连城县境内，仍保存数座历史悠久的古廊桥。其中，坐落于罗坊乡下罗村的云龙桥，造型古朴，构造奇巧，堪称廊桥的经典作品。

1 云龙桥是中国南方廊桥的典型，在石桥墩上架木梁，桥上盖顶以保护木梁，将房屋与桥结合为一体，也称为"厝桥" 2 云龙桥桥头立牌楼，飞檐起翘，气势磅礴 3 云龙桥屋架结构与一般民居相同，用四柱三间 4 桥内神龛供奉镇武祖师

1 云龙桥一端接到悬崖峭壁，形势险峻　　2 井干结构以平梁纵横相叠，并层层出挑，以减轻木梁应力　　3 石砌桥墩呈船首状，可降低流水冲击力

结合石砌桥墩与伸臂木梁的佳构

云龙桥横跨青岩河，桥身呈东西走向，一边面对辽阔的田野，另一端则紧接陡峭的青石山壁，景观险峻，气势非凡。天气变化时，云雾缭绕桥间，桥身宛若蛟龙飞腾，因此而得名。初建于明末崇祯七年（1634），清乾隆三十七年（1772）重建，推测桥墩为明代遗物，桥身则是清代修葺之物。整体外观呈现材料的朴质本色，经历多年洪水考验，依旧完整坚固地屹立在河面之上。

云龙桥为悬臂木梁式结构，全长81米，宽5米，采用六墩五孔，石墩上以井干结构方式交叠七层头尾交错摆置的圆杉木，上面再出三层杉木支撑桥面上的构造物。桥面为了减轻震动并保护木料，铺设鹅卵石。桥屋采用抬梁式屋架，每架四柱三间，梁架出斜拱，桥身两侧装设木栏杆，外面再出双重披檐保护木料，屋顶铺设青瓦。

桥头有飞檐起翘壮丽的牌楼，给人隆重的感觉，仿佛过桥是敬慎而神圣的行为。桥中央有两处凸出的屋顶，正是供奉神明的位置：一为单檐歇山顶，其下方神龛祀护桥之神"镇武祖师"；一为六角攒尖顶楼阁，奉祀文昌与魁星，以振兴地方文风。进入楼阁之内，顺着狭小的阶梯，可以登高眺望周边景致。神龛前置六角藻井，龛内神明面对上游端坐，上层披檐开一造型特殊的洞口，让神明得以见光。

桥墩面朝上游的一端收尖角且下方斜出，如同船首，可以分水，称为"分水尖"，如此可减轻水流冲击之压力。分水尖上方最凸出的石头称"金刚石"，雕刻成鸟首状，形式独特。

1 福建武夷山余庆桥为巨大的木拱桥，拱洞做成八字形状　　2 福建永安会清桥，桥身为石砌，桥面覆顶，成为廊桥

延伸实例

福建武夷山余庆桥与福建永安会清桥

　　集合多种建筑于一身的廊桥，若以桥梁的构造与建材而论，除了如云龙桥所属的木梁桥之外，另可见木拱廊桥和石拱廊桥两种主要类型，前者如福建武夷山余庆桥，后者如永安会清桥。

　　余庆桥位于福建武夷山市区，其构造是在石条叠砌的桥墩之间，运用粗大圆杉木纵横叠置、交叉搭接，形成木拱骨干。桥中央的楼阁并非直接筑在桥墩之上，显示其结构特殊，具有良好的载重能力。拱身外面加了木板保护木梁，远观宛如三段组成八字形拱，但其实转折处还有一道，共由五段组成，构造复杂。这种独特的构造和《清明上河图》中的汴河大虹桥类似。此桥始建于元代，清光绪十三年（1887）重修，全长79.2米，只用二墩三孔，圈孔跨距长达23.7米。

　　会清桥位于福建永安市贡川镇，以清浊二溪在此交会而得名。其特色为下半部是二墩三孔的石拱构造，而且近乎尖拱，拱洞极为高敞，拱顶非常薄，厚度不到1米。上面则是成排的四柱三间、抬梁式木造建筑，当中凸出歇山屋顶，里面神龛供奉真武上帝。桥头两端的牌楼弯脊飞檐，翼角起翘明显，翼角下的"角叶"装饰，是福建建筑的特色。桥面用大块石头铺砌，廊桥两侧设栏杆及长凳供人休息。始建年代不详，明成化二十一年（1485）重修，清道光二十年（1840）再修。梁架上有一些梁签记录了建桥的相关数据。

71 泰顺溪东桥

木拱桥为神奇而大胆的结构，两端架在岩石上，上覆屋顶防雨

地点：浙江省温州市泰顺县泗溪镇

泰顺溪东桥木拱结构示意图

著名宋画——张择端《清明上河图》中的
木拱桥，在闽浙山区仍可见类似的实例，
以"三节苗"与"五节苗"交织获得稳定的木桥，
右图以局部剖视来分析其奥妙。

　　拱桥的原理是将桥面的重力以弧形途径传递至两边的桥墩，一般常见的为石拱桥，如罗马帝国时期的加尔桥（Pont du Gard）。中国有一座隋代的安济桥，也是世界石拱桥史上之杰作。但如果运用木材建造拱桥就面临较高的难度了，宋代张择端的《清明上河图》中有一座横跨汴河的木造大虹桥。桥上摆摊，贩夫走卒络绎不绝，而桥下正好有一艘大帆船，将要惊险地通过，令人印象深刻。

泰顺溪东桥解构式仰视剖视图

1 三节苗：指三段梁木相接续

2 五节苗：指五段梁木相接续

年代：明隆庆四年（1570）建，清乾隆十年（1745）重修，道光七年（1827）再修

方位：桥身东西走向

泰顺溪东桥　503

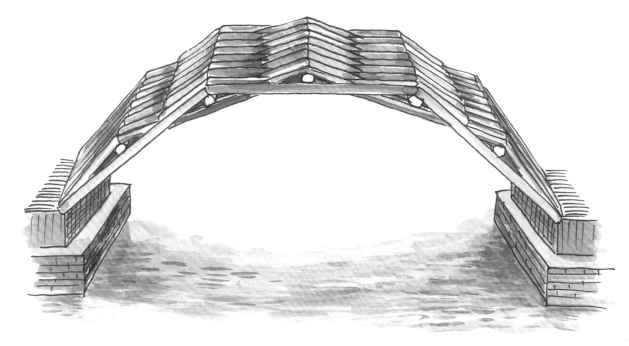

张择端《清明上河图》中虹桥的木构分析图

以"三节苗"与"四节苗"相互交叉咬合，可与溪东桥结构做一比较

桥顶加盖延长寿命

类似的木拱桥在历史上似乎是绝迹了，但是在浙江及福建山区的溪谷尚可找到一些相似的木拱桥。有些为了延长木材寿命，于桥上盖屋顶，也被称为廊桥。屋顶两侧还加披檐，有如农夫穿蓑衣一样，为周延的防雨措施。有的在桥上设置神龛，供奉河神、财神、文运神或真武大帝等神祇，益增其神秘气氛。

三种"苗"交织而成

浙江南部崇山峻岭中，河谷地形很适合虹桥之建筑，巧匠利用当地巨大笔直的杉木，以高明的榫卯将木梁编织起来，使用所谓"三节苗"或"五节苗"的两组构架相嵌合，并加入交叉形"剪刀苗"强化，最后又在桥面上覆以廊屋，成为一座可挡风雨的廊桥。

泰顺县位于浙江最南端，紧临福建，当地盛产杉木，溪流夹在山谷之间，两岸常露出巨石，有利于建造木拱桥。泰顺的溪东桥即善于利用两岸悬崖的巨石为基座，并将"三节苗"与"五节苗"联结为一体。因拱桥高耸于溪谷之上，桥头以石阶登高才达桥面；桥面全程覆以廊顶，有如隧道；桥的两侧披盖防雨板，像穿上了围裙；中央屋顶凸出一座歇山顶，翼角飞檐起翘，如大鹏展翅，造型轻巧而优美。

1 溪东桥也是一种廊桥，其屋顶两侧还加披檐，有如农夫穿蓑衣一般，为周延的防雨措施，可见"三节苗"与"五节苗"交织成稳定构造，民间俗称为"蜈蚣桥"　　2 溪东桥利用两岸巨石为基座　　3 溪东桥桥下的木拱结构

72 卢沟桥

卢沟桥是中国古石桥的杰作，构造精湛，艺术精美

地点：北京市丰台区宛平城西门外

卢沟桥建于金代，长 266.5 米，共有 11 个半圆拱券，石头与石头之间嵌入铁件以加固

从金代迄今仍通车马的著名古石桥，

运用船首形桥墩以降低河水冲力，

桥头耸立着雄伟的城门，

成为"卢沟晓月"之背景。

右图切开石拱，

可见券石与伏石交替构造。

　　古人以木梁或石梁架在河川上成为桥梁，而石拱桥的出现较晚——拱构造是人类工程技术的一大进步，不但可架桥，也广泛运用到住宅、城门、寺庙或教堂。中国最出名的石拱桥首推河北赵县安济桥，即赵州桥，它出自隋代名匠李春之设计建造，为世界上现存年代最早的"敞肩"拱桥。所谓"敞肩"就是在桥墩上留设孔道，使得水流可以穿越桥身，河水暴涨时，仍能维持较大的流量。

卢沟桥解构式剖视图

1 宛平县城门楼耸立在桥头，成为端景

2 朝河水上游的一面做船首形桥墩，可降低水流冲击力

3 分水尖三角铁

4 "缴背"是压在圆拱石（券石）上皮的一层石板，可加强石拱稳定性，故也称"伏石"

年代：金大定二十九年至明昌三年（1189—1192）建　　方位：桥身东西走向

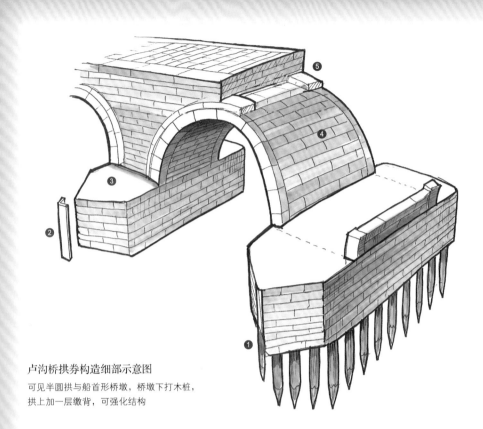

1 入地木桩
2 三角铁
3 船首形桥墩
4 石拱券
5 缴背石

卢沟桥拱券构造细部示意图
可见半圆拱与船首形桥墩，桥墩下打木桩，
拱上加一层缴背，可强化结构

卢沟晓月

　　北京西南十多公里处的永定河上有一座在历史上极负盛名的石拱桥，永定河旧称卢沟河，因而石桥被称为卢沟桥。它建于金代大定二十九年（1189），是古时从南方赴北京城必经之要津，进京赶考的学子亦经过卢沟桥，商贾行旅长途跋涉之后常投宿于桥东端的宛平县城。今天仍可见到桥的尽头耸立着一座雄伟的城门楼。鉴于桥的历史文化丰沛，清乾隆皇帝在桥东端亭内题"卢沟晓月"石碑，被列入燕京八景之一。众所周知，卢沟桥事变掀起了中国全面抗日战争的序幕，卢沟桥因此更名闻中外。

缴背压拱石

　　宋代李诚的《营造法式》中，石作制度述及"单眼券"的水窗，即单孔半圆的排水洞，石拱桥的原理亦同，在河川下方以"地钉"打筑入地，即木桩巩固地基。而半圆拱上方又以一层"缴背"（伏石）压住，这种构造广为后世石桥所用。中国古代的陵墓、城门、佛寺及宝塔等多有石拱构造，其技术已臻极高水平。
　　石拱桥形态因功能而异，在苏州的运河上可见极高大有如驼峰的拱桥，为让出足够高度方便来往大运河的帆船穿过。再如苏州的宝带桥，全长300多米，头尾共53孔，中央三拱高起，亦属方便船只通过之设计。

1 北京卢沟桥栏柱上雕有四百多只大小石狮，成为数百年来的佳话。桥墩做分水尖，可抵抗冬季河面漂浮坚冰的冲击　　2 从河床看卢沟桥的船首形桥墩，尖峰处嵌入三角铁以破水流　　3 卢沟桥东端的乾隆皇帝御赐"卢沟晓月"石碑亭

桥墩做成船首形

卢沟桥在设计方面最主要的特色是石拱的跨度，每孔都在 11 米以上，全桥共有 11 孔圆拱，总长度达 266.5 米，居中的一孔跨度更是 13 米有余，在中国现存古石拱桥中确实为罕见之例，颇为壮观。桥墩以巨石叠成，其形如船，朝上游的一端做成尖形，有如船首，可破水，降低激流的冲刷力；尖端处更以铁条包覆，称为分水尖。据文献所载"插柏为基"，桥墩底下打入柏木桩强化基础。若从侧面看石拱，发现它每孔并非真正的半圆形，而是拱顶略尖一些，这种拱弧度像抛物线或双心圆拱。石拱上有缴背石一道，有如眉，不但美观，在力学上更具有稳固之作用。

数不清的石狮子

卢沟桥历经八百多年，至今仍可通行，连续的圆拱展现如音乐般优美的韵律。除了建筑工程技术的成就之外，在艺术方面最闻名的是桥面栏杆望柱上的雕刻，文献上谓"雕石为栏"。每根望柱上皆雕石狮，有的雕数只，每只造型不同，姿态各异其趣，有的母狮与幼狮嬉戏，展现玲珑之美，令人过桥时倍感亲切。据近人仔细统计，全桥共有 485 只雌雄大小石狮。卢沟桥八百多年来承载了许多中国历史记忆，它联系南北，也联结人心。

1 石拱与廊桥结合之构造，上木而下石
2 龙潭村廊桥内部的屋架，中段设神龛，供奉护桥的神明　　3 龙潭村廊桥屋架梁底以墨书写石匠、木匠的姓名　　4 廊桥中央的屋顶为重檐式，内部兼具寺庙功能，起翘的屋脊与半圆拱呈现张力

延伸实例

福建屏南县龙潭村廊桥

　　龙潭村的石拱廊桥跨越霍童溪流域的支流棠口溪，原处于聚落核心，古时人来人往，称为要津，人们在桥上设神龛，供奉守护神。1978年为了供大型车辆通行，不得不建水泥桥，而古桥被移建于下游100多米处，桥面略加宽，但长廊木结构全用旧料，尤其最可贵的是梁枋上的清代对联墨字皆保存下来，我们过桥的同时也阅览了一遍当地的历史片段。

　　桥长约26.1米，为单孔正半圆石拱构造，所以桥拱与水面上的倒影刚好可以合为圆，似有圆满之寓意。石拱之排列与水流同向，施工较容易。桥面高耸，两端皆设石阶才能登上。桥面上建造九间十柱长廊，屋架用四柱七架。第四间装天花板，同时也供奉神像。屋顶向上升起，形成歇山顶。屋脊施燕尾，曲度大并指向天空，反映福州及闽东一带飞檐起翘的传统特色。

　　走进廊桥内，中央供车马行走，两侧设木板椅，或可供行人闲坐休憩。它的梁枋仍可见数量极多的墨字，出自当地秀才文人之手笔，如中央第四间梁下可见"水尾高山朝朝朝朝朝拱，桥头大树长长长长长生"，二通梁下的墨字可见匠师落款，如石匠师"石匠主绳长桥村包德康副绳山头顶陈元唯愿名扬四海"、大木匠师"木匠主绳甘棠村张云柳副绳张灼柳唯愿艺术精通"。古建筑能留下建造者的名字，可证明他们所得到的推崇与敬重。

单孔石桥采纵联式拱，

用直条石即可完成，

拱肩填入小石块成桥面，

上面再覆以廊道。

福建屏南县龙潭村廊桥解构式剖视图

1 跨度较大的石造半圆单拱，可以承受桥面廊阁之重量

2 廊桥兼庙宇功能，桥上供奉神祇，并将屋顶升高

地点：福建省宁德市屏南县龙潭村

年代：始建年代不详，清光绪年间重建 方位：桥身东西走向

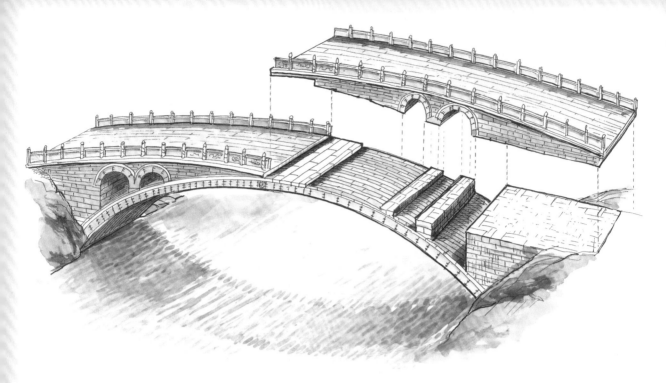

隋安济桥（赵州桥）结构示意图
可见28道石拱上面压以不同方向的缴背石，其作用是可加强承重，稳定桥墩

延伸议题

桥梁构造

中国古代桥梁的构造在隋唐时期已发展出梁桥、拱桥及索桥等类型，此外还有一种以铁索系住许多桥的浮桥，桥头常铸巨大铁牛以加固。石拱桥中，以河北隋代安济桥（也就是赵州桥）最著名。这座单拱敞肩石拱桥横跨于洨河之上，跨度37米有余，由28道石拱并列而成。它在大拱两端上方又留出四个孔，当河水上涨时，有利于洪水流过，减小水压，并且也使得桥身比例适中，曲线和谐。栏板上的浮雕狮子与龙，造型强劲有力，艺术价值颇高。设计者李春的名字见诸文献，也是中国古代极少数被记录下来的建筑家。

到了宋代，福建一地出现不少石梁桥。该处盛产质优的花岗石，加上优秀的石工技术，因此在历史上留下来不少伟大的石梁桥。例如泉州洛阳桥，长800多米，由于地处洛阳江入海口，为减少海潮涨落之冲击，桥墩特别设计为船首形。在桥头处立有石佛塔，象征守护。值得一提的是，文献记载此桥兴筑时，为求桥基稳固，于桥下养殖大量的牡蛎，借其繁衍快速与外壳附着力强的特性，将水中石块胶结为一体。

1 始建于唐代的苏州宝带桥与大运河平行，古时为纤夫所用　　2 福建连城莒溪永隆桥为悬臂木梁廊桥，以巨木头尾交叉排列，互相支撑而成，桥身有披檐保护　　3 闽西永安安仁桥为福建典型之廊桥，桥头建牌楼，造型奇特　　4 安仁桥之木梁架在石桥墩之上　　5 江西龙南市太平桥，桥亭出现马头墙及大圆券，造型奇特　　6 浙江绍兴石板八字桥为南宋建筑，平面呈"丁"字形，整座皆用石条构造　　7 浙江泰顺泗溪北涧桥使用木拱结构，从桥下可见成排木梁相交之情形　　8 福建泉州洛阳桥建于宋代，以牡蛎固结石梁桥墩，并利用涨潮时架石梁

附 录

（按拼音排序）

A

阿以旺：新疆维吾尔族建筑的一种屋顶做法，将中庭盖平顶，并且高出四周屋顶，使能通风采光，谓之阿以旺。

阿育王塔：源自印度的一种佛塔，也称为"宝箧印塔"，底座为须弥座，塔身为方形，顶部四隅凸出花叶，中央立相轮塔刹。

B

八字墙：设置在门楼外，左右斜出的装饰墙，平面呈八字形，墙面可用砖刻或琉璃美化，多用于宫殿、富贵人家宅第或寺庙之前。

宝城：明清帝王陵墓在地宫之上方封土成圆丘，并圈以城墙，谓之宝城。

宝顶：攒尖顶或十字脊顶之最高处所置圆筒形瓦件，称为宝顶，它刚好压在雷公柱之上。

宝瓶：角科斗拱在45度由昂之上可立宝瓶形矮柱，以承老角梁之重量。

抱厦："厦"指的是高耸亭轩，凡主体建筑之前附建轩亭，即称为抱厦。

碑亭：为保护石碑不受风吹雨打日晒，在碑体上建方形高亭，多见于寺庙与陵墓。

博风：也写成"博缝"，悬山、硬山或歇山顶的三角形山花上端的人字形木板，封住桁头，有保护作用。通常加以装饰，露出钉帽。日本将卷棚式博风特称为唐博风。

补间铺作：宋式用语，置于两柱之间梁上的斗拱，具填补空间之功能。当心间补较多铺作，次间或梢间减少，使分布均匀。明清时斗拱缩小，补间反而增多。

C

侧脚：将建筑物四根角柱向内微倾斜百分之一，使外观更稳定的方法。

叉柱造：宋式用语，也称为"插柱造"，在楼阁结构技术上，上、下檐柱不对齐。为了使造型内缩，将上层檐柱偏内，落在斗拱上，再由斗拱横向传递重量至下层柱头。天津蓟州独乐寺观音阁即为一例。

抄手游廊："抄手"指伸出正屋左右的回廊，其形有如人之双手。北京四合院在垂花门、正房与左右厢房之间多做抄手游廊，回廊常呈90度转弯，互相连接。

彻上明造：室内不做天花板，可直接看到屋架全部构件之做法。通常梁或侏儒柱要加工或做精美的雕饰，以呈现结构美感。

鸱尾：中国古建筑屋脊之重要装饰，汉代明器中已出现凤鸟；至魏晋南北朝，云冈石窟可见鸱尾，只有尾而不做身首；唐代发展成熟，并影响日本。相传造型得自南海鱼虬，尾似鸱，激浪成雨，可压祝融。明清时多用龙吻，但南方仍可见燕尾形脊饰。

冲天牌楼：立柱高于屋顶的牌楼，孔庙的棂星门常用之。

重檐：将屋檐做成二重或三重，通常上檐小而下檐大，例如紫禁城太和殿为二重檐，天坛祈年殿为三重檐。

出际：宋式用语，歇山顶之左右"厦两头"，即两端皆做成悬山，称为出际。

垂花门：门楼屋檐下置吊柱，并雕成莲花形，特称之为垂花门，较考究的门楼多采用垂花门。

攒尖：一种带有尖顶的屋顶，它无正脊，却可能有多条垂脊，尖头多置宝顶，包括三角形、四角形、八角形及圆形。唐塔多用四角攒尖，宋塔多用八角，而北京天坛祈年殿用圆攒尖。

D

大叉手：宋式用语，置于脊槫下之斜木，用来支撑重量。脊槫下用两根，形成三角形。其他梁下则只用一根，可加强屋架的稳固。

大佛样：日本在中世时期（约宋元时）引入中国浙、闽一带南方插拱式建筑技术，在柱上直接伸出多层丁头拱，以奈良东大寺南大门为典型。由于东大寺供奉一尊巨大铜佛，故称为"大佛样"，也称为"天竺样"。

大红台：藏式建筑喜筑高台，在外壁涂刷红色或白色，称为大红台或白台，拉萨布达拉宫即为典型，承德普陀宗乘之庙亦可见之。

丹墀："丹"指建筑物之前院中心地带，如人之丹田。"墀"为殿前之月台，可供祭典活动之用。孔庙大成殿前即设有丹墀，供作佾舞演出之所。

单翘：清代做法称华拱为翘，只出一华拱称为单翘。

倒座：合院布局的建筑，其第一进正面朝向中庭，从外面看到的是背面，即为倒座。北京四合院多采用此法，并将大门设在东南角。

地宫：指佛塔地基下所留设小室或陵墓宝顶下方之砖石造空间。佛塔下的地宫埋藏舍利或珍贵之石函器物，用来镇塔。陵墓之地宫则供置帝王之棺椁及陪葬品。

殿堂造：建筑物内外周柱子等高，在其上渐次叠以斗拱及梁架，谓殿堂造，与厅堂造不同。

吊脚楼：中国南方多山地区常用的民居形式。多采用穿斗式屋架，柱子长短不一，可立在崎岖不平之基地上。二楼梁枋悬挑出去以承上方檐柱，使柱子不落地，如此可使二楼面积扩大，便于利用。

叠涩：以砖、石砌成外挑或内缩之阶梯状，作为墙体之装饰，多见于密檐式佛塔。

丁栿：宋式用语，"栿"指梁，凡是一端搭在柱上，另一端架在横梁之上，形成丁字形，可谓之丁栿。《清式营造则例》称为"顺扒梁"，"扒"亦有搭上去之意。

都纲建筑：为藏式佛寺大经堂之音译，平面多呈回字形，殿内柱子林立，屋顶中央略升高以采光，四周幽暗，衬托出神秘的宗教气氛。

斗拱："斗"是方块形木，上有槽可容纳枋木。拱是曲形横木，形如手肘。中国古建筑利用斗与拱的多重组合，并加入昂、枋构件，可将屋顶或梁枋重量层层往下传递到柱上，并使出檐深远，强化抗震性，亦具有装饰作用。斗拱可构成华丽的藻井即为一例。

斗口：清式用语，斗上的凹槽宽度称为"斗口"，它等于枋及拱的宽度，成为一座建筑中最基本的尺寸单位，其他构件之长度以斗口为模数单位来计算，可得到系统化之优点，例如柱高定为六十斗口，柱径定为六斗口。

E

额枋：清式用语，指外檐柱与外檐柱之间的横梁。通常用上下两根，上为大额枋，下为小额枋。

F

方城明楼：明代才出现的帝陵建筑，位于宝城之前，有如城门楼。方城即方形高台，上设雉堞；台上建碑楼，多用重檐歇山顶，称为明楼，里面竖立巨大赑屃石碑。

飞椽：即飞檐之椽子，又称飞子，安放在檐口椽条之上，使屋檐如展翼。

分水尖：桥墩面对上游的部位做成三角形，略如船首，可以分开激流，减轻水的冲击力。北京卢沟桥的分水尖尚嵌入铁条，用以破冰。

分心斗底槽：宋式用语，指建筑物梁柱及斗拱之分布，一列中柱将空间划分为前后对称的两部分，多为门殿采用之大木格式。

风吹嘴：福建泉州地区特有的一种飞檐做法，在屋顶翼角垫双层椽木，形成暗厝，外侧封檐板做成船首状，如此可加强屋檐曲度，造型如鸟翼，泉州开元寺可见之。

副阶周匝：宋式用语，指在主要屋身四周围以回廊形成重檐。主体柱高而副阶柱较低。太原晋祠圣母殿为现存副阶周匝最古之例。

覆斗：将斗倒置之形状，早期石窟寺之顶部常雕成覆斗形，例如敦煌莫高窟第61窟。

G

格扇：木作装修中的门窗类型，通常从地面门槛直达门楣，有四扇或六扇做法，每扇又分顶板、格心、腰板及裙板，可以活动拆装。

隔跳偷心：宋式用语，指一朵铺作从栌斗向外出

跳时，每隔一跳才出横拱，如此使斗拱较疏朗有力，本身重量亦获得减轻。

拱北：圆顶之意，也指伊斯兰教的墓祠建筑，即"麻扎"。

拱券：券字本为契据，与卷字常混用，"拱券"与"拱卷"两种写法皆常见于书籍中，指半圆形拱构造。

拱眼壁：建筑物内外侧各斗拱之间的空间，通常以灰泥封闭，有时可施彩绘，谓之拱眼壁。

瓜拱：清式用语，宋代称为"瓜子拱"，其形向上弯曲，略如瓜。置于坐斗之上，与额枋平行，称为"正心瓜拱"。若置于出跳之翘头上，称"外拽瓜拱"。

瓜棱柱：一种并合料之柱子，木柱直径不足时，在外圈包以数根圆弧形柱，外观有如瓜瓣。

过街塔：藏传佛教常用的建筑，在交通要津之处筑塔，其台座下辟拱门供穿越，形同拜塔仪式，居庸关云台即为实例。

H

和玺彩画：清宫殿式彩画种类之一，属最高级。梁枋分段，运用沥粉贴金绘出龙凤题材，底色多用青、绿及朱色来衬托主题。

华拱：宋式用语，清式称为翘，从栌斗上出跳为第一跳华拱，依此重复，可有单跳及两跳、三跳或四跳华拱。

灰批：广东建筑术语，指以灰泥塑出各种人物花鸟装饰，在灰底之上再涂彩色，多装置于屋脊及山墙或檐下，常与石湾陶艺并用。

火焰门楣：火焰形状的门楣，形如印度建筑常用之尖拱，具有浓厚之佛教艺术特色，可见于天龙山石窟、云冈石窟及嵩山嵩岳寺塔。

J

脊檩："檩"即桁条，中脊下的桁木谓之脊檩。宋式用语称脊槫。

计心造：宋式用语，铺作出横拱称为计心造；如果只出单向的华拱，则称为偷心造。

尖拱：由两个弧线所构成的拱，比半圆拱更坚固，伊斯兰教建筑常用，新疆清真寺可见之，华北黄土高原窑洞民居亦常用尖拱。

减柱造：殿堂内为满足特殊功能需求，减少柱子而加粗梁枋用材，称为减柱造。

剪边：明清时期在殿堂屋顶上铺两色以上琉璃

瓦，故意在檐口上铺不同颜色的瓦片，称为剪边。

交互斗：宋式用语，清式则称为"十八斗"，置于计心造之华拱前端，用来放横向的瓜拱。交互斗上开十字槽，以承双向构件。

角梁：同"阳马"。

金刚墙：隐藏在建筑物内部的砖石墙，例如帝王陵墓地宫前方之厚墙，用来阻挡出入口。

金箱斗底槽：宋式用语，指柱网及梁枋上斗拱铺作之分布形式。殿身的内槽三面被如斗形的外槽包围时，称为金箱斗底槽，现存最早之实例为五台山佛光寺东大殿。

金柱：原为"襟柱"，指建筑物内最重要的支柱，清式所谓"老檐柱"也属于金柱，天坛祈年殿内的环柱即金柱，一般用料较粗大。

经幢：佛教之小型塔，多为石造，外观分成台座、塔身与刹顶三段，塔身雕刻经句，多立在寺院殿堂之前。

井口天花：将天花板以木条纵横交织，分隔成许多小方格，形如井，上面再覆薄木板，称为井口天花。

九脊顶：即歇山顶，包括正脊、四条垂脊与四条戗脊（斜向），共九条脊，为仅次于五脊庑殿顶之高级屋顶，多用于宫殿与寺庙。

举架：清式用语，从下至上逐渐增高瓜柱，使屋坡渐陡，例如从0.5倍步架增为0.65倍、0.75倍至0.9倍，至中脊时已近45度。

举折：宋式用语，以作图法定出屋顶坡度，屋架高度定为通进深的四分之一，再依次从上至下递减高度，产生上陡下缓之曲线。

卷棚：两坡顶不做中脊，屋架多用偶数，瓦垄翻过屋顶。通常为次要的房屋使用，如回廊及轩亭；北方民居亦普遍采用卷棚顶。

卷杀："杀"为以斧、刨加工之意，将木材加工成为弧形。

K

炕床：中国北方寒冷地带之宅第，卧室床下设烟道，借以取暖。

L

阑额：宋式用语，即清式之大额枋，系架于两柱头上的横梁，通常上面紧贴普拍枋，两者构成T形断面。唐代的阑额在角柱不出头，辽金

517

时期出头，至明清时期额枋亦习惯做出头，且做曲线装饰。

菱角牙子：砌砖壁时，将某一层砌成菱角，有如锯齿，这是一种加重线条的装饰，西安大雁塔与小雁塔皆可见之。

令拱：宋式用语，清式称为"厢拱"，指一朵铺作当中，位居最外且最高的横拱，上承橑檐枋。

溜金斗拱：一种平身科斗拱，其拱与昂的后尾向上斜置，并延伸至上一架桁木下，有如秤杆，形成力学平衡。

栌斗：宋式用语，同坐斗。

露盘：喇嘛塔的塔刹上端的圆盘形装饰，形如大伞张开，圆盘周围悬吊铜铎，随风摇动可发出悦耳之铃声，象征梵音远播。

M

马道：登城墙的斜坡道，有时亦可指城墙上的平台。

马面：城墙每隔一段向外凸出一座像堡垒一样的墩台，有利于三面御敌。

马头墙：长江流域及华南较流行的一种硬山墙，高出屋面，并做成阶梯形，有防风及防火的作用。

蚂蚱头：清式斗拱最上层耍头做成蚂蚱形。

曼荼罗：也写成曼陀罗，是佛教坛城之音译，修行时特定之场合，通常由方与圆组成平面，承德普乐寺旭光阁内有一座中国最巨大的立体曼荼罗。

密肋：平顶屋顶做法的一种，以木梁紧密排列，称为密肋。

皿板：指斗底凸出皿形线条，这种斗也称为"皿斗"，汉代陶楼器物及六朝石窟仍可见之，是一种极古老的做法，唐宋时已少见。但南方闽、粤建筑仍保留此特征，在斗下缘凸出一圈线条。

N

内槽：宋式用语，建筑物柱位排列为内外两周，则内圈称为内槽，外圈称为外槽。

P

平闇：宋式用语，一种以细木条纵横交织而成的天花板，其格子比平棋小，可见于五台山佛光寺东大殿。

平棋：宋式小木作用语，即天花板，做成有如棋盘格子，四周以平棋枋框成。

平坐：宋式用语，也称为飞陛或阁道，出现在建筑物之台基或楼阁上，使用重拱计心造较多，实际上就是出跳的阳台。楼阁或塔上的平坐要有栏杆保护，实例如独乐寺观音阁。

普拍枋：宋式用语，清式称为平板枋，在阑额之上所置横木，与阑额构成T形断面，多出现于宋、辽、金、元时期，明清时期尺寸变小。

Q

琴面昂：宋式用语，昂头削成弧面，有如琴面，故名。另有削成平尖形，称为"批竹昂"。

穹隆：其形如圆顶天盖，多用于清真寺屋顶，以砖叠砌，逐层向内收，至顶部收到覆钵形。

雀替：也称为角替，位于额枋与柱子交点，宋代称为"绰幕"，具有加强梁柱刚性及装饰作用。

R

如意斗拱：一种装饰意味浓厚的复杂斗拱，多出现在门楼或牌楼上。主要以较小尺寸的斗拱层层出跳叠成，并常用斜拱或昂，构成华丽至极的造型。

乳栿：宋式用语，"乳"指较小之意，小梁谓乳栿。

S

散水螭首：台基上缘为便于排水，特别凸出螭龙，张口吐水，具有泽被之象征意义。

山花：指歇山顶左右可见到的三角形墙，通常有悬鱼或吊坠装饰。当歇山的收山较慢时，山花面积随之缩小。

山门：寺庙的前门，可开一门或三门。佛寺之山门又可解释为"三解脱门"，因此也被称为"三门"。

生起：宋式用语，建筑物两端的柱子略高于当心间，以利于形成起翘之屋檐。通常三开间屋生起二寸，五开间屋生起四寸。

十字脊：两条屋脊在同一高度呈十字相交，交点可置宝顶，多出现在角楼或钟鼓楼中，由两座歇山顶相交而成，北京紫禁城角楼为典型实例。

塾台：中国古代建筑在殿堂廊下左右次间起高台，作为待客或教学之用，故称为塾台。其遗制仍保存于广东祠庙建筑中，如广州陈氏书院。

束腰：须弥座中段较细的部位，它有如腰带，将

台基束紧，上下形成仰莲与覆莲。

双杪双下昂：宋式用语，"杪"指伸出之华拱，"下昂"指伸出之昂嘴，其后尾延伸至建筑内部，通常被梁压住，以获得平衡。铺作使用出跳二次华拱与二次下昂，谓之双杪双下昂。依此，亦有单杪单下昂之例。

四椽栿：宋式用语，指屋架上长度达到四段椽子的大梁。

随梁枋：在大梁之下紧贴着的枋材，有辅助之力学作用。

T

塔刹：原为梵文音译，从"刹那"转借而来，指塔顶之尖形装饰物，细节分为刹座、相轮及水烟等。中国塔刹用石、铜或铁制成，山西浑源圆觉寺塔刹做成候风鸟，较为罕见。

台基：建筑物之下方基座，古时称为"堂"，通常为土、石或砖砌之台，依建筑大小而定其高度。佛教进入中原后，须弥座出现，做成上为仰莲、下为覆莲、中为束腰之装饰图案，转角处常有竹节或力士浮雕装饰。

太师椅：一种有靠背及扶手的椅子，多置于厅堂，作为正式场合之用。古时尊贵者正襟危坐或禅师打坐常用，故被称为太师椅。

挑尖梁：清式大木结构连接檐柱与金柱的小梁，即步口梁，前端做成尖形。

厅堂造：宋式用语，建筑物屋架之外柱低，而内柱高，外槽横梁直接插入内柱，此种木结构称为厅堂造。

偷心造：宋式用语，指不出横拱之铺作，或直接自柱身出丁头拱。亦可隔跳偷心，每隔一跳才出横拱。

槫：宋式用语，清式建筑中称桁或檩，是沿建筑面阔方向的水平构件。

推山法：运用于庑殿的屋顶曲线修正技术，将正脊两端略加长，使垂脊上端弯曲，侧坡上端更为陡峭，造型更挺拔。

托脚：宋式用语，屋架中置于梁上之斜杆，有如叉手的一半，它具有稳定屋架之作用。唐五台山佛光寺东大殿与辽独乐寺观音阁可见之，但明清时期只有晋陕民居尚保留托脚。

驼峰：置于梁脊之上的构件，承受上层梁之重量，形状多样，但大体上呈三角形，以均摊重量。

W

瓮城：城门之外再筑一道外郭城，形成双重城门，有利于防御，称为瓮城。外郭形制多为方形或半月形，且两重门多不相对。长城嘉峪关的瓮城门与主城门形成90度。南京城聚宝门多达三重瓮城，但皆在中轴线上。

窝铺：在城墙上为士兵驻守建造之简单房屋。

五踩斗拱：清式用语，"踩"是出跳之意，也写成"跴"。里外各出跳两次拱谓五踩斗拱。向外出称为"外拽"，如内外对称出跳，则呈倒"品"字形。

五花山墙：通常见于悬山式屋顶的山墙，仍保留阶梯状，与梁架内外呼应。阶梯形墙上端做成斜肩，以利排水，外观如五岳，故称为五花山墙。

庑殿：又称为五脊四坡顶，被尊为中国最高级形式的屋顶，且具有浓厚的民族特色。古时称为四阿顶，早在殷商时代即出现，其外观简洁大气，多为宫殿寺庙之主殿所用。明清时又以推山法修正其侧坡曲线。

X

相轮：塔刹上的十三天，多以奇数环状物相叠而成。

厢拱：同令拱。

享殿：帝王陵墓地上建筑的主体，内供奉牌位，为举行祭典之主要殿堂。

歇山："歇"是休止之意，屋顶左右坡只做下半段，上半段转成三角形山花，此种屋顶可视为悬山顶四周加披檐而成。汉陶楼及日本法隆寺玉虫厨子出现过渡形态，或可佐证。

斜拱：在一朵铺作中，出现45度的拱木，具有高度装饰性，但使用在转角铺作时也兼具结构作用。唐代较少见，盛行于辽、金时期，如大同善化寺。

须弥座：佛教艺术汉末传入中土后所出现的一种台座形式，用于佛座或建筑台基，包括圭角、下枋、下枭、束腰、上枭与上枋等部分，简单者由仰莲、束腰与覆莲组成。

宣礼塔：伊斯兰建筑中之高塔，一般内部设梯，可登高呼叫信徒做五功，也称为"唤拜塔""邦克楼"。

悬山：两坡式屋顶，桁头伸出山墙之外，使屋檐遮盖山墙。

Y

檐柱：建筑物最外一排柱子，位于屋檐下方。带廊的建筑，第二排柱称为老檐柱。

阳马：宋式用语，也称为角梁或觚棱，即弧形木条。以放射状阳马构成藻井，实例可见于天津蓟州独乐寺观音阁及应县木塔。

一斗三升：在大斗上架横拱，拱上置三个小斗，小斗称为"升"，汉代陶楼中已出现，是斗拱的最基本形式，多用于补间，汉阙及六朝石窟中可见实例。

一明二暗：在三开间建筑中，中间装落地格扇门窗，光线充足，左右间只辟小窗，光线较暗。大部分地区的民居用这种形态，中为厅，左右为卧房。

一整二破：清式旋子彩画常用的图案，从正面看到一个完整的花与两个半月形花。如果从下面看，其实半月形花的另一半转到了底边。

移柱法：殿堂内为了空间宽敞之需要，将原本应对齐的柱子移动，称为移柱法。

影壁：也称为照壁或照墙，多立在建筑门殿之前，具有遮挡视线及反射光线之作用，较考究者常饰以雕刻或琉璃，九龙壁即是一种高级做法。

硬山：中国最普遍的一种屋顶，双坡顶架在五边形的山墙之上，桁木不伸出墙外，山墙略高于屋面，各地有各自的造型特色，闽、粤还赋予其五行之特征。

永定柱造：楼阁结构技术之一，上层的柱子直通地面，而与下层柱子并列，形成双柱并联，此法与叉柱造不同，实例如正定隆兴寺慈氏阁。

宇墙：城墙或皇陵宝城上之矮墙，亦即女墙。

御路：宫殿或寺庙主殿台基正面做成斜坡，并雕以云龙。古时专供帝王轿子出入，故称为御路。后世多转为装饰，以巨石铺成，雕以龙纹。

月牙城：明清帝陵在方城明楼与宝城之间留设半月形小院，称为月牙城，俗称为"哑巴院"。它的背后高墙即是地宫入口，据说古时接近竣工时命令哑巴工匠施工，以便守密而得名。

Z

藻井：古时亦称为天井、绮井、斗四或斗八，敦煌石窟可见覆斗形，后世多做成上圆下方，顶心明镜多绘云龙，象征天窗。洛阳龙门石窟有莲花形之例。有些藻井，如泉州开元寺甘露戒坛，全系斗拱结构而成，但紫禁城太和殿藻井用料细，装饰性明显。

正心桁：清式用语，指位于额枋正上方之桁条，架在挑尖梁之上。

直棂窗：唐宋时期盛行之窗子形式，在窗框内安装鳞次栉比的垂直木条，造型简洁大方。

雉堞：城墙上朝向城外的矮墙，包括射口与窥孔。

中心塔柱窟：也称为"支提窟"，中国早期石窟寺仿印度做法，在石窟内中央留设巨大的石柱，上面雕成塔状及佛龛，供参拜者进行绕塔仪式。大同云冈石窟第51窟为典型，洞中有一座五级方塔，每面皆雕佛像。

侏儒柱：宋式用语，也称为童柱或蜀柱，清式称为瓜柱，指梁上之矮柱，有时可与叉手或托脚并用。福建及台湾谓之瓜筒。

柱础：柱下之基盘，古时有碩、礩之写法，可隔断地卜潮气。北方所用较低，称为"古镜"；南方所用较高，形如鼓或花篮。宋式多雕莲花、海石榴花、宝相花、牡丹花或云纹。

柱裙：清真寺所用之木柱，下端常雕成一圈花纹，形如柱子穿裙。

柱心包：朝鲜古建筑用语，指在柱上直接伸出丁头拱，即插拱式。

走马楼：中国南方合院民居之二楼可做成相通之回廊，沿着天井可绕一圈，特称为走马楼。

坐斗：宋式称为"栌斗"，指置于柱头上的大斗，也可置于额枋上。其上做十字开口，留四耳，伸出横向泥道拱及纵向华拱，为一攒斗拱最下方的基座，承受每攒斗拱总重量，尺寸也最大。

主图建筑分布区域索引

《营造法式》，（宋）李诫，北京：中国书店，1989影印版。

《清式营造则例》，梁思成，北京：中国建筑工业出版社，1981。

《中国营造学社汇刊》，中国营造学社编，北京：国际文化出版公司，1997。

《中国建筑类型及结构》，刘致平，北京：中国建筑工程出版社，1957。

《苏州古典园林》，刘敦桢，北京：中国建筑工业出版社，1979。

《承德古建筑》，天津大学建筑系等，北京：中国建筑工业出版社，1982。

《营造法式大木作研究》，陈明达，北京：文物出版社，1981。

《中国伊斯兰教建筑》，刘致平，乌鲁木齐：新疆人民出版社，1982。

《营造法式注释（卷上）》，梁思成注释，北京：中国建筑工业出版社，1983。

《梁思成文集》，梁思成，北京：中国建筑工业出版社，1984。

A Pictorial History of Chinese Architecture，梁思成，Wilma Fairbank主编，美国：MIT出版，1984。

《中国古代建筑史》（二版），刘敦桢主编，建筑科学研究院建筑史编委会组织编写，北京：中国建筑工业出版社，1984。

《刘敦桢文集》，刘敦桢，北京：中国建筑工业出版社，1984。

《中国古代建筑技术史》，中国科学院自然科学史研究所主编，北京：科学出版社，1985。

《理性与浪漫的交织：中国建筑美学论文集》，王世仁，北京：中国建筑工业出版社，1987。

《古建筑勘查与探究》，张驭寰，南京：江苏古籍出版社，1988。

《敦煌建筑研究》，萧默，北京：文物出版社，1989。

《广东民居》，陆元鼎、魏彦钧，北京：中国建筑工业出版社，1990。

《陈氏书院》，广东民间工艺馆编，北京：文物出版社，1993。

《江南园林论》，杨鸿勋，台北：南天出版社，1994。

《中国古建筑彩画》，马瑞田，北京：文物出版社，1996。

《中国营造学社史略：叩开鲁班的大门》，林洙，台北：建筑与文化出版社有限公司，1997。

《碧云寺建筑艺术》，郝慎钧、孙雅乐，天津：天津科学技术出版社，1997。

《大理崇圣寺三塔》，姜怀英、邱宣充编著，北京：文物出版社，1998。

《傅熹年建筑史论文集》，傅熹年，北京：文物出版社，1998。

《罗哲文古建筑文集》，罗哲文，北京：文物出版社，1998。

《中国民族建筑》（第一卷至第五卷），王绍周等编，南京：江苏科学技术出版社，1998。

《中国古园林》，罗哲文，北京：中国建筑工业出版社，1999。

《柴泽俊古建筑文集》，柴泽俊，北京：文物出版社，1999。

《正定隆兴寺》，张秀生、刘友恒、聂连顺、樊子林编著，北京：文物出版社，2000。

《平遥古城与民居》，宋昆主编，天津：天津大学出版社，2000。

《应县木塔》，陈明达，北京：文物出版社，2001。

《中国居住建筑简史》，刘致平，王其明、李乾朗增补，台北：艺术家出版社，2001。

《中国古代建筑史》（五卷），第一卷刘叙杰主编，第二卷傅熹年主编，第三卷郭黛姮主编，第四卷潘谷西主编，第五卷孙大章主编，北京：中国建筑工业出版社，2001—2003。

《中国古代建筑》，乔匀、刘叙杰、傅熹年、郭黛姮、潘谷西、孙大章、夏南悉，北京：新世界出版社，2002。

《福建土楼》，黄汉民，北京：生活·读书·新知三联书店，2003。

《中国民居研究》，孙大章，北京：中国建筑工业出版社，2004。

《北京四合院建筑》，马炳坚，天津：天津大学出版社，2004。

《中国建筑史》，梁思成，天津：百花文艺出版社，2005。

《中国廊桥》，戴志坚，福州：福建人民出版社，2005。

《世界文化遗产：武当山古建筑群》，湖北省建设厅编著，北京：中国建筑工业出版社，2005。

《东西方的建筑空间：传统中国与中世纪西方建筑的文化阐释》，王贵祥，天津：百花文艺出版社，2006。

《庙宇》，陈志华撰文，李秋香主编，北京：生活·读书·新知三联书店，2006。

　　建筑史的整理，是建筑文化发展的首要工程，我写此书是想将观察中国古建筑的方法，提供给喜爱建筑又非建筑专业的朋友。因为建筑确实是很难理解的一门学问，单看那一大串奇怪的术语，即足以让人却步。以剖视图与鸟瞰图来表现古建筑是本书最主要的精神！关于走访古建筑的因缘际会以及透视图如何绘制、书稿如何整编，值得向读者报告背后的故事。

如何勘查一座古建筑？

　　我常觉得古建筑就好像是住在远方的长辈，若想获得第一手资料与现场亲身的体验，就非得下功夫专程登门拜访不可。当我不远千里前去拜会时，总是"相谈"甚欢，那种灵犀相通之感，全然如同"与君一席话，胜读十年书"所形容一般，真是人生一大乐事。

　　苏州城盘门是我1988年初访大陆时所见，看到一座城门竟有两个拱洞，分别供车马与舟船出入，当时兴奋的心情迄今难忘。

　　山西应县佛宫寺释迦塔、五台山显通寺与太原晋祠圣母殿，是以1993年到山西所摄照片为蓝本所绘。当时北京王世仁先生介绍成大生先生陪我们往访，自木塔登上顶楼，经过暗层见到纵横交叉的木梁，眼花缭乱，只能拍下一些照片，彩图系依据陈明达《应县木塔》专著中的测绘图画成的。显通寺巨大的外观与内部拱洞之结合，令我着迷。我在里面爬至最高拱券，踩着木板藻井平顶，佛像就在脚下，心里颇觉歉疚——为了画图我冒犯了神明。

　　山西平遥市楼的木梯极窄，登楼经过暗层，只容一人通过，到达平坐时有柳暗花明之感。山西有些古寺仍保存原塑佛像，神态古朴，极具宗教感染力，但也有不少"神去楼空"，只剩建筑躯壳。我们去看五台山延庆寺时，屋顶长草，远看如一戴笠老农，进入殿内，则空荡无一物，恍若有隔世之感。

　　说到佛像，这是中国艺术史中重要的一部分，因佛像不仅是佛，同时也表现出时代的容颜，让我们了解各朝代的审美观。大同云冈石窟、太原天龙山石窟、天水麦积山石窟与洛阳龙门石窟的众多佛像，令我动容。龙门石窟奉先寺大佛，据载为武则天捐建，具有女像之韵味。云冈的双窟（第9窟、第10窟），光线较充足，雕刻细节肉眼可见，且其外室雕出北魏时期木造建筑之屋顶及斗拱形式，特别引起我的兴趣，乃取样画剖视图。

　　为了解应县佛宫寺释迦塔各层菩萨之配置意涵，我特别向香港志莲净苑的宏勋法师请益，她竟亲自来电半小时为我讲解其中奥妙，令我感激之至！

　　南禅寺、佛光寺、祾恩殿、奎文阁与太和殿的室内光线幽暗，现场无法速写，遂参考营造学社20世纪30年代汇刊中的测绘图画成剖视图。1980年我曾指导学生制作佛光寺木模型参加台北市立美术馆的展览，对其复杂的梁架做过研究，因此画来得心应手。太和殿则是十多年前北京故宫博物院的傅连兴先生带我们入内欣赏皇帝宝座，以我拍下的数十张照片为基础

李乾朗2007年于陕西米
脂画速写（吴淑英摄）

绘成的。

　　嘉峪关为2005年到甘肃时绘下草图，我登上城墙马道，并绕行一圈，体会这座沙漠中明代关隘的气势。2006年到河南，画嵩山嵩岳寺塔的经验令人难忘。时当正午，寺内无游客，我在这座中国现存最古老的砖塔四周绕行，有如古时之绕塔仪式，单独面对一座孤寂之塔画图，令人有宁静致远之感。

　　画北京香山碧云寺金刚宝座塔也得到同样的感受。高台上共有八座高低不等的石塔，人行空间所剩无几，我为了画鸟瞰剖视图，穿梭于八塔之间，东张西望地描绘，犹如求教于八佛之中。

　　1989年福州黄汉民先生陪我考察闽粤交界之土楼，初次见到巨大的圆楼，着实开了眼界。本书选用了其中的经典之作二宜楼。记得当时路途遥远，车行颠簸，好不容易才到达，楼内众多居民热烈相迎，并在楼中享用乡土风味十足的午餐，菜饭香味至今难忘。而乍见安贞堡，震撼力颇大，它是我所见过最复杂的福建民居，不但空间复杂，木结构亦然，一时间竟无法看懂它。我前后去了两次，每次皆画构造素描。在空荡的厅堂及护室徘徊，只闻自己的脚步声，如同空谷回音，毕竟它没有居民了。我想，民居如果仍在使用，益能彰显其本质。2007年到陕北参访米脂山沟内的窑洞民居姜氏庄园，它高明的设计令人着迷，我在山头上画速写图，发现居民人数几稀矣，住宅缺乏人气，意味着传统文化之流失，颇值深思。

现场如何速写？剖视彩图如何绘制？

　　我的绘图工法大致包括以下步骤：事先搜集要考察的古建筑基本资料；仔细察看整座建筑的外观与内部，并拍摄各角度幻灯片；内部构造常因光线不足难以细察，但仍要设法了解内部与外部的关系；内外观察后再决定要从低还是高的角度来表现，有时从高处表现宏观气势，有时从低处表现高耸之感；速写时一般都用两点透视法，如天坛，但也有用单点透视

李乾朗2007年于陕西黄帝陵
（吴淑英摄）

者，如晋祠圣母殿；画剖面透视图时，将面向纵切或横切，或仅截取局部，使内部较复杂的构造一览无遗。

基于中国建筑木构施以彩绘的传统，在线绘图完成后我又加以上色，色彩浓淡则视建筑类型稍有区别，少数几张因历史关联性或比例对照之需，而加绘相关人物。彩图除了依据现场的速写之外，还需参考许多不同角度所摄的幻灯片考证相关细节。坊间的中国古建筑书籍，或可寻得平面图及立面图参考，但剖面图则较少见，特别是较复杂的内部梁架及斗拱分布。于此可见，古代匠师的确了不起，他们自有一套设计工法，足以造出技巧卓越的建筑。

如何欣赏建筑透视图？

我学建筑所受的是西洋建筑思维的训练，初步要画平面图、立面图、剖面图与三维的立体透视图。回顾中国史籍，宋李诫《营造法式》的图样有平面，也有立面，更有立体图，它们也有数学的控制，尺寸比例皆备，但对一般读者而言，仍过于艰深。我想运用简单易懂的二维图样，来表现三维的立体建筑空间，引导现代人看懂中国古建筑。建筑的"外"与"内"实为一体，也是"体"（形式）、"用"（功能）融为一体的创造。如何在一张图上展示最多的信息，就是我在画一张"穿墙透壁"建筑透视图时追求的目标。

在增订新版中，我尝试再深化剖视图的画法，例如福建中埔寨，只将核心部分的屋顶抽高，同时可见全部房间之关系。山西高平二郎庙戏台为保持三面封闭之厚墙完整，只将屋顶前半段切出并提高。浙江泰顺溪东桥从桥下仰望，可完整看到成列木梁如何穿插交织。北京潭柘寺的猗玕亭则将屋顶、梁架、立柱与地面剥离，让人如身临其境，感受在亭内可视及之物。上下层剥离式画法，也用在山西五台山南禅寺、大同下华严寺薄伽教藏殿及应县佛宫寺释迦塔的图上。至于五台山佛光寺东大殿，这次我增加三张图，皆是正面角度，但层层贴近，从门到佛台，再到成列佛像，使人获得身临现场一览的视野。

毕竟静止的图面与动画的效果不同，优异的建筑，其形式与空间有如文学的诗，用字精要且有韵律互应。古建筑的高低宽窄比例与空间的转折收放，透过剖视图来说明，我相信是很好的途径，而欣赏优秀的建筑，相信也能使人胸襟豁然开朗。本书这些图绘当然无法全然表达中国古建筑原始创造者的思维，但应是古建筑的现代诠释。

书稿如何完成编辑制作？

2004年秋，我们组织了一个团队，定下出版计划，由我通过幻灯片及大纲讲授各座古建筑，俞怡萍、蔡明芬等人负责内容整理，并补充重要史料；郑碧英负责修订，她看图敏锐，找出了一些矛盾之处，在编辑过程中做出修正。远流出版公司的张诗薇负责文字润校，她巨细靡遗，不但有"问到底"的精神，并从首位读者的角度提出许多建设性的意见。期间我又亲自改写或重新撰写了数篇文稿，60余张彩图完成后，再细校文稿并增补插图，第一批草编稿甚至随我远渡法国，在巴黎参加研讨会及考察途中改稿完成一校。陈春惠负责美术编辑，由于图片数量多、素材多样，将文与图互相对应，美编的工作极为辛苦。内容架构之调整与进度总控制则由黄静宜掌旗。最后由杨雅棠协助版式调整并做整体装帧设计。多人分工，各司其职，历经三年通力合作，进印刷厂之前，静宜、诗薇、春惠及碧英甚至多日赶夜班，才终于大功告成。而自认是编辑一员的淑英，频频提出意见与不时修改文稿，力求完美，最终的成果要感谢她的支持与协助。

2022年初，我与远流出版公司再次合作，进行本书的改版与增订。此书在初版十五年后，能再补充修订，系获远流出版公司王荣文董事长，以及黄静宜总编辑、张诗薇主编等人之支持。文图的编排，助理颜君颖花了许多时间处理，而内容及图样的校订，则由淑英襄助，表达诚挚的感谢。

本次增订除了校正前次谬误之处外，还纳入我这十几年来新撰写的21篇文稿、64张各式图绘，新增讨论古建达36处。此外，由于手绘的剖面透视图出版后特别受到广大读者的青睐，我们特将每一张图都单独命名，以利于浏览辨识与查阅。

本书由远流出版公司授权，限在中国大陆地区出版发行

北京版权保护中心图书合同登记号：01-2024-0268

图书在版编目（CIP）数据

穿墙透壁：剖视中国经典古建筑 / 李乾朗著． --
增订版． -- 北京：北京日报出版社，2024.11（2025.5 重印）
　ISBN 978-7-5477-4779-7

　Ⅰ．①穿… Ⅱ．①李… Ⅲ．①古建筑－建筑艺术－中
国 Ⅳ．① TU-092.2

中国国家版本馆 CIP 数据核字（2023）第 250364 号

责任编辑：姜程程
特约编辑：贾宁宁　马步匀
封面设计：高　熹
内文制作：陈基胜　马志方

出版发行：北京日报出版社
地　　址：北京市东城区东单三条 8-16 号东方广场东配楼四层
邮　　编：100005
电　　话：发行部：（010）65255876
　　　　　总编室：（010）65252135
印　　刷：天津裕同印刷有限公司
经　　销：各地新华书店
版　　次：2024 年 11 月第 1 版
　　　　　2025 年 5 月第 3 次印刷
开　　本：787 毫米 ×1092 毫米　1/16
印　　张：34
字　　数：460 千字
定　　价：248.00 元

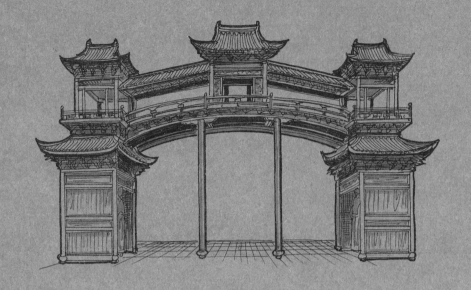

● 吐鲁番
37 苏公塔礼拜寺

苏公塔礼拜寺

莫高窟

● 敦煌
25 莫高窟

● 嘉峪关
40 长城嘉峪关

佛宫寺释迦塔

西宁 ●
27 塔尔寺密宗学院

● 海东
26 瞿昙寺

西安 ●
16 慈恩寺大雁塔

隆兴寺摩尼殿

天坛祈年殿

19 妙应寺白塔
21 碧云寺金刚宝座塔
22 天宁寺塔
28 雍和宫万福阁
29 41 42 68 紫禁城
32 北海小西天
38 颐和园
47 天坛祈年殿
50 国子监辟雍
51 长陵棱恩殿
57 北京四合院
72 卢沟桥

08 善化寺山门
13 华严寺薄伽教藏殿
24 云冈石窟

● 承德

23 圆觉寺塔

18 佛宫寺释迦塔

北京 ○
● 大同
● 蓟州区
10 独乐寺观音阁

● 浑源县
● 应县

朔州
12 永祚寺无梁殿
33 晋祠圣母殿

14 崇福寺弥陀殿
● 五台县

● 天津
07 隆兴寺摩尼殿
67 广东会馆戏楼

● 正定县

米脂县
58 米脂姜氏庄园

● 太原
● 晋中

01 五台山南禅寺大殿
02 五台山佛光寺东大殿
09 五台山延庆寺大殿
11 五台山显通寺无梁殿
20 五台山塔院寺大白塔

平遥县
03 镇国寺万佛殿
54 平遥古城市楼

● 晋城
55 高平姬氏民居
66 高平二郎庙戏台

● 运城
35 解州关帝庙
59 窑洞民居

● 登封
15 嵩岳寺塔
46 登封观星台

独乐寺观音阁

30 普宁寺大乘阁
31 普陀宗乘之庙
44 避暑山庄金山岛

五台山南禅寺大殿

曲阜孔庙奎文阁

李乾朗《穿墙透壁》
主要古建筑分布示意图

（ —的序号 ）

城内

71—

建

成

建

年

63 永安安贞堡
年代：清光绪十一年（1885）建
地点：福建省三明市永安市槐南镇洋头村

64 永泰中埔寨
年代：清嘉庆年间
地点：福建省福州市永泰县长庆镇中埔村

70 连城云龙桥
年代：明崇祯七年（1634）建，乾隆
三十七年（1772）重建
地点：福建省龙岩市连城县罗坊乡下罗村

甘肃

25 莫高窟
年代：第96窟，唐延载二年（695）开凿
地点：甘肃省酒泉市敦煌市鸣沙山东麓

40 长城嘉峪关
年代：明洪武五年至嘉靖十八年（1372—
1539）建
地点：甘肃省嘉峪关市

广东

65 广州陈氏书院
年代：清光绪二十年（1894）建成
地点：广东省广州市荔湾区中山七路

河北

07 隆兴寺摩尼殿
年代：北宋皇祐四年（1052）建
地点：河北省石家庄市正定县

山东

49 曲阜孔庙奎文阁
年代：明弘治十七年（1504）重建
地点：山东省济宁市曲阜市

山西

01 五台山南禅寺大殿
年代：唐建中三年（782）重建
地点：山西省忻州市五台县李家庄村

02 五台山佛光寺东大殿
年代：唐大中十一年（857）重建
地点：山西省忻州市五台县豆村镇佛光村

03 镇国寺万佛殿
年代：五代北汉天会七年（963）建
地点：山西省晋中市平遥县郝洞村

08 善化寺山门
年代：金天会六年（1128）建
地点：山西省大同市平城区

09 五台山延庆寺大殿
年代：金代（1115—1234）建
地点：山西省忻州市五台县阳白乡善文村

11 五台山显通寺无梁殿
年代：明万历三十四年（1606）建
地点：山西省忻州市五台县台怀镇

12 永祚寺无梁殿
年代：明万历二十五年（1597）建
地点：山西省太原市迎泽区郝庄村

13 华严寺薄伽教藏殿
年代：辽重熙七年（1038）建

登封观星台

瞿昙寺

● 十堰
34 武当山南岩宫

● 南京
39 南京城聚宝门
（今中华门）

苏州城盘门

● 荆门
52 显陵

● 苏州
53 苏州城盘门
69 拙政园

歙县 ●
48 歙县许国石坊

● 黄山
56 皖南民居

● 宁波
06 保国寺大殿

● 温州
71 泰顺溪东桥

62 闽东民居

三明 ●
63 永安安贞堡

● 福州
04 华林寺大殿
64 永泰中埔寨

龙岩 ●
61 永定高陂大夫第
70 连城云龙桥

● 泉州
10 开元寺

● 漳州
60 华安二宜楼

● 广州
65 广州陈氏书院

● 大理
17 崇圣寺千寻塔

武当山南岩宫

泰顺溪东桥

皖南民居

华安二宜楼

崇圣寺千寻塔

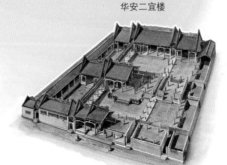

广州陈氏书院

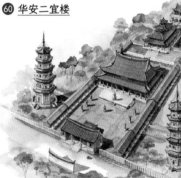

开元寺

五台山南禅寺大殿 | 李乾朗·绘

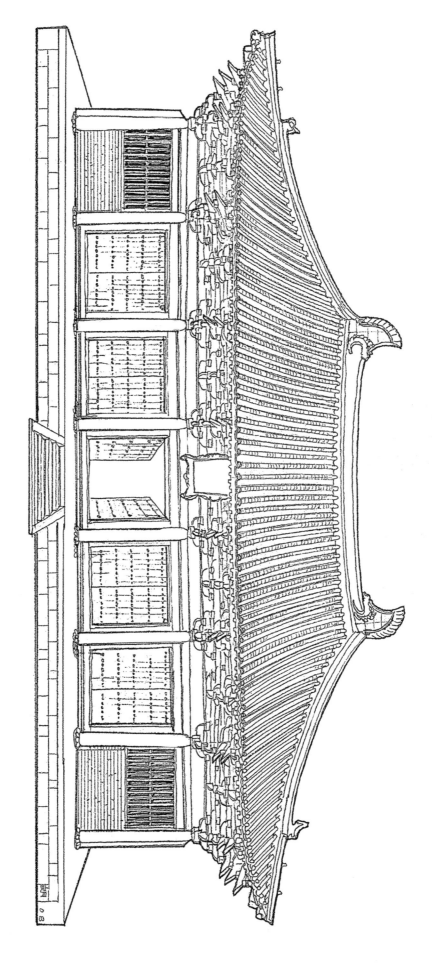

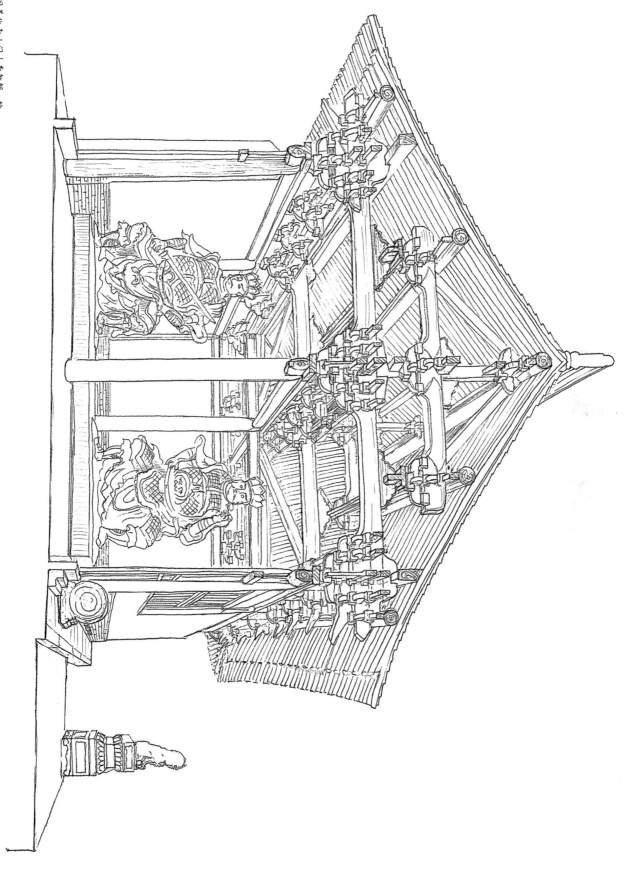

泉州开元寺镇国塔 | 李乾朗·绘